TRAITÉ

D'ASTRONOMIE THÉORIQUE.

ASTRONOMIE SPHÉRIQUE.

TRAITÉ
D'ASTRONOMIE THÉORIQUE

PAR

FRÉDERIC THÉODORE SCHUBERT.

Conseiller d'État actuel de SA MAJESTÉ L'EMPEREUR, Chevalier des Ordres de St. Wladimir et de Ste. Anne, Membre des Académies des Sciences de St. Pétersbourg, de Stockholm, de Copenhague, d'Upsala, de Boston, de la Société des Naturalistes de Moscou, de l'Université de Casan, du Département Impérial de l'Amirauté, etc.

———

TOME PREMIER.

ASTRONOMIE SPHÉRIQUE.

NOUVELLE ÉDITION.

HAMBOURG,
CHEZ PERTHES & BESSER.
1834.

À SA MAJESTÉ IMPÉRIALE

ALEXANDRE IER,

EMPEREUR ET AUTOCRATE

DE TOUTES LES RUSSIES,

ETC. ETC. ETC.

SIRE,

L'OUVRAGE que j'ose mettre aux pieds de VOTRE MAJESTÉ IMPÉRIALE , est le fruit d'un travail de trente-cinq ans, le tems le plus heureux de ma vie, puisque sous un gouvernement éclairé et doux, j'ai pu le consacrer à la science qui nous donne une faible idée de la puissance et de la sagesse infinie de l'Auteur de la Nature. Comme ce livre doit son existence à la protection de VOTRE MAJESTÉ, qui m'a donné l'aisance et la tranquillité nécessaires à un pareil travail, et qui a daigné fournir les frais de l'impression, ce n'est qu'un devoir que j'accomplis, c'est le tribut de la plus pure reconnaissance que j'acquitte, en le dédiant au nom sacré de VOTRE MAJESTÉ. Mais je remplis en même tems le vœu le plus cher à mon cœur, celui de donner à VOTRE MAJESTÉ une preuve, que j'ai tâché, autant que mes faibles talens, et la situation que la providence m'a assignée , l'ont permis , d'être utile à la science qu'il a plu à VOTRE MAJESTÉ de me confier dans SON Empire, et de me rendre digne des bienfaits dont ELLE a daigné me combler.

Je suis avec le plus profond respect,

SIRE,

DE VOTRE MAJESTÉ IMPÉRIALE

le plus humble et plus fidèle sujet

Fréderic Théodore Schubert.

PRÉFACE

de la première édition.

S'il est une science dont l'étude exige une profonde sagacité réunie à la sévérité dans le raisonnement, c'est sans contredit l'astronomie; et c'est cependant dans cette même science, que se commettent, à ce qui paraît, les plus grandes fautes contre la logique. Cette observation, plusieurs de mes lecteurs l'auront déjà faite à regret. Les investigateurs des vérités les plus sublimes n'ont pas toujours cherché à développer avec soin tous les raisonnemens qui les avaient guidés dans leurs découvertes. Il faut même leur pardonner, s'ils ont quelquefois caché la route qui les avait conduits à la vérité. Mais ceux qui ont donné des traités élémentaires d'astronomie, et qui n'ont fait que réunir ces découvertes, paraissent moins excusables, de n'avoir pas exposé avec évidence, la route suivie par l'esprit humain dans son plus grand essor, ni l'intime liaison logique de toutes les vérités qui composent l'immense science des mouvemens des astres.

Il faut cependant convenir, pour rendre justice à ces mêmes auteurs, que la cause de cette imperfection est plutôt, en terme d'école, *objective* que *subjective*. Le mécanisme de la partie de l'univers que nous connaissons ou croyons connaître, est tellement composé; le mouvement et l'engrénage des innombrables roues de cette machine sont d'une telle variété, qu'on doit peu s'étonner, si dans l'étude de cette machine on a suivi une méthode peu systématique, si l'on en a examiné au hazard des pièces isolées, et si l'on a découvert une roue secondaire ou plus voisine de l'aiguille du cadran, avant celle qui, quoique moins visible, est le vrai principe de son mouvement. De plus, toutes les démonstrations de cette science s'appuyent finalement sur des observations, que l'on ne peut faire ni calculer avec une grande précision, sans avoir déjà une connaissance complète des vérités fondées sur ces mêmes observations. Il faut donc avouer, que l'astronomie n'est pas susceptible d'une méthode rigoureusement systématique, à moins d'employer des observations controuvées, ou de fatiguer le lecteur par d'éternelles répétitions. Il serait superflu de prouver, qu'aucun traité d'astronomie, depuis l'*Almageste* de Ptolémée jusqu'à l'*Astronomie* de Lalande, n'a évité ces deux écueils. Quels que soyent mes efforts à cet égard, je ne me flatte pas de m'en être absolument garanti; parce qu'un système complet est un travail, dont on ne pourra voir la fin qu'après un grand nombre d'essais. Il me suffit que les astronomes trouvent que je n'ai pas complètement échoué dans mon entreprise; et elle ne sera pas inutile, si malgré les imperfections qu'on pourra me reprocher, j'ai su éviter les défauts de ceux qui m'ont précédé dans cette carrière. C'est à ceux qui viendront après moi, à se préserver à leur tour des fautes que j'aurai commises.

Le désir d'acquérir une connaissance aussi solide de l'astronomie que de la géométrie, de rectifier les cercles logiques qui opposent tant d'obstacles à l'étude de l'astronomie, et d'établir une liaison entre chaque théorème isolé de cette science et ses premiers élémens, fut le premier motif qui me fit prendre la plume. Ce travail, entrepris seulement pour mon propre usage, se trouva être plus long et pénible que je ne l'avais cru; il exigea des recherches et des calculs qui m'ont occupé pendant plusieurs années, et dont on trouvera les résultats, surtout dans la troisième partie de cet ouvrage, rassemblés en peu de pages. L'utilité que j'avais tirée de ce travail, me fit espérer qu'il ne serait pas inutile à d'autres; et cet espoir me détermina à rédiger mes papiers, et à leur donner le degré de perfection qui serait en mon pouvoir. Encouragé par cet espoir, j'ose soumettre cet essai au jugement des connaisseurs, qui, quelque préjudiciable qu'il puisse être à mon amour propre, sera toujours pour moi une source d'instruction.

Le dessein de cet ouvrage est, en peu de mots, celui d'exposer les vérités astronomiques dans le même ordre dans lequel elles ont été découvertes, et de leur donner tant de clarté et de précision, que des lecteurs qui n'ont pas la moindre teinture d'astronomie, puissent en tirer, sans autre instruction, une connaissance complète et solide de cette science. L'ordre des découvertes donne à cet ouvrage les trois divisions usitées, l'astronomie *spherique*, *théorique*, et *physique*, auxquelles on pourrait aussi donner les noms de *Ptolemée*, de *Copernick-Kepler* et de *Newton*. — Dans la *première* partie, j'ai cherché à mettre à la portée de tout le monde, les premières idées d'où nâquit cette science, et à expliquer d'une manière claire et satisfaisante, les diverses méthodes pour trouver la hauteur du pole, la théorie du tems, etc. J'y ai ajouté celle de la parallaxe et de la réfraction, parce que c'est le chainon qui réunit les mouvemens vrais et apparens. — Dans la *seconde* partie, j'ai essayé de répandre un nouveau jour sur les hypothèses de Ptolémée, particulièrement par rapport à la lune, et de les défendre contre des objections qui, pour la plupart, ne sont fondées que sur un malentendu; j'ai tâché de tracer la route que le génie de Kepler se fraya, par un extrait de ses ouvrages; et je désire de contribuer parlà à faire revivre le gout pour les ouvrages des anciens astronomes, qui paraît s'éteindre de plus en plus. On y trouvera aussi les nouvelles découvertes relatives aux étoiles fixes, et à la théorie des comètes. — Dans la *troisième* partie j'ai suivi pas à pas l'immortel ouvrage de Newton, aussi loin qu'il m'a pu conduire. J'ai cherché, dans le premier et le second Chapitres, à répandre un nouveau jour sur les premières notions de la Dynamique. Quant à la figure de la terre, je me suis contenté de prouver d'après Maclaurin et Clairaut, que l'équilibre a lieu, lorsque les méridiens sont des ellipses; car il me semble, que les recherches plus générales de D'Alembert et d'autres géomètres qui ont donné une solution directe de ce problème, ne seraient pas à leur place dans un ouvrage tel que le présent. Dans la théorie de la précession et de la nutation, j'ai suivi la méthode d'Euler, parce qu'elle se prête plus à être abrégée que celle de

a *

D'Alembert. On ne trouvera peut-être nulle part un ensemble aussi complet des perturbations de toutes les planètes, que celui que j'ai donné (¹); et quiconque a essayé ce calcul, me croira que le travail a été pénible. La méthode dont Lagrange s'est servi, pour déterminer les équations séculaires des planètes, est un chef-d'oeuvre d'analyse; mais comme elle ne peut guères être appliquée aux inégalités périodiques, j'ai suivi dans la Section **V.** la méthode de M. Laplace, qui donne avec la même facilité et précision, les équations séculaires et périodiques, ainsi que toute la théorie, d'ailleurs si difficile, des perturbations de Jupiter et de Saturne. Cependant j'ai employé dans le dernier Chapitre, les formules de Lagrange, qui, à l'aide de l'intégration des équations séculaires, donnent immédiatement l'état du système solaire pour un tems quelconque: et je crois avoir le premier calculé rigoureusement, sur ces formules, les diverses révolutions que l'orbite de la terre éprouvera dans un grand nombre de siècles, les changemens de l'obliquité de l'écliptique, de l'année tropique, et de l'équation séculaire de la lune, qui en sont une suite nécessaire. Ce travail ne peut être apprécié que par ceux qui s'y sont exercés eux-mêmes. Un détail complet du calcul des mouvemens de la lune m'a paru mal-placé dans un ouvrage comme celui-ci; et je crois que ceux-là même en conviendront, qui ne connaissent la *Theoria motuum lunae* par Euler, que par son volume. J'ai cependant cru devoir au moins ébaucher cette théorie; et je me flatte que l'esquisse que j'en ai donnée, satisfaira ceux de mes lecteurs, qui s'intéressent plutôt à la théorie qui fait l'objet de cet ouvrage, qu'au détail du calcul qu'on peut trouver dans beaucoup de traités.

Pour avoir un aperçu du plan et de la liaison de tout cet ouvrage, on trouvera à la tête de chaque volume, une table des matières contenues dans chaque paragraphe. Dans les renvois, le chiffre romain indique la partie ou le volume de cet ouvrage, le chiffre arabe se rapporte au paragraphe (§).

(¹) Mes lecteurs voudront bien observer, que j'ai écrit cela, avant d'avoir connu la *Mécanique céleste*.

PRÉFACE

Le plan de cet ouvrage ne me permettant de supposer aucune connaissance astronomique, il m'a paru qu'il en était de même des théorèmes de dynamique. Mais de l'autre côté, j'ai cru être autorisé de supposer, que tous mes lecteurs connaissent la *géométrie* au moins jusqu'aux sections coniques, les deux *trigonométries* dans toute leur étendue, l'*analyse* des quantités finies et infiniment petites, et les premiers élémens de la *statique*, comme la théorie du parallélogramme des forces ou des vitesses, celle du moment, du centre de gravité, etc. C'est au temple d'Uranie que, sans craindre les reproches de pédanterie ou d'intolérance, on peut placer pour inscription: οὐδεὶς ἀγεωμέτρητος εἰσίτω.

St. Pétersbourg,
au mois de Mars 1798.

PRÉFACE DE LA SECONDE ÉDITION.

La première édition allemande de cet ouvrage parut il y a plus de vingt ans, et toute cette longue période de ma vie a été consacrée à l'étude de cette science inépuisable dont j'avais osé tracer les principes. Ce travail assidu n'a pas toujours tourné au profit de mon amour propre; je me suis aperçu que plusieurs matières pouvaient être traitées avec plus de solidité, ou plus de clarté. Pendant ce tems, il a paru deux ouvrages qui feront époque en astronomie: la *Mécanique Celeste* et la *Theoria motus corporum coelestium*. L'avantage que j'ai tiré de leur lecture, ne devait pas être perdu pour ceux qui voudront bien se servir du traité que je leur offre aujourd'hui. C'est ainsi qu'en profitant de tout ce qui a été découvert par les autres, et de mes propres réflexions, pour corriger un livre, écrit dans l'intention de fournir les moyens d'aprofondir la théorie de l'astronomie sans autre maître, je l'ai tellement refondu qu'il peut passer pour entièrement neuf; et je n'ai épargné aucune peine, pour lui donner toute la perfection que je pouvais lui donner. J'ai donc la confiance, que les astronomes qui ont accueilli avec tant d'indulgence la première édition de ce traité, n'en auront pas moins pour la seconde, et que les personnes qui ont été frappées de ses défauts, me sauront quelque gré de le faire paraître sous une autre forme.

Ceux de mes lecteurs qui voudront se donner la peine de comparer les deux éditions, verront que bien peu de pages sont restées sans quelques changemens. Quant au plan même de l'ouvrage, je n'y ai rien changé, dans la ferme conviction où je suis, que je n'en pouvais choisir de meilleur. L'ordre des matières, l'enchaînement des raisonnemens, ont donc été conservés. Mais il n'en a pas été de même sur chaque partie en particulier, et j'ose me flatter que tous les changemens, toutes les additions que j'ai faites, sont de véritables corrections, caclulées pour le plus grand avantage des lecteurs.

Quant à la *première* partie, ou l'astronomie *sphérique*, les corrections et additions les plus importantes se trouvent dans les Sections qui traitent des parallaxes et des réfractions. — La méthode, donnée et employée avec tant de succès par M. Gauss, pour déduire des observations les élémens d'une orbite, est le plus bel ornement que j'aie pu donner à la *seconde* partie. Dans le *Chap.* 2. *Liv.* 2. j'ai fourni, pour la précession etc. de nouvelles formules, les plus exactes que je connaisse. On trouvera (*Liv.* 3. *Chap.* 7.) la solution du fameux *problème de Kepler*, développée jusqu'à la seizième puissance de l'excentricité. Les phénomènes que présente l'anneau de Saturne, sont déterminés d'une manière plus analytique, que celle que j'avais employée dans la première édition. Le *Livre* 4. présente un calcul plus exact des différens mois et mouvemens de la lune, et une analyse des nouvelles tables de ce satellite. J'ai donné (*Liv.* 5. et 6.) d'autres méthodes pour calculer les éclipses, et les passages de Vénus; et je profite avec plaisir de cette occasion, pour reconnaître les grands services que m'a rendus l'excellent ouvrage que M. Delambre a publié sous le titre d *Astronomie théorique et pratique*. Pour corriger les élémens d'une comète (*Liv.* 8. *Chap.* 2.), j'ai employé une nouvelle méthode qui est a peu près celle de M. Olbers. — Les plus grands changemens se trouvent dans la *troisième* partie qui traite de l'astronomie *physique*. J'ai cherché à donner plus d'évidence aux raisonnemens, sur lesquels j'avais fondé les premiers principes de la mécanique, ou les loix fondamentales du mouvement; et c'est avec un vrai plaisir, que j'ai rendu à Kepler la justice, de montrer, combien il était près de la découverte de la loi d'attraction. Dans la théorie physique des oscillations des axes de rotation, qui produisent la précession et la nutation de notre globe, et la libration de la lune (*Livre* 4. *Chap.* 4. 5. 6.), j'ai suivi la méthode de Lagrange au lieu de celle d'Euler. Dans les recherches sur la figure de la terre (*Chap.* 7.), j'ai cru devoir conserver les méthodes de Maclaurin et de Clairaut, mais j'y ai ajouté un abrégé de celle de M. le Marquis de Laplace. La théorie des perturbations (*Liv.* 5.) a été refondue entièrement. J'ai suivi la méthode du même auteur, autant que je pouvais le faire, sans franchir les bor-

nes que je m'étais prescrites. On verra cependant que, dans le développement des formules générales, j'ai pris une autre marche qui
m'a paru plus conforme à un livre comme celui-ci, parce qu'elle donne à la fois les équations de tous les ordres. Je me flatte qu'une
grande partie de mes lecteurs me sauront gré d'avoir cherché à
éclaircir plusieurs passages de la *Mécanique Céleste*, qui pourraient
leur présenter trop de difficultés; et je serai très-content, si l'on
veut bien regarder cette partie de mon ouvrage comme un commen-
taire sur un texte, auquel personne ne porte une plus profonde vé-
nération que moi.

On s'apercevra que, dans tout cet ouvrage, je ne me suis pas
attaché scrupuleusement à une seule méthode. Je me suis servi tantôt de la synthèse, tantôt de l'analyse, selon que l'une ou l'autre
me paraissait conduire plus directement au but. J'ai traité diverses
matières suivant les méthodes de Newton, de Maclaurin, d'Euler, de
Lagrange, de Laplace, etc. parce que mon plan exigeait d'initier
mes lecteurs dans toutes ces méthodes, pour les mettre en état de
lire avec fruit et sans difficulté ces différens auteurs.

Malgré la timidité avec laquelle je présente ce livre aux astronomes, je crois pouvoir réclamer à bon droit le mérite d'avoir
fait un travail laborieux, et peut-être utile. Tous les calculs, renfermés dans les trois volumes, ont été refaits sur les élémens corrigés
depuis la première édition: et il n'y a presque pas un seul nombre
qui soit resté tel qu'il y était. Ayant travaillé seul et sans aides, tous
ces calculs ont été refaits plusieurs fois, pour me prémunir contre
mes propres erreurs. Ainsi je crois pouvoir répondre de leur exactitude: du moins toutes les fautes de calcul, qui pourront s'y trouver, doivent être mises sur mon compte.

Je rendrai compte en peu de mots des motifs qui m'ont porté à donner cette seconde édition dans une langue qui n'est pas la
mienne. Lorsque je publiai mon ouvrage en allemand, je n'aurais
pas osé espérer, qu'il serait lu par d'autres que par mes compatriotes.
Mais pendant les vingt années écoulées depuis cette époque, l'étude
des mathématiques en général, et de l'astronomie en particulier,
s'est tellement répandue dans ma patrie adoptive, qu'un livre tel

que celui-ci est sûr d'y trouver un grand nombre de lecteurs, pourvu qu'il soit écrit dans celui des idiomes étrangers, qui leur est le
plus familier. Quoique la connaissance des langues vivantes soit si
générale en Russie, qu'à peine en fait-on un mérite à ceux qui
les possédent, il se trouve cependant, que dans les classes où je
pouvais compter sur des lecteurs, la langue française est beaucoup plus
répandue que l'allemande. Mais ce qui m'a complètement décidé,
c'est que la première édition, quoiqu'écrite en allemand, a été lue
en France, non-seulement avec cette indulgence si naturelle aux
hommes d'un mérite supérieur, mais avec une approbation telle
que je n'aurais osé l'espérer. Ce sont les savans de ce pays, qui
m'ont encouragé par leurs suffrages, à être moi-même le tradu-
cteur de cet ouvrage; et ce sont eux, j'en suis certain, qui me
sauront le plus de gré du sacrifice que je fais, et qui est tel qu'en
mettant la main à la plume, il m'a fallu renoncer à l'ambition de
bien écrire. Je sais aussi, avec quelle bienveillance les français
accueillent les ouvrages utiles, écrits dans leur langue par des
étrangers. Mon ambition sera satisfaite, si je parviens à être intel-
ligible, et si je peux être lu et jugé par les savans dont les écrits
éclairent la France et l'Europe entière.

St. Pétersbourg,
au mois de Janvier 1820.

TABLE DES MATIERES

contenues dans le premier Tome.

LIVRE II.

Du Soleil.

LIVRE III.

De la mesure du tems.

LIVRE IV.

Des Parallaxes.

LIVRE V.

Des réfractions.

FIN DE LA TABLE DU PREMIER TOME.

TRAITÉ D'ASTRONOMIE THÉORIQUE.

TOME PREMIER.

ASTRONOMIE SPHERIQUE.

INTRODUCTION.

Toutes les sciences qui composent la masse des connaissances humaines, éprouvent des changemens périodiques. Elles s'abaissent, après s'être élevées à une certaine hauteur: quelques-unes ont déja passé plus d'une fois par ces divers degrés d'élévation; et l'on pourrait en général déterminer toutes les époques de leur existence, depuis leur naissance jusqu'à leur caducité. Sans doute qu'il s'écoula bien des siécles, avant que le hasard leur donna l'existence; et de même qu'on voit les astres du firmament s'élever au plus haut point de leur course, pour se perdre ensuite au-dessous de l'horison; de même bien des sciences brillantes de clarté sont tombées dans une nuit éternelle. Mais les sciences n'ont pas toutes ni la même étendue ni la même importance: quelques-unes tiennent à l'état momentané de la terre et de ses habitans, et n'ont qu'une durée précaire; tandis que celles fondées sur la nature même, ne peuvent périr qu'avec l'univers.

1

Sous ce rapport l'Astronomie paraît mériter le premier rang parmi les sciences. C'est elle qui nous fait connaître la nature en grand, et le mécanisme de l'immense machine que nous appelons *l'univers*. C'est encore elle qui seule peut nous donner des idées justes et sublimes de l'ordre, de l'espace, et de l'éternité. Si la dissection d'un chétif vermisseau, si l'analyse d'une simple fougère peuvent être dignes de nous occuper; que dira-t-on du noble effort de celui qui étudie le plan d'après lequel le créateur a construit son grand ouvrage, pour apprendre à connaître la loi qui dirige les mouvemens d'un nombre infini de corps célestes; qui calcule à l'avance pour les tems les plus éloignés, leurs innombrables variations, et qui, pénétrant en quelque façon dans la pensée de l'être suprème, dessine la sublime simplicité du mécanisme général! L'homme n'est rien par rapport à la terre peuplée par des millions d'êtres vivans. La terre est imperceptible dans la foule des planètes et des comètes. Le système solaire disparaît parmi la multitude d'étoiles dont le ciel est parsemé, et dont le nombre se perd dans celui des soleils qui forment la voye lactée. Mais qui connaîtra jamais, où s'arrête cette progression croissante, et quel sera le nombre ou la quantité des termes qu'il faudra ajouter aux termes déja connus! Nous prodiguons les jours de notre courte vie comme un vil billon, et la plus longue carrière humaine peut à peine servir d'unité pour compter les grandes périodes de l'univers. Quel est l'homme qui ne serait avare du tems, lorsqu'après avoir acquis une connaissance plus exacte de cette grande machine, il verra que la perte de quelques secondes suffirait pour en déranger la marche et détruire l'ouvrage entier!

Les autres sciences forment en quelque sorte l'histoire spéciale de quelque pays; l'astronomie est l'histoire universelle. Celles-là n'intéressent que des nations ou des classes particulieres, et elles perdent leur prix, lorsque le genre humain est sorti de son enfance; tandis que l'astronomie intéresse tous les habitans de l'univers, et que l'éternité, loin d'altérer sa valeur, peut la rapprocher de sa perfection. Elle est le lien qui réunit, par une même pensée, l'habitant de la terre aux êtres pensans de la voye lactée. Des périodes de divers ordres, depuis celles de quelques heures jusqu'à celles où des milliers d'années sont à peine sensibles, lui donnent l'empreinte de l'éternité. Ce furent les courtes périodes qui attirèrent l'attention des premiers astronomes, tandis que les plus grandes fourniront aux siècles à venir un fonds inépuisable de nouvelles découvertes; mais entre la première idée confuse de la révolution diurne du soleil et des étoiles autour de la terre, et la découverte des lois qui règlent le mouvement général de la machine entiere, il y a un intervalle immense qui ne sera jamais franchi.

L'histoire même vient à l'appui de cette assertion, que l'astronomie fut la première science dont les hommes s'occupèrent. Le ciel doux et serein des hauteurs et des plaines d'Asie, qui furent le berceau du genre humain; la vie exempte de tout souci, qui laissa aux peuples nomades assés de loisir pour observer et pour réfléchir; l'influence frappante de la position et du mouvement des astres sur les travaux qui leur donnaient leur subsistance; le silence majestueux qui accompagne ce mouvement; le spectacle magnifique et surprenant des éclipses, des comètes, etc.—tout cela fit des premiers bergers les premiers astronomes, et la même cause fait présumer que l'astronomie survivra à toutes les autres sciences. Les préparatils qui doivent précéder chaque découverte dans l'astronomie; le long intervalle de tems qui, par cette raison, doit séparer une découverte de l'autre; la complication des périodes, dont les plus longues vont se perdre dans l'abyme de l'éternité, et qui doivent être achevées plusieurs fois, afin qu'on puisse les déterminer d'une manière exacte et sûre, — tout cela prouve que l'éternité seule peut perfectionner cette science. Il n'y a peutètre aucune autre branche de nos connaissances, de laquelle on puisse dire que, de siècle en siècle, elle a été perfectionnée par toutes les nations éclairées, sans jamais rétrograder d'un seul pas; et l'état de l'astronomie chès une nation est peutètre la mesure la plus sûre, pour fixer le degré de culture intellectuelle auquel cette nation est parvenue. Depuis la première observation du mouvement diurne du soleil, jusqu'à la découverte des satellites d'Uranus, ou du mouvement des étoiles fixes, l'astronomie a fait des progrès étonnans, et il a fallu les plus grands efforts, pour parcourir cette route épineuse. Si d'un côté, les astronomes se sont trouvés dans le cas de devoir réclamer le secours de toutes les sciences, ou de les inventer, si elles

*

n'existaient pas encore, il n'y en a aucune qui ne soit redevable à l'astronomie de ses progrès ; et on n'a pas besoin d'être astronome, pour avouer avec reconnaissance, que même les occupations les plus ordinaires de notre vie sont fondées sur les découvertes des astronomes.

Une science de cette dignité, étendue, et utilité, mérite sans doute, que les plus grands esprits lui consacrent leurs facultés; et le dernier des ouvriers qui travaillent à la construction de ce monument, peut trouver la recompense de ses travaux dans la conscience d'avoir coopéré à un si grand et noble but. Car non-seulement le génie qui a enrichi la science par des découvertes importantes, l'homme laborieux aussi, qui a porté plus de clarté et d'ordre dans le système de ces découvertes, peut se flatter d'y avoir contribué.

Comme l'intime liaison qui existe entre tous les mouvemens célestes, fait que chaque nouvelle découverte influe par réaction sur toutes les vérités antécédentes, et sur toutes les hypothèses adoptées jusqu'alors, c'est principalement lorsqu'une suite de grandes découvertes a fait époque dans l'astronomie, qu'il devient nécessaire de faire la revue du système entier, et d'insérer les nouvelles vérités à leur place. Telles furent les époques de l'école d'Alexandrie, de Tycho, Copernic, Kepler, et Newton; les découvertes faites par Euler, D'Alembert, Lagrange, Laplace, et Herschel, distinguent la fin du dixhuitième siècle, comme une époque non moins importante, quoiqu'il soit réservé aux siècles futurs seulement d'apprécier ces découvertes selon tout leur mérite.

L'astronomie comprend les connaissances *scientifiques* ou la *science des astres*, donc tout ce que nous pouvons savoir de leur nature aussi bien que de leurs mouvemens. Mais comme nos idées relativement au premier objet ne sauraient être que fort imparfaites ou hypothétiques; que d'ailleurs cette recherche paraît plutot un objet de curiosité que d'utilité: on n'entend proprement sous le nom d'astronomie que la science des *mouvemens* des corps célestes. Nos connaissances de ces mouvemens ne peuvent être fondées que sur des *observations* qui doivent être faites avec la plus grande précision et précaution, pour donner des résultats sûrs, et qu'il a fallu continuer pendant une longue suite de siècles, avant qu'on pût fixer avec certitude les périodes de ces mouvemens. Il n'y a aucune science, où la *méthode* soit d'une si grande importance que dans l'astronomie. Pour ne pas se tromper sur les conséquences qu'on tire des observations, il faut connaître les instrumens et les méthodes dont s'est servi l'observateur, aussi bien que l'age de chaque observation; et l'astronomie ne peut faire des progrès, que lorsque les instrumens et les méthodes d'observer sont portés à un haut degré de perfection. La *pratique* et l'*histoire* de l'astronomie sont, par conséquent, une partie essentielle de la *théorie*. Cependant, la vaste étendue de ces sciences imposant la nécessité de traiter chacune d'elles séparément, cela a donné naissance à l'*histoire* de l'astronomie, à l'astronomie *pratique* et *théorique*. L'*astrognosie* qui apprend les moyens de reconnaître les étoiles, leurs noms et caractères, la formation des constellations, etc. est une partie de l'astronomie pratique. La théorie qui est le sujet de cet ouvrage, expose les résultats que la pratique et l'histoire donnent relativement aux mouvemens des astres, et forme un système lié de leurs découvertes.

Les mouvemens des corps célestes étant de différentes espèces, ou plutôt pouvant être envisagés sous différens points de vue, il en résulte plusieurs sections de l'astronomie théorique. Le premier objet de l'astronome est, d'observer continuellement les lieux apparens des astres, ou leurs projections sur la sphère, jusqu'à ce qu'il a acquis une parfaite connaissance de leurs divers mouvemens apparens et de leurs périodes, et que par-là il est à même à prédire, pour un tems quelconque, leur position sur la sphère, telle qu'elle se présentera aux habitans de la terre. Pour cet effet il faut déterminer les positions des étoiles sur la sphère, de la manière la plus simple et la plus invariable. Il faut donc chercher dans le ciel, des plans et des cercles, tels que leur position relative aux astres puisse se déterminer aisément dans chaque lieu de la terre, et d'autres qui, par leur position invariable, puissent servir de base à toutes les observations. Il faut donc exposer les méthodes de la trigonométrie sphérique, par lesquelles on déduit la position des astres, relative à un plan, de celle qui se rapporte à un autre plan. Enfin, comme les observations se font en différens lieux, et que, pour faire un ensemble, elles doivent être réduites et comparées entre elles;

il faut apprendre les calculs, par lesquels, la position d'un astre, observée dans un lieu de la terre quelconque étant donné, on trouve le point de la sphère où paraît dans le même instant, l'atsre vu du centre ou d'un autre point du globe. Cette partie qui traite des moûvemens *apparens*, a été appelée astronomie *sphérique*: elle comprend tout ce qui, sans aucune hypothése, peut être immédiatement déduit des observations. Son dernier problème qui consiste à trouver la distance d'un astre, connaissant ses positions observées dans différens lieux, mais en même tems, fait le passage à la partie suivante.

Le lieu apparent et la distance donnent le *vrai* lieu de l'astre, et une suite de ces lieux fait connaître sa véritable *orbite*. Pour se former une idée juste et complète de ces orbites curvilignes, il faut connaître, outre la nature de la courbe, le *centre* de l'orbite dans le sens astronomique, c'est-à-dire le point duquel le mouvement paraît le plus régulier; puis la durée d'une révolution autour de ce point; enfin la vitesse dans chaque partie de l'orbite. Cette partie qui traite des mouvemens *vrais*, est ce que je nommerai l'astronomie *rationnelle* (1). Les siécles à venir verront peutêtre achevé, ce que notre tems a commencé avec tant de succès: par l'application de ces recherches aux étoiles fixes, ils parviendront peutêtre à connaître l'organisme de l'univers, ou le vrai *système du monde*. Jusqu'à présent l'astronomie rationnelle ne s'étend que sur une petite partie des corps qui composent le *système solaire*. La détermination du centre de leurs orbites (*systema mundi*), lequel d'après le système de Copernic, aujourd'hui généralement adopté, est le soleil; la nature des courbes que les planètes décrivent autour du soleil; les lois suivant lesquelles elles parcourent ces courbes; et pour avoir un apperçu de l'ensemble, le rapport qui existe entre les orbites, décrites par différens corps autour du centre commun; ou les *trois lois de Kepler* — voilà l'objet principal de l'astronomie rationnelle. On conçoit qu'il n'y avait pas d'autre moyen, que de hasarder une supposition après l'autre, jusqu'à

---

(1) Je n'ai pu trouver d'autre terme pour exprimer ce que les allemands appellent astronomie *théorique*, distinguant la théorie de l'astronomie par le nom d'astronomie *théordtique*.

ce que l'on parvînt à une hypothèse qui s'accordât parfaitement avec les observations; que par conséquent, bien des choses dépendaient du hasard, plus encore du génie. Dés qu'une pareille hypothése se trouvait adoptée, on pouvait renverser le problème, en calculant d'avance les observations à l'aide de l'hypothèse. Comme cette marche ne saurait donner un résultat juste, à moins que l'hypothèse adoptée ne soit la véritable loi de la nature; et qu'il est possible qu'une fausse hypothèse, quoique accidentellement d'accord avec toutes les observations antérieures, ne s'accorde plus avec les suivantes, plus exactes peutêtre que les premières; on voit aisément, qu' une hypothèse peut être soit réfutée soit confirmée de plus en plus, par une suite continuelle d'observations. On conçoit qu'une pareille preuve par *induction*, sans devenir jamais une démonstration rigoureuse, peut porter la probabilité à un si haut degré, qu'aucun être raisonnable ne doutera de la justesse de l'hypothèse.

Aussitôt qu'on eut déterminé les véritables orbites, on eut l'idée fort naturelle, que des mouvemens qui suivaient une loi aussi générale et invariable, devaient être fondés sur un simple mécanisme, comme tout autre mouvement; que par conséquent, cette loi dynamique étant connue, les orbites des corps célestes devaient se déterminer avec plus de sureté et de précision; ou bien que, les mouvemens étant connus, il serait possible de découvrir leur loi ou cause dynamique. Il était aisé de prévoir que, dans le premier cas, la loi générale enrichirait l'astronomie des plus importantes découvertes, surtout relativement aux orbites que les observations n'auraient pas suffi à déterminer; et que dans l'autre cas, on pourrait faire déscendre sur la terre les lois du ciel, ce qui ne manquerait pas de répandre beaucoup de lumière sur la théorie de la dynamique, et sur tous les phénomènes de la nature, qui en dépendent; que par conséquent, dans l'un et dans l'autre cas, l'astronomie aussi bien que la mécanique, ou la physique générale, gagneraient beaucoup par ces recherches. C'est ainsi que prit naissance la troisième partie, l'astronomie *physique*. Elle fonde sur les lois générales des *forces mouvantes*, la théorie des véritables mouvemens des corps célestes que l'astronomie rationnelle déduit des observations expliquées par des hypothèses;

elle prouve *a priori*, ce que celle-ci porte au plus haut degré de probabilité *a posteriori* ou par induction. Elle fait voir que tous les mouvemens dans l'univers, depuis la chute d'un grain de sable à la surface de la terre, jusqu' aux oscillations de la sphère céleste, sont les suites nécessaires d'une loi unique, invariable, et très-simple; et par-là elle nous donne les moyens de prévoir les mouvemens les plus compliqués des corps célestes. Sous ce rapport, elle n'aurait donc pas d'autre avantage sur l'astronomie rationnelle, que de la rendre plus sûre et plus générale; de donner à l'esprit la jouissance de voir la raison de ces hypothèses, trouvées par des procédés empiriques; enfin de faire de l'astronomie entière une science aussi purement théorique que c'est la dynamique, ou plutôt d'en faire un problème de la dynamique. Mais l'astronomie doit à ces recherches un avantage beaucoup plus important. Nous verrons dans la suite, qu'en faisant abstraction de toute autre force que celle du soleil, les orbites des planètes sont des ellipses, décrites suivant une loi extrèmement simple. Mais comme tous les corps agissent les uns sur les autres, leurs orbites s'écartent sensiblement de l'ellipse. Sans le secours de l'astronomie physique, ce fait aurait rendu fort douteuse l'hypothèse elliptique de l'astronomie rationnelle. Cependant les anomalies n'étant pas assés considérables pour qu'on soit obligé de remplacer l'ellipse par une autre courbe, de plus, aucune autre hypothèse, plus conforme à la nature, ne se présentant, on conserva l'ellipse, on tacha de déterminer ces anomalies par observation, et on les réduisit en tables au moyen desquelles on corrigea le lieu elliptique des planètes. Mais tant qu'on n'avait pas trouvé la loi générale de ces corrections, et que, par conséquent, on ignorait l'objet même vers lequel il fallait diriger les observations, ainsi que les argumens à donner aux tables; on faisait à tâtons un travail interminable et inutile. On employa plusieurs corrections qui se détruisaient réciproquement, là où une seule eût suffi, si l'on eût connu le chemin qu'il fallait prendre pour la chercher; les corrections étaient contradictoires ou tellement compliquées, qu'il valait peutêtre mieux abandonner tout-à-fait l'hypothése elliptique, en construisant des tables sur les observations seules. En un mot, on se trouva dans le cas d'un artiste qui, sans connaître l'irrégularité du mouvement solaire, ou la différence entre le tems vrai et le tems moyen, entreprend de construire une pendule, et de la régler sur le soleil. Il en résulta que l'on se défia tantôt de l'hypothèse elliptique, tantôt des observations: ainsi on n'aurait jamais atteint la précision actuelle de nos observations, parcequ'on n'avait pas de confiance en soi-même, et qu'on était dépourvu des moyens d'estimer le degré de précision des observations, par leur comparaison avec la théorie. L'astronomie physique vint dissiper le brouillard, et toutes ces difficultés disparurent, dès qu'on vit que les irrégularités apparentes, étant des suites nécessaires d'une loi physique, pourraient être exprimées par des formules générales qui serviraient à les calculer. Dès qu'on sut ce qu'il fallait proprement chercher, il fut aisé d'employer, par l'ordre inverse, les observations, pour perfectionner de plus en plus la théorie physique, les tables, et par conséquent, toutes nos connaissances du mouvement des astres. Les tables qu'on a calculées pour ces corrections, et qui sont connues sous le nom de *tables des perturbations*, sont la dernière conquête dont la théorie de l'astronomie ait été enrichie: on les doit aux progrès de la mécanique et de l'analyse.

Ce court aperçu trace le chemin, par lequel on est parvenu à ces innombrables découvertes qui ont élevé l'astronomie à sa perfection actuelle: il peut servir de guide dans le labyrinthe où l'on croit errer, en voyant que l'astronomie suppose ou enseigne des vérités qu'il est impossible de prouver sans le secours de découvertes, faites longtems après. On verra même qu'il n'est pas toujours possible d'observer exactement les limites entre l'astronomie sphérique, rationnelle, et physique, ni d'éviter de passer quelquefois d'une partie à l'autre. Ce n'est pas une faute contre la méthode, que de rappeler à la mémoire du lecteur qui en a du moins une connaissance historique, des propositions qui seront prouvées dans la suite, non pas pour démontrer, mais seulement pour éclaircir des vérités antérieures ou pour montrer le chemin qui y conduit. Il est impossible d'avoir une idée nette de la liaison systematique de cette science, avant d'en avoir achevé le cours entier. Ce cours est un sentier épineux qui, en serpentant et en faisant mille détours, conduit enfin au sommet d'une montagne, d'où l'on voit un paysage magnifique et riant.

Les sentimens des astronomes sur l'ordre dans lequel il convient d'exposer les trois parties de l'astronomie théorique, ont été presque unanimes, et il y a, ce me semble, de bonnes raisons pour l'ordre que j'ai choisi. A la vérité, l'astronomie physique étant, proprement parlant, la base de toute la science, puisqu'elle déduit tout des premiers principes *à priori*, il paraît que le chemin le plus naturel serait de partir de là; et en effet, on n'y pourrait rien opposer, si l'on étudiait l'astronomie seulement pour en connaître les théorèmes ou le matériel. Mais si l'on n'apprend pas seulement pour apprendre; si l'on n'a pas le seul but d'enrichir sa mémoire de nouvelles idées, mais d'éclairer et de cultiver l'esprit; alors le plus court chemin, par lequel on acquiert des connaissances, n'est pas toujours le meilleur. Pour un être pensant il n'y a rien de plus instructif, rien qui donne une plus grande jouissance, que de tracer pas à pas la route que l'esprit humain a prise, pour inventer les sciences, et pour les perfectionner (1). Si cela est vrai dans d'autres sciences, il le sera à plus forte raison dans celle qui, dans toute son étendue, est sans doute la plus sublime, et qui a toujours occupé les plus grands esprits. C'est elle qui nous donne la jouissance douce et utile en même tems, de suivre les progrès du genre humain dans le cours de tant de siècles; de voir comment l'homme se fraya un chemin à travers les plus épaisses ténèbres, avec quel courage il a lutté contre les plus grands obstacles, et comment il réussit enfin à les surmonter; que chaque nouvelle difficulté le força d'éveiller et de développer de nouvelles forces et de nouvelles ressources, dont il ne s'était pas douté; et que même, lorsque sa nature limitée paraissait lui opposer des obstacles insurmontables, lorsque toute la richesse des connaissances humaines paraissait épuisée, il se livra à de nouveaux efforts, et pour ne pas abandonner la route parcourue avec tant de succès dans sa science favorite, il en inventa de nouvelles qui ré-

____

(1) C'est avec une espèce d'enthousiasme que Kepler fait cette observation, dans la préface de son ouvrage *de stella Martis* (*Argument. Cap. XLV.*) "Lector ignoscat meæ credulitati, "dum omnes ex meo ingenio æstimo. Quippe mihi non multo minus admiranda videntur "occasiones, quibus homines in cognitionem rerum coelestium deveniunt, quam ipsa natura "rerum coelestium. etc."

pandirent un jour inattendu sur toutes les branches de nos connaissances.
On se rappellera ici la découverte de la vitesse de la lumière, celle de la
gravitation universelle, l'invention des pendules et des téléscopes, le perfectionnement de l'analyse et de l'art d'observer, enfin tant d'autres découvertes
qui ne doivent leur existence qu'à l'astronomie, et aux recherches infatigables
de l'esprit humain qui ne s'est développé nulle part avec tant de gloire, que
dans la plus noble de toutes les sciences.

C'est donc par de bonnes raisons que j'ai suivi la méthode ordinaire,
en commençant par l'astronomie sphérique, et finissant par l'astronomie physique. C'est ainsi que la science naquit, et c'est par conséquent ainsi qu'elle
doit être étudiée. C'est la seule méthode qui nous fasse voir, comment on
put faire les découvertes, et leur enchainement réciproque. La méthode syn-
thétique qui commence par l'astronomie physique ou rationnelle, dérobe la
marche des découvertes, ne donne point assés de satisfaction et de clarté,
et nous prive de cette illusion si douce que nous devons à l'analyse, de
nous croire nous-mêmes les inventeurs des vérités que nous venons d'apprendre. Il y a encore un autre point de vue, sous lequel cette méthode
paraît mériter la préférence. L'astronomie sphérique s'occupe, pour ainsi
dire, du *cadran* de la grande montre de l'univers; elle nous apprend à nous
servir du mouvement de ses *aiguilles* pour mesurer le tems, sans avoir égard
au véritable mouvement des roues, duquel celui-là n'est qu'un phénomène.
L'astronomie rationnelle fait voir l'arrangement intérieur et l'engrenage des
roues, sans connaître le *ressort* ou le *poids* qui met le tout en mouvement:
ceci est l'objet de l'astronomie physique. Or il est clair que celui qui veut
apprendre d'une manière solide à faire des horloges, ne commencera pas
par le ressort, mais qu'avant tout il tâchera d'acquérir une idée complète
de l'usage des horloges, ou plutôt du cadran, dans les mathématiques et
dans les occupations ordinaires.

L'astronomie n'a pas été inventée dans un ordre systématique; on n'a
pas attendu que chaque partie fût achevée, avant de passer à la suivante;
on n'a pas cru devoir s'astreindre trop scrupuleusement aux observations,
quand il s'agissait d'en tirer des théories générales. Une suite d'observations

d'un astre, dont on pouvait former un ensemble, parut suffire pour concevoir des hypothèses, et pour esquisser la théorie de cet astre; mais on ne s'avisa pas de faire valoir ces hypothèses plus qu'elles ne valaient, de les regarder comme la clef des vrais mouvemens ou de la véritable loi de la nature, sur laquelle il serait permis de fonder une suite de raisonnemens qui pourraient servir à prévoir les observations futures, à estimer le degré de leur précision, ou même à s'épargner la peine d'observer la nature de plus prés: on ne les regarda que comme un secours, propre à repandre de l'ordre dans ce chaos, et de la lumière dans cette obscurité; comme un guide qui pourrait donner aux observations futures une direction convenable; comme un marche-pied à l'aide duquel on pourrait s'élever plus facilement à un plus haut degré de perfection. La liaison intime mais compliquée de toutes les découvertes astronomiques fait que l'une ne peut être séparée des autres, qu'une vérité est confirmée par une autre, et réciproquement: c'est par cette raison que la marche des découvertes a décrit plus d'un cercle, et qu'il n'y a rien de plus commun dans l'astronomie, que de retourner sur ses pas, pour avancer plus vite par une autre route. Il s'en fallait beaucoup que l'orbite du soleil fût rigoureusement déterminée, lorsqu'on passa à la recherche de celles des planètes; cette recherche s'appuya sur l'orbite solaire, en tant qu'elle etait connue avec précision; les orbites planétaires conduisirent à une connaissance plus exacte de celle du soleil; et l'on s'en servit pour la seconde fois, pour déterminer avec plus de succès celles des planètes. On chercha d'abord une hypothèse qui expliquât d'une manière simple, et avec assés de justesse, toutes les observations faites jusqu'alors; on continua de la comparer avec les observations, et s'il se trouva de petites discordances, on tâcha de les accorder par des hypothèses subordonnées, par de petites périodes, faisant partie des grandes, ou par des corrections indépendantes, résultant d'une cause inconnue; mais quand tout ceci ne put plus suffire, on se mit à élever une nouvelle hypothèse sur les débris de l'ancienne. Il est remarquable que ce dernier cas arrivait ordinairement, lorsque dès le commencement on avait trop subtilisé, et qu'on s'était écarté de la simplicité de la nature. En voulant former une hypothèse qui embrasse tout le détail des observations

et toutes leurs petites anomalies, on croit parvenir plus directement au but,
mais on fait inutilement un travail pénible. L'astronomie donne dans plus
d'un endroit, un modèle qu'aucune autre science n'a atteint, de la manière
dont il faut s'y prendre, pour employer utilement les hypothèses, en com-
binant la circonspection froide de la raison avec le feu audacieux du génie.

Ayant le dessein d'exposer, autant que cela est possible, l'astronomie
théorique suivant le même plan, d'après lequel elle fut inventée, et de développer sa liaison systématique, je tàcherai surtout de montrer, comment
une découverte naquit de l'autre. Mais ce plan m'obligera d'abandonner quelquefois la méthode rigoureuse, et de réserver à l'astronomie rationnelle, ce
qui appartient proprement à l'astronomie sphérique. Une méthode trop rigoureuse entrainerait, sans aucune utilité, des répétitions ennuyeuses; et le principal but doit être, de placer chaque matière là où sa liaison avec ce qui
précède et ce qui suit, est le plus clairement marquée, et où elle peut
être expliquée dans toute son étendue avec le moins de répétitions possibles. J'espère que les astronomes trouveront que, dans l'ouvrage que j'ose
leur présenter, je n'ai jamais perdu de vue ce but, quoique je ne l'aie pas
atteint aussi parfaitement que je l'eusse désiré.

LIVRE PREMIER.

DU MOUVEMENT DIURNE.

CHAPITRE PREMIER.

Mesure des angles.

§. 1. On ne peut pas douter que le mouvement diurne, commun à tout le ciel, ne soit le premier phénomène qui engagea les hommes à entreprendre des recherches astronomiques. La courte durée de sa période; la variation perceptible à plus d'un sens, de jour et de nuit, de chaud et de froid, du bruit et du silence; les scènes pittoresques du ciel étoilé, qui changent si rapidement: tout cela ne put que donner aux premiers habitans de la terre, en peu de jours, une idée grossière du plus simple de tous les mouvemens célestes. Cette idée fut le germe fertile qui a produit successivement toutes les connaissances qui composent les sciences astronomiques; et la marche simple et uniforme de ce mouvement, son invariabilité, et la facilité de l'observer, font que même à présent, toutes les observations y sont réduites, et que le système entier de l'astronomie doit partir de là.

Le propre objet de l'astronomie, regardée comme une branche des mathématiques, ou ce qu'il s'agit ici de mesurer, est le *mouvement* des corps célestes, c'est-à-dire l'espace parcouru en un certain tems; ce qui, dans l'astronomie sphérique, est le changement de la situation apparente des étoiles par rapport à la terre. Si la terre est en T (*Fig.* 1.), une étoile étant allée de A en B, son mouvement est donné, lorsqu'on connaît la grandeur et la position de la corde A B, ou bien l'angle A T B avec deux côtés de ce triangle, le mouvement étant supposé rectiligne. Si l'on connaît de plus, la position des lignes T A, T B, relativement à une droite T C, donnée de position, ou les angles C T A, C T B, les positions de l'étoile sont déterminées pour les deux tems. Les objets des observations sont donc des *angles*, des *lignes*, et des *tems*. Quant aux lignes, il est impossible de les mesurer dans le ciel; mais par une combinaison d'angles, on peut lever le plan du ciel entier, aussi bien que celui d'un champ; et beaucoup de tems s'écoula, avant qu'on s'avisât de déterminer l'échelle de ce plan. Si, dans l'astronomie sphérique, on demande le *lieu* d'une étoile A, ce n'est pas le point même A, mais la direction T A, suivant laquelle l'étoile est vue de la terre. On se contente de déterminer cette ligne, parceque sa prolongation donne le point du ciel, où l'étoile apparaît; et l'on ne demande pas, dans quel point de cette ligne l'étoile se trouve réellement, en A ou en *a*. Il est vrai que, dans la suite, il se présentera des cas où le point A est aussi cherché, où il s'agit de connaître non-seulement l'angle A T B, mais le triangle entier, par ex. lorsque les observations, faites dans un lieu, doivent être réduites à un autre lieu, ou qu'il importe de savoir, lequel des deux astres dont l'un va occulter l'autre, est le plus éloigné. Mais dans de pareils cas même, on n'a pas besoin de la véritable grandeur des lignes T A, T B: il suffit de connaître leur rapport, ou ce qui revient au même, les angles de tous les triangles liés ensemble. On peut alors construire des triangles semblables, et la grandeur absolue n'est qu'un objet de curiosité. Les proportions et les positions des orbites planétaires, aussi bien que les lois de leurs mouvemens, avaient été connues depuis longtems, avant qu'on en découvrit l'échelle il y a cinquante ans. On peut donc prendre une ligne arbitraire pour unité, par laquelle s'exprimeront dans leur juste rapport, toutes les lignes des triangles dont on a mesuré les angles. D'ailleurs, les vitesses apparentes étant égale-

ment données par des angles, on peut indiquer, pour chaque instant, la
position apparente de tous les astres, et les phénomènes qui auront lieu;
ce qui est le seul but de l'astronomie sphérique.

§. 2. Lorsqu'on se trouve dans un point A (*Fig.* 2.), autour duquel
les corps C, D, E, ont un mouvement quelconque, on peut de ce point,
par la seule mesure des angles, déterminer la position des lignes A C, A D, A E;
et si l'on continue ces observations, jusqu'à ce qu'on aura trouvé la vitesse
avec laquelle les angles qui ont leurs sommets en A, sont décrits, ou la
loi des variations de cette vitesse; on pourra déterminer la position de ces
lignes, pour un tems quelconque; ou en d'autres mots, on pourra dessiner
la projection de leurs orbites sur une surface quelconque qui environne le
point A, sans qu'on sache, si l'orbite de C renferme celle de D, si C est
plus ou moins près de A que D. Pour décider cela, le moyen le plus
simple, mais non pas le plus commode, serait de mesurer les distances A C,
A D, A E. Mais ce moyen ne peut pas être employé, si l'on est séparé
des corps C, D, E, par une barrière qu'on ne peut pas franchir. Dans un
pareil cas, on n'a qu'à mesurer les angles formés par les mêmes corps, vus
d'un autre point B: alors on peut lever le plan de tout le terrein A B E C D,
et construire les triangles entiers, ensorte que les points C, D, E, seront
placés dans leur juste position. Pour trouver la grandeur absolue de toutes ces
lignes, on n'a qu'à en mesurer une seule, par ex. A B, qui servira d'échelle
à toutes les autres. C'est le cas dans lequel se trouvent les astronomes relativement aux astres, desquels ils sont séparés par un espace immense. Aussi
leur procédé est-il le même, avec cette différence, que les circonstances
exigent plus de précision dans la mesure des angles, et plus de sagacité dans
le choix de la base et des angles mêmes. Après avoir mesuré en A, l'angle
C A E formé par deux objets C, E, on cherche à observer d'une autre station
B, l'angle C B E formé par les mêmes objets. A, B, seront deux points éloignés, ou sur la terre, ou si cette base se trouve trop petite, sur l'orbite de la
terre autour du soleil. Cela suffit pour déterminer la position de chaque
point C, relativement aux autres D, E, et aux deux stations A, B; et pour
dresser une carte des lieux des corps célestes C, D, E, et de leurs mouve-

mens: la grandeur de l'échelle, d'après laquelle cette carte est construite, est
indifférente. Pour parvenir à la connaissance de la véritable grandeur du
système solaire, on n'a qu'à mesurer une seule ligne, liée d'une manière quelconque avec le système des triangles; et il est clair que ce ne peut être qu'une
ligne sur notre globe. Comme cette ligne doit servir d'unité à toutes les mesures astronomiques, la ligne la plus convenable est sans doute le diamètre
de la terre, quoiqu'il n'y ait pas moyen de le mesurer directement. Mais
dès qu'on connaît la figure de la terre qui est à peu près sphérique, on n'a
qu'à mesurer une ligne à sa surface, qui a un rapport déterminé au diamètre,
par ex. l'arc d'un degré, ou de quelques minutes: cela donnera le diamètre
de la terre, et par conséquent la grandeur de tout le système solaire.

§. 3. Voilà en abrégé le procédé sur lequel sont fondées toutes nos
connaissances de l'univers. On voit que tout se réduit à mesurer des angles
A T B (*Fig. 1.*), dont le sommet T est à la surface de la terre, et dont
les côtés T A, T B, sont dirigés sur de certains points du ciel. Il y a pour
cela deux méthodes. La première consiste à mesurer l'angle A T B même, c'est
à dire la *distance* apparente ou l'élongation de deux astres, ou bien l'arc parcouru
par un astre; la seconde consiste à mesurer d'autres angles A T C, plus faciles
à déterminer, pour en déduire l'angle A T B par le calcul. Le détail des
instrumens dont on se sert pour l'une et pour l'autre méthode, appartient
à l'astronomie pratique. Ce sont des secteurs circulaires, divisés en degrés,
minutes, etc. Les dioptres, munis d'une lunette d'approche, se meuvent
autour du centre, parallèlement au plan du secteur, lequel peut être placé
dans une position quelconque. Suivant la première méthode, l'instrument
doit avoir deux dioptres que l'on dirige sur les deux astres, après qu'on
a placé le secteur dans le plan A T B. Ce *secteur* reçoit le nom d'*Octant*,
de *Sextant*, ou de *Quart-de-cercle*, selon que le limbe divisé renferme 45,
60, ou 90 degrés. Comme cette méthode exige deux observateurs, et qu'il
est aussi difficile de tenir le secteur dans le plan A T B dont la position
change d'un moment à l'autre, que de diriger au même instant, les dioptres
vers les deux astres qui sont dans un mouvement continuel; les astronomes
ont abandonné presque entièrement cette méthode, et l'ont remplacée par le

Quart - de - cercle vertical. Il ne sera pas superflu d'expliquer en peu de mots, sur quoi est fondé l'usage de cet instrument.

§. 4. Quelle que soit la figure de la terre, on peut imaginer, dans chaque point de sa surface, un plan qui la touche, et qu'on appelle l'*horison* de ce point. Dans une partie du globe, où il ne se trouve point d'objets hétérogènes ou étrangers à la figure géométrique du globe, comme sur mer, ou dans des plaines d'une grande étendue, la surface de la terre ne s'écarte pas sensiblement d'un plan, aussi loin que la vue porte. Ici l'on peut donc prendre la surface même pour l'horison; et dans chaque local ainsi situé, on a trouvé par un grand nombre d'observations, que la direction de la pesanteur est toujours perpendiculaire à l'horison. C'est, en effet, une suite nécessaire de la pesanteur: car, puisque tous les corps graves, en tombant ou étant librement suspendus, prennent la même direction, que s'ils étaient attirés par la terre, cette attraction étant la vraie cause de la pesanteur, ils devront nécessairement parcourir le chemin le plus court, pour arriver à la terre; et c'est la ligne perpendiculaire au plan qui touche la surface, c'est-à-dire, à l'horison. On peut se convaincre d'une manière fort simple, de la vérité de cette expérience généralement connue, si l'on se trouve dans un lieu libre, c'est-à-dire ou il n'y ait pas trop près de l'oeil d'élévations ou de courbures irrégulières. Si d'une hauteur **A** on laisse tomber ou pendre un corps grave, et qu'on remarque le point **C** où le corps rencontre la surface de la terre: on appercevra que toute autre ligne, menée du point **A** à cette surface, est plus longue que **A C**, que, par conséquent, **A C** etant la ligne la plus courte, est perpendiculaire à l'horison. Si au moyen d'un fil-à-plomb ou d'un niveau, on place des dioptres ensorte qu'ils puissent décrire un cercle perpendiculaire à la direction de la pesanteur, et que de tous les côtés, à distances égales, on élève des perches, sur lesquelles on marquera les points qui se présentent dans les dioptres: on verra que tous ces points ont la même hauteur au dessus de la surface de la terre ou de l'eau, et que le rayon visuel des dioptres ne la coupe nulle part. Cela prouve qu'un plan perpendiculaire à la direction de la pesanteur, touche la surface de la terre, ou coïncide avec l'horison. On s'appercevra de la même manière qu'aussi loin que la surface de la terre ne s'écarte pas sensiblement d'un plan, toutes les directions de la pesanteur sont parallèles entre elles. On en trouvera, dans la suite, une démonstration rigoureuse, fondée sur la physique et la statique. Si la direction de la pesanteur A B (*Fig.* 3.) n'était pas perpendiculaire à la surface M N, on pourrait la décomposer en deux autres, dont l'une M C est perpendiculaire à la surface, et l'autre C B ou M D en est la tangente. Rien ne s'opposant à cette dernière, il en résulterait un mouvement ou courant continuel suivant M D, si la terre était une masse fluide, ou une pression dont l'effet se manifesterait, si elle était un corps solide : dans l'un et l'autre cas, le repos et l'équilibre ne s'établira que lorsque la surface de la terre est perpendiculaire à la direction de la pesanteur.

C'est sur ce fait qui n'admet aucun doute, que l'usage du quart-de-cercle est fondé. D'après ce qui vient d'être dit, il est indifférent de dire que l'horison est un plan touchant la terre, ou qu'il est perpendiculaire à la direction de la pesanteur. On nomme *plan horisontal* chaque plan qui lui est parallèle, et *ligne horisontale* chaque ligne menée dans un pareil plan. La direction de la pesanteur s'appelle *ligne verticale,* et chaque plan qui passe par cette ligne, ou qui lui est parallèle, est *vertical.* Il s'en suit que toute ligne horisontale et tout plan horisontal est perpendiculaire à la ligne verticale dans le même endroit, et qu'au moyen de la direction des corps graves, on peut mener des lignes horisontales et des plans horisontaux : en effet, ayant mené deux lignes perpendiculaires à un fil-à-plomb librement suspendu, le plan passant par ces deux lignes sera horisontal. Avec la même facilité on placera un plan verticalement, en donnant à une seule ligne dans ce plan une position parallèle au fil-à-plomb.

§. 5. Il sera aisé maintenant, de se-faire une idée des deux manières dont on fait usage du *Quart-de-cercle.* Soit A B C (*Fig.* 4.) le *quadrans* d'un cercle dont le limbe est divisé en 90 degrès depuis le point A jusqu'à B. La lunette C D peut tourner autour du centre C, parallèlement au plan du quart-de-cercle, ensorte que son axe C D indique l'angle A C D ou B C D, par le point D du limbe qu'il couvre. L'instrument entier a un triple mouvement autour de trois axes passans par son centre de gravité C, et perpendiculaires l'un à l'autre : 1) autour d'un axe perpendiculaire au plan de l'instrument, ensorte qu'il reste toujours dans le plan A C B, et que la seule chose qui change, est l'angle que la ligne A C fait avec l'horison, ou B C avec la ligne verticale ; ce mouvement sert donc à placer A C horisontalement ; 2) autour de l'axe horisontal C A ; ce mouvement sert à donner au quart-de-cercle une inclinaison quelconque au plan vertical passant par C A, et par conséquent à le placer verticalement ; 3) autour de l'axe vertical C B, ce qui placera le quart-de-cercle dans tel plan vertical qu'on voudra. Il s'agit maintenant, de disposer l'instrument ensorte que son plan soit vertical, que ses deux rayons principaux C A, C B, soient l'un horisontal, l'autre vertical, qu'enfin l'étoile S que l'on veut observer, se trouve dans le plan de l'instrument. Pour cet effet, il y a un fil-à-plomb B C E qui pend sur la ligne verticale passant par C. Aussi tôt que, par le second mouvement, l'instrument est placé verticalement, de manière que le fil-à-plomb, dans toute sa longueur, lui est parallèle, on le fait parcourir ce plan vertical, par le premier mouvement, jusqu'à ce que le fil-à-plomb couvre le centre C, de sorte que B C est vertical, et A C horisontal. Ensuite, le troisième mouvement (pendant lequel le plan de l'instrument et le rayon C B ne doivent pas être dérangés de leur position verticale) lui donnera la position où l'étoile S se trouve dans son plan. A ces trois mouvemens il faut ajouter un quatrième, par lequel la lunette C D tourne autour du centre C, jusqu'à ce que l'étoile S paraît dans l'axe de la lunette. Alors le point D du limbe indique l'angle A C D ou B C D.

     C'est de cette manière que les Anglais arrangent les quarts-de-cercle. D'après la manière française on épargne l'un de ces quatre mouvemens (*Fig.* 5). Le quart-de-cercle est construit comme le précédent, mais la lunette a une position fixe et parallèle au rayon qui passe par le 90me degré, ensorte qu' au lieu de promener la lunette sur le limbe, on tourne le quart-de-cercle même pour diriger la lunette vers l'étoile. C'est ici le fil-à-plomb C E, et non pas la lunette, qui indique le degré D ou l'angle A C D qui est égal à l'angle A C D de la *Fig.* 4. En effet, ce dernier est l'angle que la lunette ou la direction de l'étoile fait avec l'horison ; il est donc le complément de l'angle B C D (*Fig.* 5.) formé par la lunette et la ligne verticale ; par conséquent il est égal à A C D.

§. 6. On appelle *hauteur* d'un astre son élévation apparente sur l'horison de l'observateur, ou l'angle dont la droite, menée de l'oeil vers l'étoile, est inclinée à l'horison : la hauteur sera donc déterminée, comme tous les angles formés par une ligne droite et un plan. D'un point quelconque du rayon visuel de l'astre on abaisse une ligne perpendiculaire à l'horison, ou ligne verticale : les points où ces deux lignes coupent un plan parallèle à l'horison, sont joints par une droite qui fait avec le rayon visuel un angle, égal à son inclinaison à l'horison, ou à la hauteur de l'astre. Si l'on se sert du quart-de-cercle anglais, l'oeil se trouve en C (*Fig.* 4.) ; il faut donc que la ligne verticale par D coupe l'horison de l'oeil dans un point F de la ligne horisontale C A, parceque l'instrument est vertical : donc D C F, ou l'arc D A, est la hauteur. Dans le quart-de-cercle français (*Fig.* 5.), l'oeil est en B : la ligne verticale C E coupera l'horizon de l'oeil dans un point F de la ligne horisontale B F, menée dans le plan vertical de l'instrument ; d'où il suit que C B F $=$ 90° — B C F, ou l'arc A D est la hauteur de l'astre S. Cette hauteur qui se trouve ainsi immédiatement par le moyen d'un quart-de-cercle, est donc de tous les angles dans le ciel, celui qui est le plus aisé à mesurer, et qui sert de base à tous les autres angles.

§. 7. La hauteur A C S (*Fig.* 4.) ne suffit pas, pour déterminer le lieu apparent de l'astre S, ou la position de la droite C S. Quand on fait tourner le quart-de-cercle sur l'axe vertical B C, la ligne C S décrira un cone dont le sommet est en C, et tous les points à la surface de ce cone ont la même hauteur. La hauteur seule désigne donc une infinité de lignes droites, savoir tous les côtés du dit cone. Mais dans chaque position le quart-de-cercle détermine un de ces côtés ; et cette ligne est donnée, lorsqu'on sait, combien le quart-de-cercle a été tourné depuis une certaine position, ou que l'on connaît l'angle que le plan du quart-de-cercle a décrit autour de son axe B C. L'angle formé par deux plans passans par B C, dans lequels le quart-de-cercle a été placé, est égal à celui formé par deux lignes, menées dans ces deux plans perpendiculairement à B C : en d'autres mots, l'angle solide décrit par le quart-de-cercle, est égal à l'angle plan décrit par la ligne horisontale C A: ce dernier est désigné par le nom d'*angle azimutal*. Pour déterminer complètement la position de la ligne C S, il suffirait donc de décrire sur un plan horisontal, un cercle divisé en degrés etc. dont l'axe coïnciderait avec l'axe vertical C B du quart-de-cercle: un index fixé au rayon C A indiquerait alors l'azimut. Il s'agirait seulement, de déterminer la ligne C A, ou le point de l'horison A duquel on compte l'azimut, ensorte qu'il ait une position fixe et aisée à trouver. On verra ci-après, qu'on a choisi pour cet effet les quatre points cardinaux de l'horison , Est , Ouest , Sud , et Nord.

§. 8. Le peu de précision que l'on peut attendre d'un instrument aussi compliqué, la difficulté de diriger avant chaque observation, le point A du quart-de-cercle azimutal vers le point répondant de l'horison, d'où se compte l'azimut; et d'autres raisons ont engagé les astronomes depuis longtems à remplacer les observations azimutales par d'autres méthodes. Il ne s'agit que de combiner avec la hauteur de l'astre , la mesure d'un autre angle qui en est indépendant, d'où l'on tirera par le calcul, l'azimut, ou en général la position de l'étoile. Le mouvement diurne, et l'usage des horloges, offrent le meilleur moyen qui consiste à mesurer des angles par le *tems*: il sera expliqué plus bas.

§. 9. Pour mesurer de petits angles de quelques minutes ou secondes, on se servait autrefois de secteurs de peu de degrés, mais d'un grand rayon; dans les tems modernes on a, pour cet effet, joint aux quarts-de-cercle, des *verniers* et autres instrumens que l'on désigne par le nom de *micromètres*, et que l'on peut diviser en trois classes, les micromètres *à vis*, les *réticules*, et les *héliomètres*. La déscription de ces instrumens utiles , simples et ingénieux, aussi bien que celle des *cercles entiers*, dont les astronomes se servent actuellement au lieu des quarts-de-cercle, appartient à l'astronomie pratique. Cependant on trouvera ci-après une explication de ce qui regarde particulièrement les réticules.

CHAPITRE SECOND.

Premières observations du ciel.

§. 10. La plupart de ces innombrables points brillans, dont nous voyons le ciel parsemé dans une belle nuit, conservent toujours la même position entre eux. Les globes et les cartes célestes les plus exactes, ne s'éloignent pas sensiblement de l'état du ciel, après un grand nombre d'années. Ce fait généralement connu et bien constaté est la base, sur laquelle la construction entière de l'astronomie est fondée: il donne des points fixes qui peuvent nous conduire à la connaissance des mouvemens des corps célestes, et des changemens qui arrivent au firmament. De petites anomalies dont on ne s'est apperçu que dans la dernière moitié du siècle passé, et par le moyen des plus parfaits instrumens, ne démentent point cette expérience. On ne les aurait jamais découvertes, si l'on n'avait pas supposé l'invariabilité du ciel étoilé comme une vérité indubitable. Le ciel avait été observé pendant des milliers d'années, avant que l'on s'apperçût ou se doutât de ces anomalies. Relativement aux premières observations simples dont nous allons partir, la figure des constellations, et la position relative des étoiles peut être regardée comme tout-à-fait invariable. Nous reconnaissons encore aujourd'hui dans la conformation de la *grande ourse* ou du *chariot*, dans celle d'*Orion* et d'autres constellations, la raison qui décida l'imagination des premiers hommes, à leur donner ces noms.

Dans ce grand nombre d'étoiles il y a quelques unes (1) qui, changeant continuellement leurs positions, semblent errer parmi les autres étoiles:

---

(1) Vingt neuf dont sept ou huit seulement sont visibles à l'oeil nu. On peut ajouter à ce nombre les comètes qui viennent paraître de tems en tems.

c'est par cette raison qu'on leur a donné le nom de *planètes* (astres *errans*), pour les distinguer des étoiles *fixes*. On a donné aux premières, comme aux plus remarquables des dernières, des noms propres dont l'origine se perd dans la nuit des tems. Outre le *soleil* ($\odot$) et la *lune* ($\mathbb{C}$), qui sont les plus importantes pour nous, on connaît jusqu'à présent les planètes suivantes: *Mercure* ($\mercury$), *Vénus* ($\venus$), *Mars* ($\mars$), *Jupiter* ($\jupiter$), *Saturne* ($\saturn$), *Uranus* ($\uranus$), *Cérès* ($\ceres$), *Junon* ($\juno$), *Pallas* ($\pallas$), *Vesta* ($\vesta$). Vénus, Jupiter, et parfois Mars, se distinguent par leur bel éclat. Mercure est toujours fort près du soleil, et rarement visible à l'oeil nu. Uranus qui fut découvert il y a à peu près quarante ans, est difficilement distingué à la vue simple; les quatre dernières planètes, découvertes au commencement de ce siècle, ne se voyent pas sans lunettes.

§. 11. Il est naturel de commencer par les mouvemens les plus simples, ou par les étoiles fixes qui n'en ont point; de passer de là au soleil et à la lune, dont le mouvement, ayant toujours la même direction, et ressemblant à un cercle dont la terre occupe le centre, paraît beaucoup plus simple que celui des planètes qui se promènent parmi les étoiles fixes, tantôt dans un sens, tantôt dans l'autre, et dont les orbites en partie n'environnent pas la terre. Ces planètes seront suivies par celles que l'on n'apperçoit qu'à l'aide des lunettes, et enfin par les *comètes* dont l'apparition et le mouvement paraît tout-à-fait irrégulier, et dont nos connaissances sont encore très-imparfaites. C'est la marche qu'un système d'astronomie doit prendre, parce que c'est celle qui a conduit la science au point où elle se trouve actuellement. Les étoiles fixes sont les bornes immuables, auxquelles il faut réduire tous les mouvemens célestes. Sans elles, l'étude de l'astronomie aurait été beaucoup plus difficile, et la science aurait eu une forme tout-à-fait différente. C'est par cette raison qu'on les a soigneusement observées des plus anciens tems, et que l'on a imaginé divers moyens de seconder la mémoire qui pouvait facilement être embrouillée par la confusion de cette multitude innombrable. On divisa les étoiles, suivant leur position apparente, en groupes isolés, dans lesquels l'imagination vit des animaux, des hommes, des héros, et autres sujets qui lui étaient familiers; ainsi naquirent les *constellations* qui se sont conservées jusqu'à nos jours, et dont le nombre a été considérablement augmenté dans les tems modernes. On distingua les étoiles de la première, seconde, etc. *grandeur*, selon leur éclat, et l'on désigna non-seulement les constellations, mais aussi les étoiles remarquables, par des noms propres: On dressa des catalogues et des cartes, où les étoiles furent notées selon la position qu'elles avaient à cette époque; et ce travail inappréciable a fourni à la postérité le moyen d'examiner, si les étoiles changent de position ou non, et de compléter ces catalogues de tems en tems (1). C'est ainsi que l'on est parvenu enfin à compter ce grand nombre, ensorte qu'il est impossible qu'il paraisse une nouvelle étoile, ou qu'aucune change de figure ou de place, au moins parmi les grandes étoiles, sans qu'on s'en apperçoive sur le champ.

§. 12. Mais quoique ces étoiles conservent toujours entre elles les mêmes situations, elles semblent néanmoins avoir un mouvement commun à elles et aux planètes. Tout le monde connaît ce phénomène qui a une influence si importante sur les occupations et le langage même de la vie ordinaire: c'est que tout le ciel paraît tourner autour de la terre en 24 heures, de gauche à droite. On désigne ce mouvement, commun à tous les astres, sous le nom du mouvement *premier* ou *diurne* (*motus primi mobilis*): ses principales circonstances, que l'on peut appercevoir sans instrumens, au moins en partie, dans une seule nuit, sont les suivantes. Si, dans l'hémisphère boréal où nous habitons, on tourne les yeux vers midi, ce qui est constamment supposé dans l'astronomie, on verra que des étoiles, invisibles jusqu'alors, *se lèvent* sur l'horison du côté gauche: elles montent de plus en plus, jusqu'à ce que dans la région du ciel que nous nommons *midi*, elles ont atteint leur plus grande hauteur; après quoi elles s'éloignent du midi, en approchant de l'horison, et après être parvenues à un point du côté droit de l'horison, elles déscendent sous lui, ou *se couchent*: alors elles disparaissent, mais au bout d'un certain tems elles reviennent à paraître au même endroit de l'horison, où elles s'étaient levées 24 heures auparavant; après quoi elles,

---

(1) Le plus ancien catalogue des étoiles, qui soit parvenu jusqu'à nos jours, est celui d'*Hipparque*, et se rapporte à l'année 128 avant J. C. Ce catalogue de 1022 étoiles nous a été conservé, et réduit à l'année 100 après J. C., par Ptolémée.

reprennent la même route qui, autant que l'oeil peut en juger, est un arc
de cercle. Le tems qui s'écoule d'un lever ou coucher à l'autre, est toujours
le même, relativement aux étoiles fixes; de plus, l'intervalle entre le lever
et l'instant où une étoile parvient à sa plus grande hauteur, est toujours égal
à celui entre cet instant et le coucher de la même étoile.

§. 13. Il y a d'autres étoiles qui ne se couchent jamais, ensorte que
nous voyons toute leur orbite qui paraît être un cercle parfait, incliné à
l'horison; d'où il résulte que leur hauteur change continuellement. Dans la
partie du ciel opposée au midi, ou dans le *Nord*, elles sont le plus près de
l'horison. De là elles s'élèvent par le côté gauche ou *oriental*, atteignent également au midi leur plus grande hauteur, et se rapprochent ensuite de l'horison, traversant le côté droit ou *occidental*, jusqu'à être arrivées à leur plus
petite hauteur. Tous les astres se meuvent donc, relativement à un observateur dans l'hémisphère boréal, qui les suit toujours des yeux, constamment
suivant la même direction, savoir de gauche à droite, quoiqu'elles marchent
tantôt de l'orient par le midi vers l'occident, tantôt de l'occident par le
nord vers l'orient. Le point de l'horison, où les étoiles qui ne se couchent
jamais, atteignent la plus petite hauteur, est diamétralement opposé à celui
où elles ont la plus grande hauteur. Il est aisé de s'en appercevoir, en comparant les étoiles avec des objets terrestres; et l'on verra par le même moyen, qu'en général elles ont la même hauteur, chaque fois qu'elles reviennent
sur le même point de l'horison. Une étoile par ex. qui, dans une nuit,
paraît précisément sur le faîte d'une tour ou d'une maison, viendra reprendre
la même place à chaque révolution, si l'observateur se trouve à la même place.
On s'appercevra que les tems écoulés entre deux pareilles observations, sont
toujours de la même longueur d'environ 24 heures, et que l'intervalle entre
la plus grande et la plus petite hauteur, est exactement la moitié de ce tems.

Le parfait accord qui a lieu entre les mouvemens des étoiles de l'une
et de l'autre classe, relativement au tems aussi bien qu'aux autres circonstances, prouve qu'ils ont une cause commune, et que les étoiles de la première classe (§. 12.), après s'être couchées, poursuivent leur chemin, à l'instar
de celles de la seconde classe, en décrivant des arcs circulaires qui, étant

situés sous l'horison , ne sont pas visibles. Par la même raison il est certain que la clarté du jour ne fait aucune interruption au mouvement, mais
seulement à la visibilité des étoiles. C'est par la même gradation par laquelle l'aurore affaiblit peu à peu leur lumière , qu'elles recouvrent dans le
crépuscule du soir leur premier éclat. Les téléscopes , ou même de longs
tuyaux sans verres, mettent cela hors de doute , puisqu'ils nous font voir
les étoiles à midi.

§. 14. Tous ces cercles semblent être parallèles l'un à l'autre , et d'autant
moins grands, que leur point le plus bas est plus élevé sur l'horison : ensorte
que quelques étoiles , comme la *polaire* dans la queue de la *petite Ourse*,
ont un mouvement à peine perceptible à la vue simple. Les centres de
tous ces cercles paraissent être situés dans une ligne droite qui doit être
dirigée à peu près vers l'étoile polaire , puisqu'elle est enfermée dans tous
ces cercles , même les plus petits. Si ces expériences étaient exactes, il faudrait que la droite menée par leurs centres fût en même tems perpendiculaire à leurs plans, ou leur axe commun. Comme c'est un des premiers principes
de l'astronomie, il sera nécessaire de montrer clairement, comment on peut
s'en assurer par des observations simples et faciles.

§. 15. Le mouvement apparent sera circulaire, lorsque le corps mû se
trouve toujours dans la surface d'un cone droit , dont le sommet est dans
l'oeil: et l'inverse de cette proposition est également vraie. Ainsi pour que
les orbites diurnes des astres , ou plutôt leurs projections sur la sphère,
soient des cercles , il faut que la ligne droite menée de l'oeil au centre d'un de ces
cercles, soit l'axe d'un cone droit à la surface duquel l'astre se meut , ensorte que
tous les rayons visuels de cet astre soient des côtés du cone. Soit A C un axe solide
(*Fig.* 6.) auquel on a joint une lunette O B, sous un angle A C O qu'on peut changer à volonté, de manière qu'elle peut tourner sur l'axe A C, sans que cet angle
change: alors la lunette décrira deux cones droits, réunis au sommet C, et
ayant l'axe commun A C qui est supposé pouvoir être fixé dans une position quelconque: l'inclinaison des côtés de ce cone double relativement à
l'axe sera égale à l'angle A C O ou A C B $=$ 180° $-$ A C O. Cet instrument
s'appelle *machine parallatique*. Si l'on dirige l'axe A C à peu près vers le

centre du cercle décrit par un astre , ou vers l'étoile polaire, et que l'on change peu à peu cette position et l'angle A C O; on parviendra enfin à donner à l'instrument une position telle qu'en faisant faire à la lunette C B le tour entier du ciel, sans changer l'angle A C B, l'étoile S se trouvera constamment dans la lunette , d'où il suit qu'elle décrit un cercle dont l'axe est A C, et qui est éloigné de ses poles de l'angle A C O ou 180° — A C O. Le sommet du cone est en C ou O, parceque la longueur de CO est ici tout-à-fait insensible.

§. 16. Si, après avoir affermi l'axe dans cette position , on change l'angle A C O, jusqu'à ce qu'une autre étoile s vient à paraître dans la lunette, elle y restera pareillement, lorsqu'on tourne la lunette autour de A C, sans changer l'angle A C o. Il s'en suit que toutes les étoiles décrivent chaque jour des cercles parallèles , ayant un axe commun qui passe par l'oeil ou par un point de la terre. Les plans de tous ces cercles sont dont inclinés à l'horison , sous un angle que l'on trouve de la manière suivante. Si d'un point D de l'axe on abaisse, par le moyen d'un fil-à-plomb, la perpendiculaire à l'horison D E, et que l'on joigne les points E, A, par la ligne horisontale E A (§. 4.): alors l'angle D A E sera l'inclinaison de l'axe relativement à l'horison. Or l'axe étant perpendiculaire aux plans de tous ces cercles, ils sont inclinés à l'horison sous l'angle 90° — D A E = A D E. C'est par cette raison que l'on a donné aux orbites diurnes des astres le nom de *cercles parallèles*.

§. 17. Cette machine servira également à observer l'instant où l'étoile atteint sa plus grande et sa plus petite hauteur, c'est-à-dire, où elle se trouve dans le plan D A E ou le plan vertical passant par l'axe. Que l'on abaisse la ligne verticale C F, et que la ligne C o soit prolongée jusqu'à ce qu'elle rencontre dans un point G l'horison par A: alors l'angle C G F = η sera la hauteur de l'astre s. Si l'on nomme β l'inclinaison A C G de la lunette relativement à l'axe, φ l'angle que le plan de la machine A C o forme avec le plan vertical A C F, et α l'angle C A F sous lequel l'axe A C coupe l'horison : on connaît dans le triangle sphérique autour du centre C, l'angle φ formé par les deux plans C A F, C A G. et les deux côtés qui le comprennent, A C F = 90° — α et A C G = β; d'où l'on tire, suivant les règles connues de la trigonométrie sphérique,

$$\cos G\,C\,F \text{ ou } \sin \eta = \sin \alpha \cos \beta + \cos \alpha \sin \beta \cos \varphi.$$

Dans cette formule, l'angle α est le même pour tous les astres, l'angle β est donné par l'astre qu'on observe, et l'angle φ par le mouvement de la lunette ou de l'étoile : donc, l'étoile étant la même, il n'y a de variable dans cette formule que l'angle φ; d'où il suit que la hauteur sera la plus grande, lorsque $\varphi = 0$, et la moins grande, lorsque $\varphi = 180°$; dans l'un et l'autre cas, l'étoile se trouve dans le plan C A F. Il est donc aisé d'observer l'instant de la plus grande et de la plus petite hauteur, en fixant la lunette dans le plan vertical C A F par le moyen d'un fil-à-plomb suspendu en C ou D. De cette manière on se convaincra, non seulement que le même tems s'écoule chaque fois entre deux hauteurs égales d'un astre, mais encore que le *maximum* et le *minimum* des hauteurs divisent en deux parties égales le tems d'une révolution entière.

§. 18. Il est aisé de joindre à cette machine un cercle divisé en degrés, etc. sur lequel la lunette, à l'aide d'une aiguille, indiquera l'angle qu'elle a décrit autour de l'axe : alors on s'appercevra que chaque étoile fait la révolution diurne dans son parallèle d'une manière uniforme, en décrivant des angles égaux en tems égaux. Il est vrai que cette méthode ne donne pas une démonstration rigoureuse, à moins que le cercle divisé ne soit d'un rayon excessivement grand; mais il y a d'autres moyens de se convaincre de cette vérité. L'expérience que chaque étoile emploie toujours le même tems, pour revenir à paraître dans la lunette, fixée dans une certaine position, ou pour achever une révolution, quelle que soit la région du ciel vers laquelle la lunette est dirigée; que le même phénomène a lieu, relativement à tous les astres et à tous les lieux de la terre où l'on puisse observer; et d'autres observations faites avec le quart-de-cercle, qui ne pourront être expliquées que plus bas (§. 36. *suiv.*), mettent l'uniformité du mouvement diurne hors de doute, au moins par rapport au degré de précision dont nos instrumens sont susceptibles.

§. 19. Tous ces phénomènes arrivent précisément de la même manière, quel que soit le lieu de la terre où l'on observe; avec cette modification que, pour chaque lieu l'angle C A F. comme pour chaque astre l'angle A C O, auront une autre valeur. Les raisonnemens précédens (§. 15. 16.) s'appliquent donc à tous les points de la surface de la terre, et par conséquent aussi à tous ceux de son intérieur: c'est-à-dire l'axe commun des parallèles passe par tous les points de la terre, donc aussi par le centre; le mouvement diurne se fait uniformément autour du centre aussi bien que de chaque autre point du globe. Comme, rigoureusement parlant, cela serait une absurdité, il faut en conclure que la distance des étoiles fixes à la terre est si grande, que les droites que l'on peut tirer entre deux points quelconques de la terre, sont des quantités évanouissantes par rapport à cette distance, ou que tout *le globe n'est qu'un point relativement à la distance des étoiles fixes* (1). On peut se convaincre encore mieux de cette vérité, en observant que la distance apparente des étoiles, ou leur situation réciproque, ne change point, ou en d'autres mots, qu'elles sont fixes, de quelque endroit du globe qu'on les observe; puisqu'il est évident que leurs distances devraient paraître plus ou moins grandes, si un point de la terre était sensiblement plus proche des étoiles qu'un autre. Les modifications que ces phénomènes éprouvent relativement aux astres moins éloignés, comme les planètes, et qui nous donnent le moyen d'en déterminer les distances, prouvent que l'immense distance des étoiles fixes est la seule raison de ce que l'on vient de voir. Il faut faire abstraction de ces exceptions, aussi longtems qu'il ne sera question que du mouvement commun des étoiles fixes ou du ciel étoilé.

§. 20. On se formera une idée beaucoup plus claire et simple de ces phénomènes, en ne les regardant pas comme des mouvemens séparés de chaque étoile, mais en substituant au lieu des étoiles leurs projections sur la sphère céleste infiniment éloignée, et supposant que cette sphère avec les projections de toutes les constellations tourne en 24 heures d'orient en occident, sur un axe immobile qui passe par le centre de la terre et un point voisin de la queue de la petite Ourse. Mais il est aisé de voir que tout s'explique également par la supposition que le ciel étoilé est en repos, et que la terre tourne sur le même axe, mais dans le sens opposé, d'occident

---

(1) *Ptolém. Almag. Liv. I. Ch.* 6.

en orient. Lequel des deux est le véritable mouvement, c'est une question
qui ne peut se décider que par des observations faites sur la terre et dans
le ciel. Dans l'un et l'autre cas, les étoiles sont en repos, les phénomènes
sont les mêmes, et relativement à l'astronomie sphérique où il ne s'agit
que des mouvemens apparens, il est indifférent laquelle de ces deux suppositions on adopte, pourvû qu'on n'oublie pas que l'une et l'autre ne sont que des
façons de parler, de manière qu'on doit préférer celle qui explique le mieux
les phénomènes.

CHAP. III.

La sphère avec ses cercles.

§. 21. Ce qui a été dit, dans le Chapitre précédent, d'un axe passant par le *centre* de la terre, pourrait donner lieu à des mal-entendus, et à l'objection que nous avons supposé la figure *sphérique* de la terre, sans l'avoir prouvée: cette expression demande donc quelques explications. La proposition généralement connue, que la terre est au moins à peu près une sphère, pourrait sans doute être supposée ici où l'on n'en tirera aucune conclusion, quoique les preuves de cette proposition, pour ne pas être déplacées ou incomplètes, ne puissent être données que plus bas. Mais sans se rapporter à ces preuves qui seront données dans la suite, on peut supposer au moins, que la terre a une *courbure très-régulière,* ce qui ne peut pas être révoqué en doute. Sa surface a été parcourue dans tous les sens, et nulle part on n'a apperçu des courbures brusques ou irrégulières, partout elle ressemble à une plaine; d'où il suit qu'elle est courbée suivant la loi de continuité, comme tout corps régulier, dans lequel on peut admettre un centre, quoiqu'il ne soit pas sphérique. Mais tous ces raisonnemens ne sont pas nécessaires. Toute la terre pouvant être regardée ici comme un point (§. 19.), on peut prendre pour centre un point quelconque de la terre, et imaginer un axe passant par ce point, sur lequel la masse de la terre tourne uniformément, quelle que soit sa figure. Alors les phénomènes, expliqués jusqu'ici, arriveront précisément comme si la terre était une sphère, et que l'axe passât par son centre.

§. 22. Cette dernière manière d'envisager le mouvement diurne, étant plus claire et plus géométrique, sera prise ici pour base. On se figure un point quel-

conque C de la terre (*Fig.* 7.) comme son centre, autour duquel on imagine une
sphère d'un rayon arbitraire **C** *z* , laquelle sera désignée par le nom de
globe terrestre; on peut donner à **C** *z* la grandeur de la distance moyenne de
la terre au centre **C**, ensorte que la sphère s'élèvera tantôt au dessus de la
véritable surface, tantôt s'abaissera au dessous d'elle. L'oeil de l'observateur,
quelque part qu'il se trouve, peut toujours être supposé au centre **C**, puisque le diamètre de la terre est une quantité évanouissante par rapport à la
distance des étoiles fixes. Alors chaque étoile décrira en 24 heures la base
d'un cone droit: tous ces cones ont le même axe, et leur sommet commun
est le centre **C** du globe. L'oeil ne pouvant pas juger de la distance des
étoiles, elles paraissent toutes avoir même distance, c'est-à-dire, il semble que
le mouvement diurne se fait à la surface d'une sphère, dont le centre coïncide avec le lieu de l'observateur, et par conséquent avec le centre de la
terre: c'est ce que l'on appelle *sphère céleste.* C'est en effèt la première idée
que l'on se fait de ce phénomène. Le ciel entier nous paraît être une sphère
creuse, au centre de laquelle nous nous trouvons, et à la surface intérieure
de laquelle les étoiles décrivent leurs cercles diurnes , ou à laquelle étant
attachées, elles tournent avec elle autour de la terre. De cette manière, toutes les mesures et les calculs du mouvement des astres seront un objet de
la trigonométrie sphérique. Tous les angles mesurés sur la terre ont leur
sommet dans le centre du globe terrestre, qui est en même tems celui de la
sphère céleste: ils sont donc déterminés par des arcs des grands cercles de
cette sphère , ou par des angles sphériques au pole de ces grands cercles.
Le diamètre de cette sphère est tout-à-fait arbitraire. En le supposant égal
à celui de la terre, tous ces cercles, ou plutôt leurs projections, seront décrites sur la surface même de la terre. Les cercles *parallèles* sont les intersections des dits cones avec la surface de cette sphère, et les *grands cercles*
sont les intersections de la sphère avec un plan passant par l'oeil.

§. 23. Que le petit cercle *z p q* (*Fig.* 7.) représente le globe terrestre.
le grand Z P Q la sphère céleste, décrite d'un rayon arbitraire; que *h r* soit
un plan touchant la surface de la terre en *z*, donc l'*horison* du lieu *z*; et
qu'il soit mené, par le centre des deux sphères, un plan H R parallèle à *h r*,

et par conséquent horisontal (§. 4.). L'un et l'autre de ces plans est l'*hori-son* de *z*; mais pour les distinguer, on appelle *h r* l'horison apparent ou *sensible,* et H R l'horison *rationnel.* Les astres sont invisibles, l'oeil étant en *z,* aussi longtems qu'ils se trouvent au dessous du plan *h r*, parceque la surface de la terre en *z*, n'étant pas transparente, coupe la sphère céleste en deux parties qui ne sont pas tout-à-fait égales, et dont l'une *h*Z*r* est visible, l'au-tre *h*N*r* invisible. Lorsqu'il s'agit des planètes dont la distance est moins grande, il faut distinguer entre l'horison sensible et rationnel; mais par rap-port au mouvement diurne des étoiles fixes, le diamètre entier de la terre *z n* disparaît, *h r* et H R coïncident, et l'horison *h r* divise le ciel en deux parties égales, l'hémisphère visible H Z R, et l'invisible H N R.

§. 24. L'axe commun PCQ de tous les parallèles A L ou des cones A C L, dans lesquels les astres sont menés par le mouvement diurne, s'appelle *l'axe du monde* ou *de la sphère*, dont la partie *pq* qui tombe dans l'intérieur de la terre, est l'*axe de la terre:* car il est clair que chaque cone dont la base est le parallèle A L, coupe la surface de la terre dans un parallèle semblable *a l.* La prolongation de l'axe P C rencontre la sphère terrestre et céleste encore dans deux autres points *q*, Q, lesquels, aussi bien que *p*, P, sont les *poles* de tous les parallèles qui ont C P pour axe, ou qui sont for-més par le mouvement diurne. On appelle P, Q, les *poles du monde, p, q,* ceux de la terre; P est le pole *visible* ou *élevé,* Q le pole *invisible* ou abaissé. Il est aisé de voir que cette dénomination ne se rapporte qu'à de certains points *z* de la terre, parceque pour un autre point *n*, le pole élevé sera N qui est invisible en *z*. Mais relativement à tous les lieux de la terre, *z, l,* ou *n,* les poles P, Q, sont les seuls points du ciel, qui sont en repos mal-gré le mouvement commun, parceque c'est précisément autour d'eux que se fait ce mouvement.

§. 25. La ligne verticale *z* Z, ou la direction de la pesanteur par *z*, est per-pendiculaire à l'horison (§. 4.): elle passera donc, dans le cas où la terre est une sphère, par son centre, et dans tout autre cas, par un point dans l'intérieur, le-quel, à cause de la grandeur évanouissante de la terre, peut être pris pour le cen-tre C de la sphère céleste. Le point Z du ciel, qui répond verticalement au dessus de l'observateur en z, est appelé le *point vertical* (*vertex*) de ce lieu: on l'appelle aussi *Zénit*, lorsqu'on suppose que la terre est une sphère, et que par conséquent la droite Zz passe par son centre. Cette ligne rencontre les surfaces sphériques encore en deux autres points n, N, éloignés de z, Z, de 180 degrés, qui s'appellent le *Nadir* du lieu z, d'où il suit en même tems, que Z est le Nadir du lieu n. Comme CZ est perpendiculaire à HR, les arcs HZ, RZ, sont des *quadrans*. Si l'on prend donc un point t sur la terre, éloigné de p, q, de 90 degrés, son zénit sera T, son horison PQ: d'où il suit que les deux poles sont dans son horison. Mais dans tout autre cas, les points H, R, aussi bien que P, Q, étant éloignés de 180 degrés l'un de l'autre, l'un des deux poles sera constamment au dessus de l'horison, l'autre au dessous, parceque les poles n'ont point de part au mouvement diurne. Le pole P qui, dans notre hémisphère septentrional, ne se couche jamais, a été appelé pole *boréal*, *septentrional*, ou *arctique* à cause de la proximité des constellations des Ourses, surtout de la petite ourse (ἄρκτος); le pole opposé Q qui, chès nous, ne se lève jamais, est appelé pole *austral*, *méridional* ou *antarctique*.

§. 26. Plus un parallèle est éloigné du pole, plus son centre approche de celui de la sphère C. Il faut donc que, parmi tous les parallèles qui ont PQ pour axe, il en soit un dont le plan passe par C, qui, par conséquent, étant un grand cercle, est partout éloigné de P, Q, de 90 degrés. Ce cercle TV a été appelé *Equateur*; son intersection avec la surface de la terre tv, est *l'équateur terrestre* ou la *ligne équinoxiale*. Z, N, sont les poles de l'horison, comme P, Q, ceux de l'équateur. Un grand cercle $PZQN$ qui passe par les poles de l'équateur et de l'horison, est le *Méridien*, son intersection avec la surface de la terre est le *méridien terrestre*, du lieu z, et de tous ceux situés dans le cercle $pzqn$. Tout autre lieu de la terre a également son méridien, savoir le grand cercle qui passe par son zénit et les poles du monde. Tous les méridiens s'entrecoupent donc aux poles P, Q, et leur intersection commune est l'axe PQ. Relativement à chaque lieu z, les quatre points cardinaux de son horison méritent encore de l'attention. Si le méridien coupe l'horison aux points H, R, ce dernier R qui est le plus près du pole élevé P, est appelé *Minuit* ou *Nord*; le point opposé H se nomme

Midi ou *Sud.* Le point O, éloigné de H et R de 90°, qui, dans notre hémisphère boréal, se présente du coté gauche, quand nous tournons les yeux vers midi, est appelé *Orient* ou *Est*; le point opposé, du coté droit, *Occident* ou *Ouest.* Relativement à un lieu *n* de l'autre coté de l'équateur, Q est le pole élevé, H est le point de minuit, R celui de midi; et l'oeil, étant dirigé vers le Sud R, verra le point d'Est à droite, celui d'Ouest O à gauche: le mouvement diurne se fait donc ici de droite à gauche, l'oeil étant supposé se diriger toujours vers midi.

§. 27. Le mouvement diurne fait donc décrire à un astre son parallèle suivant la direction L M A (§. 12. 13.): c'est à dire que, relativement à un lieu boréal *z*, il va du Nord L, par l'Est M, vers le Sud A, et puis il retourne par l'Ouest vers le Nord. Il est clair que chaque lieu *z* verra absolument les mêmes phénomènes, si l'on suppose que la terre tourne dans le sens opposé *a m l.* La sphère étant divisée par le méridien en deux hémisphères, la moitié de l'hémisphère élevé dans laquelle se trouve le point d'Est, est appelée le ciel *oriental*, l'autre l'*occidental*. L'équateur T V divisant pareillement la sphère en deux hémisphères, celui où se trouve le pole boréal, T P V, est l'hémisphère *boreal* ou *septentrional*, l'autre T Q V qui renferme le pole austral, est l'hémisphère *austral* ou *méridional*. Les petits cercles, parallèles à l'horison, ont été appelés *Almicantarat;* tandis que ceux qui sont parallèles à l'équateur, comme A L, sont désignés simplement par le nom de *Parallèles.*

§. 28. Que la *Fig.* 8. représente la position de la sphère, relativement à un lieu dont le zénit est Z, l'horison H O R; que A Q soit l'équateur, P le pole boreal, et O le point oriental où l'équateur coupe l'horison. Le méridien P Z H Q R passant par les poles de l'équateur et de l'horison (§. 26.), et étant, par conséquent, perpendiculaire à ces deux plans, leur intersection commune C O est aussi perpendiculaire au méridien, et à toutes les droites qu'on peut mener par C dans ce plan, comme C H, C A: donc H C O = A C O = 90°, ou H O, A O, sont des *quadrans.* Comme ceci s'applique également au point d'intersection occidental qui est de l'autre côté, il est clair que les deux points d'intersection de l'équateur avec l'horison sont identiques avec les

points d'Est et d'Ouest de l'horison (§. 26.). Il s'en suit encore, que l'angle
A C H ou l'arc A H est égal à l'inclinaison de l'équateur sur l'horison : c'est
par cette raison que l'arc A H a été appelé *hauteur de l'équateur*.

§. 29. Soit S un point de la sphère qui décrit le parallèle E L, et que, par ce
point et le zénit Z , il soit mené un grand cercle Z S V, dont le plan est par conséquent perpendiculaire à l'horison ou vertical : alors la ligne verticale S I est
située dans ce plan, et l'angle V C S ou l'arc V S est la hauteur du point
S (§. 6.), qui fait constamment avec la distance au zénit Z S un angle droit.
La position du point S se détermine donc complètement par le point V de
l'horison, au dessus duquel il répond verticalement, et par l'arc V S ou Z S.

Pour distinguer le point V , il est nécessaire de choisir un point de
l'horison d'où l'on partira pour compter les degrés des arcs. On choisit ordinairement le point du midi H, pour en compter les degrés de l'horison à
l'orient et à l'occident jusqu'à 180° ; et l'arc H V, ou l'angle H C V qui est
égal à l'angle sphérique H Z V, est appelé l'*Azimut* du point V et de tout
autre point S, situé dans le *cercle de hauteur* ou *vertical* Z V. L'azimut est
oriental ou *occidental*, selon que Z V tombe dans l'hémisphère oriental ou occidental. Ainsi un point du ciel S est déterminé ou distingué de tous les
autres, mais seulement par rapport à un certain lieu de la terre et pour un
instant, parceque chaque lieu a son propre zénit Z, et que, par le mouvement
diurne, S vient occuper dans chaque instant un autre point du parallèle E L.

§. 30. Si l'on mène par l'étoile S et le pole P, un grand cercle, perpendiculaire à l'équateur en T, la distance de l'étoile à l'équateur, ou l'angle
T C S qui est mesuré par l'arc T S, est la *déclinaison* de l'étoile. Tous les
astres placés dans le parallèle E L ont même déclinaison ; et elle est invariable pour tous les lieux de la terre et pour tous les tems, parcequ'elle
n'est point altérée par le mouvement diurne qui se fait dans le parallèle
E L. La déclinaison est *boréale* ou *australe*, selon que l'astre est dans l'hémisphère boréal ou austral. Mais pour distinguer S de tous les autres points
du parallèle E L, il faut connaître le point T de l'équateur auquel S répond;
et pour cet effet il est nécessaire de choisir un point B de l'équateur pour
origine des arcs. Ce point doit être indépendant du mouvement diurne et

de l'horison, parcequ'autrement sa position ne serait déterminée que pour un seul lieu et pour un seul instant. Il faut donc choisir un point du ciel étoilé, ou une étoile remarquable, et il n'est pas nécessaire qu'elle soit dans l'équateur même, parcequ'un cercle P B, mené par cette étoile et le pole indique en même tems le point B. Mais il est nécessaire que ce point soit fixe et invariable, au moins pendant longtems, et que l'on puisse aisément le trouver, en quelque endroit de la terre qu'on observe. On a choisi pour cet effèt l'intersection de l'équateur avec un autre cercle fort remarquable dans le ciel, dont il sera parlé plus bas. Les astronomes sont convenus de partir de ce point B, en comptant les degrés de l'équateur suivant une direction opposée au mouvement diurne, c'est-à-dire de droite à gauche, ou de l'occident par le midi vers l'orient: on en verra la raison dans la suite. Le point T est donc indiqué par l'arc de l'équateur B T, ou l'angle sphérique B P T, qui est appelé *l'ascension droite* du point T et de tout autre point S situé perpendiculairement au dessus ou au dessous de T dans le cercle P T. Tous les grands cercles menés par les poles du monde, et qui, relativement au zénit Z d'un lieu par lequel il passent, s'appellent méridiens (§. 26.), sont ici désignés par le nom de *cercles de déclinaison*, ou par une raison qu'on va apprendre, *cercles horaires*; l'angle A P T, et parfois aussi l'angle B P T, est appelé *angle horaire*. C'est donc par la déclinaison et l'ascension droite, que la position d'un point du ciel est entièrement déterminée pour tous les lieux de la terre et pour tous les tems.

§. 31. La situation d'un lieu de la terre z, dont le zénit est en Z, se détermine de la même manière. L'intersection du plan P Z A avec la surface de la terre est le méridien terrestre de cet endroit (§. 26.), et les droites C Z, C A, rencontrent cette surface dans le lieu z, et dans un point de l'équateur terrestre ou de la ligne équinoxiale, l'un et l'autre étant invariables. Il y a donc, entre le lieu z et l'équateur, un arc de méridien, qui contient autant de degrés que la déclinaison Z A du zénit Z; et la distance d'un lieu z à la ligne équinoxiale, ou l'angle A C Z, s'appelle sa *latitude* géographique qui par conséquent est mesurée par un arc de son méridien. Mais pour distinguer le point où la ligne équinoxiale est coupée par ce meridien, il faut en prendre un point pour origine: on appelle *premier méridien* celui qui passe par ce point; et la distance d'un autre méridien au premier, qui est mesurée par l'angle au pole ou l'arc de l'équateur, renfermé entre ces deux méridiens, est la *longitude* géographique du dernier lieu, et de tous les lieux situés dans le dernier méridien. La longitude est *orientale* ou *occidentale*, selon que l'on compte les degrés de l'équateur depuis le premier méridien vers l'orient ou l'occident, à gauche ou à droite; on les compte ordinairement vers l'orient jusqu'à 360°. Le premier point de l'équateur terrestre ne peut être indiqué par des points du ciel ou par des étoiles, parceque le mouvement diurne fait que, dans chaque instant, d'autres points de l'équateur répondent au même point de la ligne équinoxiale; il faut donc qu'il soit indiqué par des lieux connus de la terre: les géographes prennent ordinairement pour premier méridien, celui qui passe par la ville capitale ou le principal observatoire de leur pays. La chose n'est d'aucune importance; car en géographie, comme en astronomie, il ne s'agit que de connaître la *différence* des longitudes ou des méridiens, pour pouvoir réduire à d'autres meridiens connus, la situation d'un lieu, ou les observations qui y ont été faites. Cependant on est presque généralement convenu de compter les longitudes de manière que le *vingtième* degré de longitude orientale passe par l'observatoire de Paris, parceque le zèle et l'habileté qui, de tout tems, ont si glorieusement distingué les astronomes de Paris, et les services importans dont la science leur est redevable, ont rendu cet observatoire le plus célèbre de l'univers; ensorte que la plupart des observations faites autre part doivent être réduites au méridien de Paris.

§. 32. Ayant mené par un point N de l'équateur le cercle vertical Z N V, la hauteur N V du point N se trouve par le moyen du triangle sphérique N V O rectangle en V. Dans l'équation

$$\sin NV = \sin NO \sin NOV$$

l'angle O ne change pas, d'où il suit que l'arc N V croît avec N O, et qu'il sera un *maximum*, lorsque N O devient un arc de 90°, ou que N tombe en A (§. 28.): le point A de l'équateur, qui est dans le méridien, est donc en même tems le plus élevé sur l'horison; et c'est par cette raison que sa hauteur A H a été appelée hauteur de l'équateur (§. 28.). Dans ce point sin N O devient égal à l'unité, donc N V ou A H = A O H, c'est-à-dire, l'inclinaison de l'équateur sur l'horison est égale à la hauteur de l'équateur, comme on l'a vu précédemment (§. 28.). On conclura de la même manière qu'en faisant O N = 270°, l'autre point Q de l'équateur, qui se trouve dans le méridien, est le plus abaissé au dessous de l'horison, parceque N V devient négatif. Or, les points A, Q, aussi bien que H, R, étant éloignés de 90 degrés des points d'intersection de l'équateur et de l'horison, il en suit pour une étoile placée dans l'équateur même, que les arcs de l'équateur et de l'horison, ou les angles horaires et azimutaux, depuis le lever (Est) jusqu'à la plus grande hauteur (Sud), depuis celle-ci au coucher (Ouest), de là jusqu'au plus grand abaissement (Nord), et de là au prochain lever, sont des *quadrans*, et par conséquent décrits en tems égaux (§. 18.).

§. 33. Un cercle vertical par le pole P, ou le méridien d'un lieu, donne la hauteur P R du pole au dessus de l'horison de ce lieu: cet arc a donc été appelé *hauteur du pole*. Elle est le complément de la hauteur de l'équateur A H, ensorte que l'une est donnée par l'autre: car, tous les grands cercles d'une sphère se coupant réciproquement en deux parties égales, R P A H est un arc de 180 degrés, donc A H + P R = 90°, parceque P A = 90°. L'arc Z A, dont un lieu qui a son zénit en Z, est éloigné de l'équateur, ou sa latitude géographique est égale à la hauteur du pole P R, parceque Z H = 90°, et partant A H + Z A = 90° = A H + P R: par la même raison; la distance du zénit au pole Z P est égale à la hauteur de l'équateur A H. Comme la hauteur du pole détermine la position de la sphère relativement à chaque lieu, elle est de la plus haute importance, partout où l'on veut faire des observations. Il est clair, par ce que nous avons dit de la machine parallatique (§. 15.), comment on place l'axe de cet instrument parallèlement à celui du monde, et qu'on peut alors mesurer l'angle que fait cet axe avec l'horison, et qui est l'angle P C R ou la hauteur du pole P R dans ce lieu. On verra ci-après des méthodes plus exactes. Il suffit ici, d'avoir montré la possibilité de déterminer la hauteur du pole, qui pourra donc être regardée comme un élément connu, ou donné par les observations.

§. 34. La plupart des problèmes de l'astronomie sphérique concernent les relations entre la position d'un astre par rapport à l'horison d'un lieu donné, et celle qui se rapporte à l'équateur, dont la première est variable, l'autre constante. Soit S une étoile, sa hauteur $SV = \eta$, son azimut $HZV = \alpha$, sa déclinaison $ST = \delta$, son angle horaire $APT = \gamma$, et la hauteur du pole $PR = \beta$. La *figure 8.* suppose un lieu septentrional, une étoile boréale, et un azimut oriental, dont il faudra se souvenir, lorsque l'une ou l'autre de ces quantités devient négative. On a donc dans le triangle obliquangle PSZ,

$$PZ = 90° - \beta, \quad PS = 90° - \delta, \quad ZS = 90° - \eta, \quad PZS = 180° - \alpha, \quad ZPS = \gamma;$$

l'angle $PSZ = \zeta$, formé par les cercles vertical et horaire, est appelé *angle parallactique,* dont on verra la raison dans la suite. Les formules connues de la trigonométrie sphérique fournissent le moyen de trouver trois quantités quelconques de ces six, $\alpha, \beta, \gamma, \delta, \zeta, \eta$, les trois autres étant données. Parmi les diverses combinaisons de ces six quantités, les suivantes sont d'un usage fort étendu dans l'astronomie.

I. La hauteur du pole, la déclinaison et l'angle horaire de l'astre étant donnés, on trouvera le reste au moyen de ces équations:

$$1.\ \sin \eta = \sin \beta \sin \delta + \cos \beta \cos \delta \cos \gamma;$$

$$2.\ \tang \alpha = \frac{\sin \gamma}{\sin \beta \cos \gamma - \tang \delta \cos \beta};$$

$$3.\ \tang \zeta = \frac{\sin \gamma}{\tg \beta \cos \delta - \sin \delta \cos \gamma}.$$

Pour se servir plus aisément des logarithmes, on commencera par chercher deux angles Φ, ψ, au moyen des équations, $\tang \Phi = \frac{\tg \beta}{\cos \gamma}$, $\tang \psi = \frac{\tg \delta}{\cos \gamma}$; après quoi on trouvera,

$$1.\ \sin \eta = \frac{\sin \beta \cos(\delta - \Phi)}{\sin \Phi}; \quad 2.\ \tg \alpha = \frac{\tg \gamma \cos \psi}{\sin (\beta - \psi)}; \quad 3.\ \tg. \zeta = \frac{\tg \gamma \cos \Phi}{\sin (\Phi - \delta)}.$$

II. Etant donnés la hauteur du pole, la hauteur et l'azimut de l'astre, déterminer le reste.

$$1.\ \sin \delta = \sin \beta \sin \eta - \cos \beta \cos \eta \cos \alpha;$$

$$2.\ \tang \gamma = \frac{\sin \alpha}{\cos \beta \tg \eta + \sin \beta \cos \alpha};$$

$$3.\ \tang \zeta = \frac{\sin \alpha}{\tg \beta \cos \eta + \sin \eta \cos \alpha}.$$

Pour le calcul logarithmique, on cherchera d'abord deux angles Φ, Ψ, à l'aide des équations $\operatorname{tg}\Phi = \dfrac{\operatorname{tg}\beta}{\cos\alpha}$, $\operatorname{tg}\Psi = \dfrac{\operatorname{tg}\eta}{\cos\alpha}$, et ensuite on aura

$$1.\ \sin\delta = \frac{\sin\beta\sin(\Phi+\eta-90°)}{\sin\Phi}\ ;\quad 2.\ \operatorname{tg}\gamma = \frac{\operatorname{tg}\alpha\cos\Psi}{\sin(\beta+\Psi)}\ ;\quad 3.\ \operatorname{tg}\zeta = \frac{\operatorname{tg}\alpha\cos\Phi}{\sin(\eta+\Phi)}.$$

III. Etant donnés la hauteur du pole, la déclinaison et la hauteur de l'astre.

$$1.\ \cos\gamma = \frac{\sin\eta - \sin\beta\sin\delta}{\cos\beta\cos\delta}\ ;$$

$$2.\ \cos\alpha = \frac{\sin\beta\sin\eta - \sin\delta}{\cos\beta\cos\eta}\ ;$$

$$3.\ \cos\zeta = \frac{\sin\beta - \sin\delta\sin\eta}{\cos\delta\cos\eta}\ ;\quad \text{ou}$$

$$1.\ \sin\tfrac{1}{2}\gamma = \sqrt{\frac{\sin\left(45° + \dfrac{\beta-\delta-\eta}{2}\right).\sin\left(45° + \dfrac{\delta-\beta-\eta}{2}\right)}{\cos\beta\,\cos\delta}}\ ;$$

$$2.\ \cos\tfrac{1}{2}\alpha = \sqrt{\frac{\sin\left(45° + \dfrac{\beta-\delta-\eta}{2}\right).\sin\left(45° + \dfrac{\eta-\beta-\delta}{2}\right)}{\cos\beta\,\cos\eta}}\ ;$$

$$3.\ \sin\tfrac{1}{2}\zeta = \sqrt{\frac{\sin\left(45° + \dfrac{\eta-\beta-\delta}{2}\right).\sin\left(45° + \dfrac{\delta-\beta-\eta}{2}\right)}{\cos\delta\,\cos\eta}}\ ;$$

IV. Etant donnés la hauteur du pole, la hauteur et l'angle horaire de l'étoile.

$$1.\ \sin\zeta = \frac{\cos\beta\sin\gamma}{\cos\eta}\ ;\qquad 2.\ \operatorname{tang}\delta = \frac{\sin\eta\cot\zeta - \sin\beta\cot\gamma}{\cos\eta\operatorname{cosec}\zeta - \cos\beta\operatorname{cosec}\gamma}\ ;$$

$$3.\ \operatorname{tang}\alpha = \frac{\sin\gamma\sec\beta - \sin\zeta\sec\eta}{\cos\gamma\operatorname{tg}\beta - \cos\zeta\operatorname{tg}\eta}.$$

Pour l'usage des logarithmes, on fera mieux de calculer,

$$\cot x = \operatorname{tg}\gamma\sin\beta,\quad \cos\Phi = \frac{\operatorname{tg}\eta\cos x}{\operatorname{tg}\beta},$$

après quoi on aura, $2.\ \cos\delta = \dfrac{\cos\eta\sin(x+\Phi)}{\sin\gamma}$, et $3.\ \alpha = 180° - (x+\Phi)$.

V. Etant donnés la hauteur du pole, l'angle horaire et l'azimut de l'astre:

$$1.\ \tang \delta = \frac{\sin \beta \cos \gamma - \sin \gamma \cot \alpha}{\cos \beta};$$

$$2.\ \tang \eta = \frac{\cot \gamma \sin \alpha - \sin \beta \cos \alpha}{\cos \beta};$$

$$3.\ \cos \zeta = \cos \gamma \cos \alpha + \sin \beta \sin \gamma \sin \alpha.$$

Après avoir calculé $\tang \Phi = \sin \beta \tang \alpha$ et $\tang \psi = \sin \beta \tang \gamma$, on aura

$$1.\ \tg \delta = \frac{\tg \beta \sin (\Phi - \gamma)}{\sin \Phi}, \quad 2.\ \tg \eta = \frac{\tg \beta \sin (\alpha - \psi)}{\sin \psi}, \quad 3.\ \cos \zeta = \frac{\cos \alpha \cos (\gamma - \Phi)}{\cos \Phi}.$$

VI. Connaissant la déclinaison, l'angle horaire, et la hauteur de l'astre:

$$1.\ \sin \alpha = \frac{\cos \delta \sin \gamma}{\cos \eta}; \qquad 2.\ \tang \beta = \frac{\sin \delta \cot \gamma + \sin \eta \cot \alpha}{\cos \delta \cosec \gamma - \cos \eta \cosec \alpha};$$

$$3.\ \tang \zeta = \frac{\sin \alpha \sec \eta - \sin \gamma \sec \delta}{\cos \gamma \tg \delta + \cos \alpha \tg \eta}.$$

Pour l'usage des logarithmes, on calculera $\tg x = \dfrac{\cos \gamma}{\tg \delta}$, $\cos \Phi = \dfrac{\sin \eta \cos x}{\sin \delta}$, après quoi on aura

$$2.\ \beta = 90^\circ - x + \Phi, \quad \text{et } 3.\ \sin \zeta = \frac{\sin \gamma \sin (x - \Phi)}{\cos \eta}.$$

VII. Connaissant la hauteur, l'angle horaire, et l'azimut de l'astre:

$$1.\ \cos \delta = \frac{\cos \eta \sin \alpha}{\sin \gamma};$$ après quoi on trouvera 2. β, et 3. ζ, comme ci-dessus (VI.).

§. 35. La première forme des équations précédentes, quoique peu commode ponr l'usage des logarithmes, fournit un grand nombre de proposition très-importantes par rapport au mouvement diurne. Il suit de I. 1. que, le lieu de l'observateur et l'astre restant les mêmes, η devient plus grand, à mesure que γ devient moins grand. La hauteur η parvient à son *maximum*, lorsque l'angle horaire γ s'évanouit, c'est-à-dire que l'astre passe par le méridien: c'est par cette raison qu'on dit qu'alors l'astre *culmine*. Le sinus de la hauteur au méridien est $\sin \beta \sin \delta + \cos \beta \cos \delta = \cos (\beta - \delta)$, donc la hauteur elle-même $LH = 90^\circ - (\beta - \delta)$ et $ZL = \beta - \delta$. Si δ est plus grand que β, ZL devient négatif, c'est-à-dire, le point culminant L tombe entre le zénit et e pole. La hauteur parvient à son *minimum*, lorsque γ est égal à 180°, ou dans la partie septentrionale du méridien. Alors on a $\sin \eta = \sin \beta \sin \delta - \cos \beta \cos \delta = - \cos (\beta + \delta)$, ou $90^\circ - (\beta + \delta) = - \eta$; le signe négatif indique

*

l'abaissement sous l'horison, $RE = 90° - (\beta + \delta)$. Il en suit que RE devient négatif, ou que l'abaissement se convertit en élévation, c'est-à-dire que l'astre ne se couche point, si $\beta + \delta$ est plus grand que 9°, ou δ plus grand que $90° - \beta$, c'est-à-dire QE plus grand que QR. De la même manière on voit qu'une étoile ne se lève jamais, si LH devient négatif, c'est-à-dire, si $\beta - \delta$ est plus grand que 9°, ou β plus grand que $90° + \delta$. Or β ne pouvant être plus grand que 9°, il faut que δ soit négatif, c'est-à-dire, la déclinaison δ sera australe ou boréale, selon que la latitude du lieu β est boréale ou australe (§. 24.). Dans ce cas, on a donc également $\beta + \delta > 90°$, ou $\delta > 90° - \beta$, c'est-à-dire, il faut que L tombe au dessous de A, et que AL soit plus grand que AH.

Lorsque l'astre est dans le cercle horaire qui passe par le point d'Est ou d'Ouest, on a $\gamma = 90°$, et $\sin \eta = \sin \beta \sin \delta$: donc, l'astre étant dans l'équateur même, δ et η sont égaux à zéro, et l'astre est dans l'horison, quelle que soit la latitude du lieu.

§. 36. L'équation I. 1. nous apprend encore, que $\gamma = + c$ et $\gamma = - c$ donnent la même valeur de η, parceque les angles negatifs ont les mêmes cosinus que les angles positifs. Les angles horaires étant donc égaux des deux côtés du méridien, l'étoile a la même hauteur, et réciproquement, les hauteurs étant égales des deux côtés du méridien, les angles horaires le sont aussi; ce qui est encore plus évident par l'équation III. 1. Cela doit encore avoir lieu, lorsque $\eta = 0$, ce qui veut dire que la partie d'un parallèle EL, qui est élevée sur l'horison, ou l'arc *diurne* de chaque étoile est coupé par le méridien en deux arcs égaux; ce qui doit être également vrai de l'autre partie qui est abaissée sous l'horison, ou de l'arc *nocturne*, parceque le méridien coupe perpendiculairement tous les parallèles en deux parties égales. Cela donne un moyen fort aisé d'examiner, si la vitesse des astres est la même d'un côté du méridien que de l'autre, ou bien si le mouvement diurne est uniforme. On observera plusieurs hauteurs égales du même astre, à l'orient et à l'occident du méridien, et l'on notera exactement le tems de ces observations. S'il se trouve que le tems écoulé entre deux hauteurs quelconques du côté oriental, est constamment égal au tems écoulé entre les hauteurs *correspondantes* du côté occidental, il est clair que l'astre a toujours parcouru des angles horaires égaux en tems égaux, ou que le mouvement autour du pole est *uniforme*: car, les angles horaires étant égaux, quand les hauteurs sont égales, il faut que leurs différences le soient aussi. En faisant un grand nombre de pareilles observations, sur plusieurs étoiles dans toutes les parties du ciel, on se convaincra parfaitement de l'uniformité du mouvement diurne autour des poles, que le premier coup d'oeil et la machine parallatique nous avait déjà fait entrevoir (§. 18.).

§. 37. La hauteur du pole et la déclinaison d'un astre étant connues, l'équation III. 1. nous fournira encore un autre moyen de prouver l'uniformité du mouvement diurne. Chaque hauteur observée η donnera alors, à l'aide de cette équation, l'angle horaire γ. Ayant donc observé deux fois de suite la même hauteur d'un astre du même côté du méridien, l'intervalle donnera le tems d'une révolution entière **T**, qui sera à peu près de 24 heures. Supposons qu'on ait observé de cette manière plusieurs autres hauteurs avec leurs intervalles, et que η, η', η'', soient les hauteurs observées, γ, γ', γ'', les angles horaires que l'on en a conclus au moyen de l'équation III. 1, et τ, τ', les tems écoulés entre les hauteurs η, η', et η, η'': cela posé le mouvement sera uniforme, si cette proportion a lieu, $\gamma' - \gamma : \gamma'' - \gamma : 360° :: \tau : \tau' : T$. Les observations innombrables que les astronomes font chaque jour depuis si longtems, se fondent sur cette proportion: en conséquence, elles prouvent de la manière la plus satisfaisante, non-seulement l'uniformité du mouvement diurne, mais aussi ce qui fait la base de nos formules trigonométriques, et ce qui a été prouvé (§. 16.) par une observation bien simple avec la machine parallatique, savoir que le mouvement diurne de tous les astres se fait dans des cercles parallèles autour d'un axe commun passant par le centre de la terre.

§. 38. Pour qu'une observation de hauteur donne un résultat plus sûr et plus exact, il faut la choisir ensorte qu'une faute commise dans l'observation ne produise qu'une erreur insensible relativement à l'angle horaire que l'on en a conclu par le calcul, c'est-à-dire que la valeur du rapport différentiel $\frac{\partial \gamma}{\partial \eta}$ soit un *minimum*, ou $\frac{\partial \eta}{\partial \gamma}$ un *maximum*. En différentiant à cet effèt l'équation I. 1. on aura

$$\partial \eta \cos \eta = - \partial \gamma \sin \gamma \cos \beta \cos \delta.$$

En y substituant $\cos \eta \sin \zeta$ au lieu de $\cos \beta \sin \gamma$, en vertu de l'équation IV. 1, on aura $\frac{\partial \eta}{\partial \gamma} = - \cos \delta \sin \zeta$. Il faut donc que $\sin \zeta$ soit égal à l'unité ou au moins un *maximum*. En différentiant donc l'équation III. 3. par rapport à ζ et η, il viendra

$$\partial . \cos \zeta = \frac{\partial \eta (\sin \beta \sin \eta - \sin \delta)}{\cos \delta \cos^2 \eta},$$

d'où il suit que $\frac{\partial . \cos \zeta}{\partial \eta}$ est égal à zéro, ou que $\cos \zeta$ est un *minimum*, et partant $\sin \zeta$ un *maximum*, lorsque $\sin \eta = \frac{\sin \delta}{\sin \beta}$, parce qu'alors $\frac{\partial \partial . \cos \zeta}{\partial \eta^2}$ prend la valeur de $\frac{\sin \beta}{\cos \delta \cos \eta}$, qui est toujours positive. Si l'on substitue la valeur $\sin \eta = \frac{\sin \delta}{\sin \beta}$ dans les équations III. 1. 2, elles donneront $\cos \gamma = \frac{\tan \delta}{\tan \beta}$, et $\cos \alpha = 0$, donc $\alpha = \pm 90°$. Il en résulte la règle générale, qu'il faut faire les observations aussi près que possible du cercle vertical qui passe par les points d'Est et d'Ouest; mais il faut distinguer les cas suivans.

1) Quand l'astre est dans l'équateur même, ou du côté austral, il faudrait l'observer, suivant la règle générale, au moment qu'il se lève ou qu'il se couche. Mais comme, par d'autres raisons, les observations près de l'horison sont peu sures, il faut choisir des étoiles dont les déclinaisons sont du même côté de l'équateur que le lieu de l'observateur.

2) Pour un lieu sous l'équateur on a $\beta = 0$, donc $\frac{\partial . \cos \zeta}{\partial \eta} = - \frac{\tan \delta}{\cos^2 \eta}$, ce qui ne peut jamais devenir égal à zéro, à moins qu'il ne soit en même tems $\delta = 0$. Dans ce cas il vient $\frac{\partial \eta}{\partial \gamma} = - \frac{\sin \gamma}{\cos \eta}$, et (I. 1.) $\sin \eta = \cos \gamma$; donc $\cos \eta = \sin \gamma$, et $\frac{\partial \eta}{\partial \gamma} = - 1$; ce qui veut dire que la hauteur croît dans le même rapport que l'angle horaire décroît. Il est donc indifférent, quelle hauteur on choisisse; ainsi les hauteurs près de l'horison étant peu sures, on fera bien d'observer les astres, voisins de l'équateur, à une hauteur considérable.

3) Si la déclinaison de l'astre est égale à la hauteur du pole, $\delta = \beta$, $AL = AZ$, l'astre passera par le zénit, et l'on aura $- \dfrac{\partial \cdot \cos\zeta}{\partial \eta} = \dfrac{\operatorname{tg}\delta\,(1 - \sin\eta)}{\cos^2\eta} = \dfrac{\operatorname{tg}\delta}{1 + \sin\eta}$, ce qui ne peut jamais devenir zéro, quelle que soit la valeur de η, à moins que δ, et partant aussi β ne soit égal à zéro, ce qui donnerait le cas dont nous venons de parler. La règle générale, $\sin\eta = \dfrac{\sin\delta}{\sin\beta}$ donne dans le cas où δ est égal à β, $\sin\eta = 1$, ou $\eta = 90^\circ$, c'est-à-dire qu'il faut observer les astres au zénit même. Dans le même cas on a (III. 3.) $\cos\zeta = \dfrac{\operatorname{tg}\delta\,(1 - \sin\eta)}{\cos\eta}$, expression qui devient $= \dfrac{0}{0}$ si $\eta = 90^\circ$. Mais en différentiant le numérateur et le dénominateur, on trouvera $\cos\zeta = \operatorname{tang}\delta \cot\eta = 0$. et $\sin\zeta = 1$, ce qui étant substitué dans l'équation $\dfrac{\partial\eta}{\partial\gamma} = -\cos\delta\sin\zeta$, lui donne sa plus grande valeur. Il faut donc observer au zénit une étoile dont la déclinaison est égale à la hauteur du pole.

4) Lorsque δ est plus grand que β, et que, par conséquent, l'étoile passe par le méridien entre le zénit et le pole, ζ peut aller à 180 degrés. Dans un pareil cas, $\dfrac{\partial\eta}{\partial\gamma} = -\cos\delta\sin\zeta$ aura sa plus grande valeur, quand $\sin\zeta$ est égal à l'unité, et $\cos\zeta = 0$, donc (III. 3.) $\sin\eta = \dfrac{\sin\beta}{\sin\delta}$. Alors les équations III. 1. 2. donnent

$$\cos\gamma = \frac{\operatorname{tang}\beta}{\operatorname{tang}\delta}, \text{ et } \cos\alpha = \frac{\sin^2\beta - \sin^2\delta}{\cos\beta \cdot \sqrt{(\sin^2\delta - \sin^2\beta)}} = - \frac{\sqrt{(\sin^2\delta - \sin^2\beta)}}{\cos\beta}$$

devient négatif, à cause de $\delta > \beta$. L'angle horaire est donc aigu, et l'azimut obtus.

5) Si enfin δ est plus petit que β, on s'en tiendra à la formule générale $\sin\eta = \dfrac{\sin\delta}{\sin\beta}$.

§. 39. La méthode suivante, pour prouver l'uniformité du mouvement diurne, sans autres instrumens qu'un quart-de-cercle et une pendule, paraît encore plus simple, mais elle n'est pas rigoureuse, comme nous allons voir. Supposons qu'on ait observé le tems où une étoile se trouvait au centre de la lunette, et que le quart-de-cercle ne soit pas déplacé. Alors, ayant observé plusieurs jours de suite le tems où le même astre revient au centre de la lunette , on s'appercevra que tous ces intervalles sont égaux. Ensuite , ayant fait toutes les mêmes opérations avec le quart-de-cercle placé dans un autre cercle vertical . on appercevra la même égalité des tems. Il en résulte que les retours de chaque étoile au même cercle vertical se font toujours dans le même tems. Supposons que l'étoile ait été observée dans un cercle vertical A , le premier jour à l'instant marqué par t, le second jour à l'instant $t + \tau$, ensorte que τ soit le tems d'une révolution entière. Supposons de plus que le même astre ait été observé dans un cercle vertical B, situé à l'occident de A, le troisième jour à l'instant T, le quatrième jour à l'instant $T + \tau$, ensorte que les révolutions entières τ soient égales. Il en résulte que l'astre a été dans le vertical A, le troisième jour au moment $t + 2\tau$, le quatrième au moment $t + 3\tau$. Il a donc parcouru l'angle azimutal, formé par les cercles A et B, dans le tems $T - t - 2\tau$, le troisième jour aussi bien que le quatrième: d'où il suit que chaque angle azimutal, et l'angle horaire qui lui répond, est parcouru à chaque révolution dans le même tems. Mais il ne s'en suit pas que chaque autre angle qui lui est égal, mais dans une autre partie du ciel, soit parcouru dans le même tems. Si l'on change les deux positions du quart-de-cercle, de manière que l'angle azimutal compris entre ces deux positions soit le même que dans la première opération, cet angle sera parcouru chaque fois dans le même tems; mais ce tems ne sera pas égal à $T - t - 2\tau$. L'azimut des astres ne change pas uniformément, ce qui est un effet nécessaire de l'uniformité du mouvement autour du pole, parce qu'il est impossible que les deux mouvemens soient uniformes à la fois. Nommant θ le tems dans lequel le dernier angle est parcouru, et le premier tems $\Theta = T - t - 2\tau$; l'uniformité du mouvement autour du pole ne peut être prouvée rigoureusement, à moins que l'on n'observe en même tems la hauteur ou l'azimut de l'astre, pour en conclure les angles horaires γ et Γ, compris entre les différentes positions du quart-de-cercle. Alors le mouvement autour du pole est uniforme, si la proportion $\Theta : \theta :: \Gamma : \gamma$ a toujours lieu. Mais pour calculer Γ, γ, il faut connaitre la hauteur du pole et la déclinaison de l'astre ; et alors on est réduit à la méthode précédente.

§. 40. Toutes ces méthodes supposent l'usage d'une horloge parfaitement juste, dont la marche même est vérifiée par l'uniformité du mouvement diurne: ces raisonnemens pourraient donc paraître des cercles logiques.
Mais il faut observer que la nature nous offre plusieurs mouvemens, dont
l'uniformité est démontrée sans emprunter aucune proposition de l'astronomie, et sur lesquels sont fondées toutes sortes d'horloges, excepté les horloges solaires. La marche uniforme des pendules usitées dans l'astronomie
n'a aucune liaison avec le mouvement diurne: on n'ignore pas les causes
physiques qui rendent souvent leur marche irrégulière, et les artistes,
en obviant à ces causes, donnent plus de régularité à leurs ouvrages.
Tout cela est fondé sur les lois de la mécanique, et sur les expériences les plus incontestables de la nature. Mais, que la marche de ces machines s'accorde de plus en plus avec le mouvement diurne de la sphère, à
mesure qu'à l'aide de ces règles, tirées de la théorie, elles sont portées à un
plus haut degré de perfection, c'est la plus grande preuve de l'uniformité du
mouvement diurne; d'autant qu'il serait inconcevable que ces deux mouvemens, indépendans l'un de l'autre, fussent si parfaitement d'accord dans toutes leurs irrégularités. Cependant on peut s'en convaincre même sans horloges. Si deux personnes observent deux astres, de manière que ces astres se
trouvent en même tems dans les deux quarts-de-cercle qui seront fixés dans
ces positions, on verra toujours les deux astres reparaître dans les lunettes
dans le même instant. Il en résulte que tous les astres employent le même
tems, pour achever une révolution, quel que soit le cercle vertical ou horaire
d'où l'on compte cette révolution. Comme cela a toujours lieu, il n'y a
pas de doute que ce ne soit l'effet d'un ordre déterminé ou d'une uniformité; et puisqu'il est impossible que les deux mouvemens soient uniformes
en même tems, des recherches plus exactes d'après les méthodes exposées
jusqu'ici, feront voir en peu de tems, que c'est le mouvement autour du
pole, et non celui autour du zénit, qui ne pourrait être uniforme que relativement à un seul lieu de la terre, ce qui est contredit par l'expérience.

§. 41. Nous avons supposé jusqu'à présent, que la position des poles
ou de l'axe du monde, et par conséquent aussi la latitude des lieux sur la

terre, n'éprouve aucun changement. Dès qu'on a donné à l'axe de la machine parallatique la position de l'axe du monde, on appercevra que les astres suivent
constamment le mouvement de la lunette, et qu'en conséquence l'axe du
monde ne change pas de position. Il est aisé de s'en convaincre par le
moyen du quart-de-cercle. Si l'on fixe cet instrument dans le méridien, et
qu'on observe la plus grande hauteur d'une étoile qui ne se couche pas, on verra
que, dans chaque culmination, l'étoile passera par le centre de la lunette, et
que, par conséquent, sa hauteur au méridien est toujours la même. On a
donc dans l'équation I. 1. (§. 34.) $\cos \gamma = 1$, et $\sin \eta = \cos(\beta - \delta)$ a une
valeur constante. On trouvera de la même manière, que la plus petite hau-
teur, dans la partie septentrionale du méridien, ne change pas: on a donc
$\gamma = 180°$, et $\sin \eta = -\cos(\beta + \delta)$ est une quantité constante. En nommant
$\beta - \delta = a$, $\beta + \delta = b$, il viendra $\beta = \dfrac{a+b}{2}$; donc la hauteur du pole est
une quantité constante. Puisqu'on trouve le même résultat, en quelque lieu
qu'on observe, il est évident que les poles du monde ne changent pas de place.
En effèt, si ces observations n'étaient faites que dans un seul endroit, il serait
possible que le pole, en décrivant un cercle autour du zénit de cet endroit,
changeât de place, sans que la latitude de cet endroit éprouvât aucun changement. L'invariabilité de l'axe du monde est parfaitement constatée par toutes
les observations astronomiques, faites pendant tant de siècles. On verra cependant dans la suite, que l'axe du monde a effectivement un petit mouvement, mais qui est tel que malgré ce mouvement, l'axe passe constamment
par les mêmes points de la terre.

CHAPITRE IV.

Détermination de la ligne méridienne.

§. 42. On a vu dans le Chapitre précédent que le méridien a ces propriétés, que les astres y parviennent à leur plus grande et plus petite hauteur, qu'il coupe en deux parties égales les parallèles aussi bien que les arcs diurnes et nocturnes, que les astres, à distance égale de ses deux côtés, ont même hauteur, qu'il est à la fois cercle vertical et horaire, et qu'il donne d'une manière fort simple la hauteur du pole. La détermination de ce plan est donc pour les astronomes un des objets les plus importans et indispensables. Comme la direction de la pesanteur fournit un moyen facile de tracer des lignes verticales et horisontales, le plan du méridien sera déterminé de la manière la plus simple, par deux lignes verticales, ou ce qui est encore plus simple, par une seule ligne horisontale tracée dans ce plan. La ligne horisontale, tracée dans le plan du méridien, ou la commune section du méridien et de l'horison, est appellée la *ligne méridienne* de ce lieu. Dès que l'on a tracé cette ligne, le plan du méridien est aussi donné, n'étant autre chose que le plan vertical, mené par cette ligne au moyen d'un fil-à-plomb. Un des instrumens les plus utiles est la *lunette méridienne*, dont il sera parlé plus bas. Mais son usage supposant une ligne méridienne exactement tracée, on trouvera dans ce chapitre les méthodes dont on peut se servir pour cet effèt.

§. 43. Les diverses méthodes qui donnent la ligne méridienne, peuvent être réduites à deux classes qui se fondent sur l'une ou l'autre de ces propriétés du méridien, que les astres y parviennent à leur plus grande hauteur, ou qu'ils ont la même hauteur à distance égale du méridien des côtés opposés: la première méthode est la plus simple, la seconde est la plus exacte. Suivant la première tout se réduirait à poursuivre l'étoile vers le tems de sa culmination, et à l'observer exactement avec le quart-de-cercle, lorsque sa hauteur, étant parvenue à son *maximum*, commence à diminuer. Dans cet instant le quart-de-cercle se trouve dans le plan du méridien, et deux fils verticaux dans son plan marqueront sur le plancher horisontal la ligne méridienne. Mais la position des cercles dans la sphère rend cette méthode tout-à-fait inutile. On a en général (§. 38.) $\partial\eta\cos\eta = -\partial\gamma\sin\gamma\cos\beta\cos\delta$, d'où il suit, pour le méridien où γ est nul, $\frac{\partial\eta}{\partial\gamma} = 0$; ce qui nous apprend, que la hauteur η a sa plus grande et sa plus petite valeur, et qu'elle ne change pas sensiblement, pendant que l'angle horaire éprouve des changemens considérables: on peut donc croire avoir observé la plus grande hauteur, tandis que l'astre était assés éloigné du méridien. Ainsi cette méthode ne peut donner aucune précision.

§. 44. Si l'on a observé, avec un quart-de-cercle ou un sextant à réflexion, plusieurs hauteurs d'un astre avant sa culmination, et qu'ayant mis la lunette aux mêmes hauteurs, en procédant par l'ordre inverse, on note le tems d'une bonne pendule où l'astre parvient à ces hauteurs après la culmination; le milieu entre deux tems d'une même hauteur donnera l'instant de la culmination (§. 36). Tous ces milieux arithmétiques indiqueront le même tems, si l'horloge va parfaitement bien, et qu'on ne s'est pas trompé en observant; en tout cas, le milieu entre tous ces résultats donnera le moyen de connaître la marche de la pendule. Il est donc clair qu'après avoir continué ces observations assés longtems, pour être sûr de la marche de l'horloge, on peut calculer d'avance le tems qu'elle indiquera lors de la culmination de cet astre le lendemain, parce qu'on connaît, par les observations des jours précédens, le tems de l'horloge qui doit s'écouler entre deux culminations. Ayant donc abaissé deux fils verticaux de manière que l'astre se trouve dans leur plan au moment calculé de sa culmination, on aura le plan du méridien. Les observations de plusieurs jours et de différentes étoiles devraient donner la même ligne méridienne; mais les petites différences

qui s'y trouveront toujours, serviront à donner plus de précision à la ligne
méridienne, en prenant le milieu.

§. 45. Cette méthode des *hauteurs correspondantes* est d'un usage fort
étendu, à cause des grands avantages qu'elle a sur d'autres méthodes. Toutes les observations qui donnent la hauteur même en degrés, etc. exigent
beaucoup de corrections, à cause de la réfraction, des erreurs de l'instrument,
et de la difficulté d'observer bien exactement le point du limbe qui est indiqué par le fil vertical ou par l'index de l'alhidade. La méthode des hauteurs correspondantes peut se passer de tout cela. On n'a pas besoin de
connaître la hauteur ; il suffit de s'assurer qu'on a observé deux fois
la même hauteur, ce qui est facile, si l'on choisit les hauteurs avant la
culmination ensorte que le fil couvre bien exactement une division du
limbe, de manière qu'on n'est pas obligé d'employer le vernier ou d'estimer
la distance du plus proche point de division. Quelle que soit l'erreur de
l'instrument ou la réfraction, ces corrections se détruisent réciproquement,
les hauteurs étant égales. De plus, on peut, suivant cette méthode, faire
autant d'observations correspondantes que l'on veut, de sorte que le milieu
entre tous les résultats ne peut produire qu'une erreur insensible. Il est enfin probable que, si l'observateur a estimé la hauteur avant la culmination
plus grande qu'elle n'était, la même chose arrivera après la culmination. Si
par ex. on a placé la lunette à la hauteur de 3o°, et qu'on a noté le tems
que la pendule marque lorsque la véritable hauteur était de moins de 3o°,
on croira également après la culmination voir l'étoile au centre de la lunette,
lorsqu'elle est déjà au dessous de 3o°. Nommant donc T', t, les tems que
la pendule a marqués, lorsque l'étoile était effectivement à la hauteur de 3o°,
le vrai tems de la culmination sera $\frac{T+t}{2}$; mais on a pris, avant et après la
culmination, un angle horaire trop grand d'une quantité que nous désignerons
par 15 ω: donc le premier tems observé sera T — ω, le second $t+$ω, et le
tems de la culmination donné par les observations $\frac{T-\omega+t+\omega}{2}=\frac{T+t}{2}$ égal
à la véritable époque.

46. Les hauteurs correspondantes fournissent encore une autre méthode, où l'on peut se passer entièrement des horloges. Ayant marqué, à l'aide de deux fils-à-plomb, le plan vertical du quart-de-cercle dans chaque observation, les points où ces fils touchent au plancher horisontal, donnent une ligne horisontale qui est l'azimut de l'étoile. Chaque angle horisontal, formé par deux de ces lignes qui répondent à la nième hauteur avant et après la culmination, est partagé en deux angles égaux, par une troisième ligne horisontale qui est la méridienne. Toutes ces lignes de division devraient coïncider ou être parallèles; si non, on prendra le milieu entre toutes, comme dans la méthode précédente, et en multipliant les observations, on aura une ligne méridienne très-exacte. Il est aisé d'imaginer un arrangement fort simple, qui servira à suspendre les fils dans le plan du quart-de-cercle, tant pour cette méthode que pour la précédente; mais cela appartient à l'astronomie pratique.

La théorie de cette méthode est fondée sur l'équation III. 2. (§. 34.) qui donne, pour la même hauteur η, deux azimuts égaux des deux côtés du méridien, $+\alpha$ et $-\alpha$, parceque $\cos(-\alpha)=\cos(+\alpha)$. Au reste, l'azimut étant déterminé par la hauteur, il est aisé de voir, qu'ici comme dans les observations du §. 37. il faut choisir le tems où la hauteur des astres change le plus rapidement, c'est-à-dire où $\sin \eta = \frac{\sin \delta}{\sin \beta}$ (§. 38. n. 5.).

§ 47. L'observation des hauteurs avec le quart-de-cercle peut être remplacée par celle de l'ombre du soleil. Cette dernière méthode, qui est d'une exactitude suffisante pour l'usage ordinaire d'une méridienne, consiste à remarquer deux ombres du soleil, lorsqu'il est également éloigné du méridien avant et après midi, et à prendre le milieu comme ci-dessus (§. 46.). Si l'on se trouve dans un lieu parfaitement libre, on peut choisir pour cet effèt les moments où le soleil se lève et se couche (§. 36.). En tout autre cas, soit (*Fig.* 9.) ⊙ A un rayon du soleil, qui vient rencontrer en A un plan horisontal A C, après avoir touché en B le sommet d'un style vertical B C: alors C A est l'ombre horisontale du style B C, B A C est la hauteur du soleil, et $A C = B C \cot B A C$: ayant donc trouvé deux ombres égales avant et après midi, on est sûr que, dans les deux instans, la hauteur du soleil, et par conséquent aussi sa distance au méridien, a été la même. Soit donc (*Fig.* 10.) M le pied d'un style vertical dressé sur un plan horisontal, soient A a, B b, des arcs circulaires, tracés vers le Nord autour du centre M. Le soleil allant de gauche à droite, l'ombre avancera de droite à gauche, en se raccourcissant jusqu'à midi, et se prolongeant après midi. L'extrémité de l'ombre coupera donc, avant midi, le cercle B b quelque part en b, et ensuite le cercle A a en a; après midi elle coupera encore ces cercles en A et B. Ayant donc tiré les droites M b, M a, M A, M B, et partagé les arcs A a, B b, en deux parties égales A $\alpha = a\alpha$, B $\beta = b\beta$, la droite R r. passant par M, α, β, sera la méridienne. S'il n'est pas possible de mener une ligne droite par M et par tous les points de division, α, β, etc. le milieu entre toutes les lignes M α, M β, etc. donnera plus exactement la méridienne. Cette méthode est sujette à des erreurs, par deux raisons. D'abord il est difficile de distinguer exactement l'extrémité de l'ombre en a, A, B, b, l'ombre étant toujours mal terminée, parceque les différens points du soleil, dans toute l'étendue de son diamètre vertical, donnent un autre rayon $\odot$ B A (*Fig.* 9.). On peut obvier à cet inconvénient, en substituant au style B C un gnomon ou une ouverture faite dans un mur B C, pour laisser passer les rayons du soleil, et en observant l'image du soleil sur le plancher au lieu de l'ombre. Ensuite on a supposé que, pendant toute l'observation, la déclinaison du soleil n'a point changé: car si, dans l'équation III. 2. (§. 34.) δ éprouve un changement, l'azimut α prendra aussi d'autres valeurs, quoique la hauteur η soit la même. Il faut donc employer cette méthode dans un tems où la variation de la déclinaison du soleil est la plus lente, sans que les ombres deviennent trop longues, ce qui est le tems des plus longs jours.

CHAPITRE V.

Détermination de la hauteur du pole.

§. 48. Le lieu apparent des astres, leur lever et coucher, la situation des principaux cercles de la sphère, et tous les différens phénomènes liés avec le mouvement diurne, dépendent de la *hauteur du pole* ou de la latitude d'un lieu; et il n'y a presque aucune observation astronomique, dont elle ne soit la base. C'est donc un des premiers élémens, que l'astronome doit déterminer avec le plus grand soin. La solution théorique de ce problème important est bien simple; mais dans la pratique, il y a tant de difficultés qui s'opposent à une parfaite précision, que l'on ne peut approcher de la vérité que par des observations continuées pendant longtems. Il suffira ici, de prouver la possibilité de trouver exactement la hauteur du pole, et d'expliquer les méthodes qui donnent, dans la pratique, la plus grande précision; c'est à l'astronomie pratique, à montrer les manières de procéder et les mesures de précaution à prendre. On peut diviser toutes ces méthodes en deux classes, dont l'une renferme celles qui donnent la hauteur du pole *immédiatement* par le moyen d'observations faites au méridien, et qui par conséquent supposent que la ligne méridienne est déterminée; l'autre contient les méthodes qui font trouver cet élément *médiatement* par le calcul d'observations faites hors du méridien. L'une et l'autre de ces classes aura encore plusieurs subdivisions, suivant les élémens qui y sont supposés connus. La méthode la plus parfaite est sans doute celle, où l'on fait le moins de suppositions, où l'objet immédiat de l'observation est choisi tel qu'il soit sujet à moins de difficultés et d'erreurs, où enfin les observations peuvent facilement être multipliées, ensorte que le milieu d'un grand nombre donne une précision suffisante. Il paraît que toutes ces conditions sont remplies par la méthode qui terminera ce chapitre (§. 56.).

§. 49. La méthode suivante est la plus simple, la plus usitée, et la plus ancienne. Ayant observé une étoile qui ne se couche pas, dans les deux parties opposées du méridien, on connaît sa plus grande, et sa plus petite hauteur (*Fig.* 7.) $AR = a$ et $LR = b$. Mais $a = PR + AP = \beta + (90° - \delta)$, et $b = PR - PL = \beta - (90° - \delta)$ donc $\frac{a+b}{2} = \beta$, et $\frac{a-b}{2} = 90° - \delta$, ou la hauteur du pole est la demi-somme des deux hauteurs, et la déclinaison de l'astre est 90 degrés moins la demi-différence des deux hauteurs. Ainsi on aura la hauteur du pole et la déclinaison, affectées des erreurs du quart-de-cercle, et de celles qui dépendent des réfractions. Pour diminuer les dernières autant que possible, on peut observer des étoiles très-proches du pole, comme l'étoile polaire, afin que les deux hauteurs A R, L R, soient à peu près égales. Au reste, on n'a pas besoin de connaître exactement le méridien, parce qu'il ne s'agit pas ici du tems du passage, mais de la hauteur qui ne change qu'insensiblement près du méridien (§. 43.). Cette méthode a l'avantage, que rien n'y est supposé, ni le plan du méridien, ni la déclinaison, ni l'instant de l'observation, et qu'elle donne en même tems la déclinaison de l'étoile. Elle est peut-être la meilleure de toutes, mais elle démande des corrections qui seront expliquées ci-après.

§. 50. Comme il faut chercher à multiplier les observations autant que possible, pour en prendre le milieu, on peut observer la même étoile plusieurs fois vers sa plus grande digression du méridien en M. Si sa hauteur a été observée dans la plus grande digression même, on connaît sa distance au zénit $ZM = N$, d'où l'on conclura dans le triangle rectangle en M, $\cos ZP = \cos ZM \cos PM$, ou $\sin \beta = \cos N \sin \delta$. Il faut donc connaître bien exactement la déclinaison de l'étoile δ, et l'instant de sa plus grande digression, ce qui est à très-peu près six heures avant et après sa culmination. Cela ne donne qu'une seule observation, d'autant moins sure, que la moindre erreur relativement au tems de la digression a une grande influence sur la hauteur, parceque l'astre se meut dans le vertical ZM qui touche

8

le parallèle A M L en M. Mais on peut multiplier ces observations de la manière suivante. Supposons qu'on ait observé la hauteur de l'étoile, ou la distance au zénit Z B $=$ N′, dans un point B peu éloigné de la plus grande digression M. Le plus grand azimut de l'étoile donne l'angle P Z M , d'où l'on conclut $\sin \text{ZPM} = \dfrac{\cos \text{PZM}}{\cos \text{PM}} = \dfrac{\cos \text{PZM}}{\sin \delta}$. On connaît donc l'angle ZPM $=$ P, et le tems de la culmination en A, comparé avec celui de l'observation en B, donne l'angle Z P B, d'où l'on tire l'angle M P B $=$ P $-$ Z P B $=\alpha$. Il s'agit maintenant de trouver la distance au zénit dans la digression même ZM $=$ N, à l'aide des observations près de la digression, dont chacune donne ZB $=$ N′. Pour cet effet cherchons ce qu'il faut ajouter à N′ pour avoir N, ou $x =$ N $-$ N′. Les triangles Z P M et Z P B donnent les équations:

$$\cos \text{N} = \cos \text{ZP} \cos \text{PM} + \cos \text{ZPM} \sin \text{ZP} \sin \text{PM},$$
$$\cos \text{N}' = \cos \text{ZP} \cos \text{PB} + \cos \text{ZPB} \sin \text{ZP} \sin \text{PB};$$

d'où l'on tire, attendu que PB $=$ PM $= 90° - \delta$, ZPM $=$ P, ZPB $=$ P $- \alpha$, et ZP $= 90° - \beta$,

$$(1) \dots \cos \text{N}' - \cos \text{N} = \cos \beta \cos \delta \left\{ \cos (\text{P} - \alpha) - \cos \text{P} \right\}.$$

On sait qu'en général $\cos \varphi - \cos \psi$ est égal à $2 \sin \dfrac{\psi + \varphi}{2} . \sin \dfrac{\psi - \varphi}{2}$. En substituant cela dans les deux membres de l'équation (1), on trouvera

$$(2) \dots \sin \left(\text{N} - \frac{x}{2} \right) \sin \frac{x}{2} = \cos \beta . \cos \delta . \sin \left(\text{P} - \frac{\alpha}{2} \right) . \sin \frac{\alpha}{2}.$$

Le triangle rectangle en M fournit les équations, $\sin \text{N} = \cos \beta \sin \text{P}$, et $\cot \text{N} = \dfrac{\cot \text{P}}{\cos \delta}$. En substituant ces valeurs dans l'équation (2), après l'avoir divisée par $\sin$ N, pour en éliminer β, il viendra

$$\sin \frac{x}{2} \left(\cos \frac{x}{2} - \frac{\cot \text{P}}{\cos \delta} \sin \frac{x}{2} \right) = \cos \delta \sin \frac{\alpha}{2} \left(\cos \frac{\alpha}{2} - \cot \text{P} \sin \frac{\alpha}{2} \right).$$

Si l'on fait pour abréger, $\dfrac{\cot \text{P}}{\cos \delta} = a$, et $\cos \delta \sin \dfrac{\alpha}{2} \left(\cos \dfrac{\alpha}{2} - \cot \text{P} \sin \dfrac{\alpha}{2} \right) = b$, cette équation deviendra: $\sin \dfrac{x}{2} \left(\cos \dfrac{x}{2} - a \sin \dfrac{x}{2} \right) = b$, c'est-à-dire, $\sin x - a (1 - \cos x) = 2b$. En exprimant les sinus et cosinus par les arcs, et négligeant les quatrièmes puissances, on aura $\sin x = x - \dfrac{x^3}{6}$ et $\cos x = 1 - \dfrac{x^2}{2}$, ce qui étant substitué dans la dernière équation, lui donnera la forme

$$(3)\ldots\ x - \frac{a}{2} x^2 - \frac{x^3}{6} = 2\,b.$$

Supposons maintenant $x = A b + B b^2 + C b^3 +$ cet. alors l'équation (3) donnera

$$\left.\begin{array}{l} + A b + B b^2 + C b^3 \\ - 2 b - \dfrac{a}{2} A^2 b^2 - a A B b^3 \\ \qquad\quad - \dfrac{A^3}{6} b^3 \end{array}\right\} = 0.$$

La comparaison des coëfficients de chaque puissance de b, donnera

$A = 2,\ B = \frac{a}{2} A^2 = 2\,a,\ C = A\left(a B + \frac{A^2}{6}\right) = 4\,(a^2 + \frac{1}{3})$, d'où il viendra

$$(4)\ldots\ x = 2 b + 2 a b^2 + 4\,(a^2 + \tfrac{1}{3})\,b^3.$$

Maintenant il faut se rappeler que $2 b = \cos \delta\,(\sin \alpha - \cot P + \cot P \cos \alpha)$ $= \alpha \cos \delta\,(1 - \frac{\alpha}{2} \cot P - \frac{\alpha^2}{6})$, d'où l'on tire $b^2 = \frac{\alpha^2}{4} \cos^2\delta\,.\,(1 - \alpha \cot P)$, et $b^3 = \frac{\alpha^3}{8} \cos^3 \delta$; ce qui étant substitué dans l'équation (4), donnera

$$x = \alpha \cos \delta \left\{ 1 - \frac{\alpha}{2} \cot P + \frac{\alpha}{2} a \cos \delta - \frac{\alpha^2}{6} - \frac{\alpha^2}{2} a \cot P \cos \delta + \frac{\alpha^2}{6} \cos^2 \delta + \frac{\alpha^2}{2} a^2 \cos^2 \delta \right\}.$$

Mais on a $\cot P = a \cos \delta$, ce qui transforme la dernière équation en

$$(5)\ldots\ x = \alpha \cos \delta \left(1 - \frac{\alpha^2}{6} \sin^2 \delta\right).$$

Comme nous avons mis les arcs α au lieu des sinus, il est clair que α, et par conséquent aussi x, sera exprimé en parties du rayon. Si l'on demande x en secondes, il faut également exprimer α en secondes, dans le premier terme du dernier membre; mais alors α, dans le second terme, sera converti en parties du rayon, par la proportion, $1'' : \alpha :: \sin 1'' : \alpha \sin 1''$; et l'on aura

$$x = \alpha \cos \delta \left\{ 1 - \frac{\alpha^2}{6} (\sin 1'')^2 \sin^2 \delta \right\}.$$

Il faut encore observer que, si l'observation en B est plus éloignée du zénit que M, ou que le tems entre la culmination en A et l'observation en B est de plus de six heures, α sera négatif, et x de même. Dans un pareil cas on aura donc ZM ou $N = N' - x$; mais dans le cas que la figure représente, il est $N = N' + x$. Après avoir trouvé N, on a $\cos ZP = \cos N \cos PM$, ou $\sin \beta = \cos N \sin \delta$. (*)

§. 51. La méthode suivante, qui suppose la déclinaison δ exactement connue, n'est pas moins simple. Ayant observé (*Fig.* 8.) la plus grande hauteur d'une étoile dans l'instant de sa culmination, $LH = a$, on aura AH ou $90° - \beta = a - \delta$, donc $\beta = 90° - a + \delta$. Si l'un des angles β, δ, est boréal, l'autre austral, δ devient négatif, et $\beta = 90° - a - \delta$. Les erreurs du secteur et les réfractions ont ici la même influence que dans les méthodes précédentes. Comme à présent la déclinaison de beaucoup d'étoiles est bien exactement connue, on peut observer dans une seule nuit plusieurs étoiles, tandis que suivant la première méthode on est borné à celles qui se font voir deux fois dans le méridien. Au reste, le changement de la hauteur des astres étant très-lent près du méridien, il est clair que, quand même on se tromperait un peu sur le méridien ou sur le tems de la culmination, cela ne produirait pas une grande erreur dans le résultat. Cependant il serait à désirer qu'on pût observer la culmination d'un astre plusieurs fois dans le même jour, pour réduire les erreurs à fort peu de chose, en prenant le milieu de toutes ces observations. C'est ce que l'on peut effectuer par la méthode des *hauteurs circomméridiennes*, une des plus usitées, surtout lorsqu'on observe avec un sextant à réflexion. Elle va être expliquée dans le §. suivant.

§. 52. Cette méthode suppose que la hauteur du pole, qu'elle est destinée à corriger, est à peu près connue, et que le tems de la culmination est exactement déterminé. Elle consiste à prendre d'une étoile ou du soleil, autant de hauteurs qu'on peut dans l'intervalle de dix minutes avant et après la culmination, et à observer le tems de chacune. Ce tems, comparé avec celui de la culmination, donne l'angle horaire; et il est clair que chaque hauteur sera plus petite que la hauteur méridienne, de quelques secondes ou minutes. Il s'agit donc de trouver cette différence. Soit (*Fig.* 8.) $SV = \eta$ une des hauteurs observées, l'angle horaire $APS = \gamma$, la déclinaison de l'astre TS ou $AL = \delta$, et la hauteur du pole connue à peu près, $PR = \beta$;

(*) Voy. *Astr. théor. et prat. par M. Delambre*, Tome III. p. 586 *et suiv.*

qu'enfin les tems de la pendule, dans l'instant de l'observation, et dans celui de la culmination le même jour et le jour suivant, soient désignés par τ, t, t': alors on aura $\gamma = \pm \frac{t-\tau}{t'-t} 360°$ en degrés, ou $\gamma = \pm 2\pi \frac{t-\tau}{t'-t}$ en parties du rayon, π étant le nombre $3{,}14159\ldots$ qui exprime le rapport de la circonférence du cercle à son diamètre. On a donc (I. 1. §. 34.)

$$(A) \quad \sin\eta = \sin\beta \sin\delta + \cos\beta \cos\delta \cos\gamma.$$

A mesure que l'astre approche du méridien, l'angle horaire décroit, pendant que la hauteur augmente: en nommant donc $\Delta\gamma$, $\Delta\eta$, ces changemens, il viendra

$$\sin(\eta + \Delta\eta) = \sin\beta \sin\delta + \cos\beta \cos\delta \cos(\gamma - \Delta\gamma).$$

Dans l'instant où l'astre passe par le méridien, l'angle horaire $\gamma - \Delta\gamma$ devient nul, ou son décroissement $\Delta\gamma$ est égal à γ: on a donc $\sin(\eta + \Delta\eta) = \sin\beta \sin\delta + \cos\beta \cos\delta$. Comme $\Delta\eta$ n'est jamais plus grand que $2'$ ou que $0{,}0006$; on peut, sans erreur sensible, négliger la troisième puissance de $\Delta\eta$, d'où il viendra $\sin\Delta\eta = \Delta\eta$ et $\cos\Delta\eta = 1 - \frac{1}{2}\Delta\eta^2$; donc $\sin\eta + \Delta\eta\cos\eta - \frac{1}{2}\Delta\eta^2 \sin\eta = \sin\beta \sin\delta + \cos\beta \cos\delta$. Si l'on en retranche l'équation (A), il restera

$$\Delta\eta\cos\eta - \tfrac{1}{2}\Delta\eta^2 \sin\eta = \cos\beta \cos\delta (1 - \cos\gamma) = 2\cos\beta \cos\delta (\sin\tfrac{1}{2}\gamma)^2, \text{ ou}$$

$$0 = \Delta\eta^2 - 2\Delta\eta \cot\eta + \frac{4\cos\beta \cos\delta}{\sin\eta} (\sin\tfrac{1}{2}\gamma)^2.$$

La solution de cette équation du second degré donnera

$$(B) \quad \Delta\eta = \cot\eta - \sqrt{\left[\cot^2\eta - \frac{4\cos\beta \cos\delta}{\sin\eta} (\sin\tfrac{1}{2}\gamma)^2\right]}.$$

Comme $\tfrac{1}{2}\gamma$ n'est jamais plus grand que $1°\ 15'$, la cinquième puissance en pourra être négligée sans erreur sensible, ce qui donne $\sin\tfrac{1}{2}\gamma = \tfrac{1}{2}\gamma - \frac{\gamma^3}{48}$, et $(\sin\tfrac{1}{2}\gamma)^2 = \frac{\gamma^2}{4} - \frac{\gamma^4}{48}$. En substituant cela dans l'équation (B), on aura

$$\Delta\eta = \cot\eta - \sqrt{\left[\cot^2\eta - \frac{\gamma^2\cos\beta \cos\delta}{\sin\eta} \left(1 - \frac{\gamma^2}{12}\right)\right]}.$$

Le radical, étant développé suivant le théorème binomial, deviendra $=$

$$\cot\eta - \tfrac{1}{2} \cdot \frac{\gamma^2\cos\beta \cos\delta}{\cot\eta \sin\eta} \left(1 - \frac{\gamma^2}{12}\right) - \tfrac{1}{8} \cdot \frac{\gamma^4\cos^2\beta \cos^2\delta}{\cot^3\eta \sin^2\eta} = \cot\eta - \frac{\gamma^2\cos\beta \cos\delta}{2\cos\eta}$$

$$+ \frac{\gamma^4\cos\beta \cos\delta}{24\cos\eta} \left(1 - \frac{3\cos\beta \cos\delta}{\cot\eta \cos\eta}\right).$$

En faisant, pour abréger, $\dfrac{\cos\beta\cos\delta}{\cos\eta} = N$, on aura $\Delta\eta = \dfrac{N}{2}\gamma^2 - \dfrac{N}{24}\gamma^4(1-3N\,\mathrm{tg}\,\eta)$, $\Delta\eta$ et γ étant exprimés en parties du rayon. Pour exprimer $\Delta\eta$ en secondes, il faut multiplier la dernière formule par $\dfrac{648000}{\pi}$. Nommant donc $\ell - \iota = T$, et $\iota - \tau = \theta$, on aura $\gamma = \dfrac{2\theta}{T}\pi$, et $\Delta\eta$ en secondes $=$

$$1296000 \cdot \frac{\theta^2}{T^2} \cdot \pi N\left(1 - \frac{\theta^2}{T^2}\cdot\frac{\pi^2}{3} + \frac{\theta^2}{T^2}\pi^2 N\,\mathrm{tg}\,\eta\right).$$

Si la pendule a été réglée sur le tems sidéral, ou le tems solaire, selon qu'on observe une étoile ou le soleil, ce qui est toujours le cas à peu près, on a $T = 24$ heures $= 1440$ min. Exprimant donc également θ en minutes, on trouvera $\dfrac{1296000}{1440^2} = \dfrac{5}{8}$, et

$$\Delta\eta = \frac{5}{8}\pi N\,\theta^2\left(1 - \frac{\theta^2\pi^2}{6220800} + \frac{\theta^2\pi^2 N\,\mathrm{tg}\,\eta}{2073600}\right) \text{ secondes, ou}$$

$$\Delta\eta = 1,9634954 . N\theta^2\,(1 - 0,0000015\mathcal{8}655.\theta^2 + 0,0000047\mathcal{5}965.\theta^2\,N\,\mathrm{tg}\,\eta)\text{ secondes.}$$

Cette série est si convergente, θ n'étant jamais plus grand que 10, que le premier terme est presque toujours suffisant, ce qui donne

$$\Delta\eta = 1,9634954 . \theta^2\,\frac{\cos\beta\cos\delta}{\cos\eta}.$$

On peut mettre au lieu de η le milieu de toutes les hauteurs observées, et faire $\cos\beta = \sin(\eta' - \delta)$, η' étant la plus grande de toutes les hauteurs. Alors $1,9634954 . \dfrac{\cos\beta\cos\delta}{\cos\eta} = M$ aura une valeur constante pour toutes les hauteurs du même jour, et il viendra $\Delta\eta = M\theta^2$. Mais il faut encore faire une remarque. Si l'on observe le soleil, δ est la déclinaison que cet astre a dans l'instant où il passe par le méridien du lieu de l'observateur: on la trouve à l'aide des éphémérides astronomiques, connaissant à peu près la longitude du lieu. Mais, la déclinaison du soleil changeant continuellement, il n'a pas eu la même déclinaison δ dans toutes les observations, ni la même hauteur qu'il aurait eue, si sa déclinaison n'avait pas changé. Si la déclinaison augmente, la hauteur méridienne sera plus grande que la hauteur observée avant midi, non-seulement de la correction $\Delta\eta$ que nous venons de trouver, mais encore de la quantité dont sa déclinaison s'est accrue depuis l'observation jusqu'à la culmination: pour les observations faites après la culmination, c'est le contraire. Si la déclinaison du soleil va en décroissant, il faut ôter cette correction des observations faites avant la culmination, et l'ajouter à celles qui ont été faites après midi. Les éphémérides donnent la variation de la déclinaison en 24 heures, que je désignerai par Δ, d'où l'on conclut celle pour le tems θ avant la culmination $= \dfrac{\theta \cdot \Delta}{24^h} = \dfrac{\theta \cdot \Delta}{1440}$. Pour les observations après la culmination, θ devient négatif, et Δ est négatif, lorsque la déclinaison diminue. La correction entière de la hauteur sera donc

$$\Delta \eta = 1{,}963497{,}4 \cdot \theta^2 \frac{\cos\beta \cos\delta}{\cos\eta} + \frac{\theta \cdot \Delta}{1440} = M\,\theta^2 + \frac{\theta \cdot \Delta}{1440}.$$

Ainsi il faut multiplier la valeur θ de chaque observation par $M\,\theta + \dfrac{\Delta}{1440}$, et ajouter cette correction à la hauteur, à laquelle θ appartient. Le milieu de toutes ces valeurs donnera la hauteur méridienne $L\,H = a$, d'où l'on tirera $\beta = 90° - a + \delta$.

§. 53. Toutes ces méthodes, à l'exception de la première, supposent la déclinaison connue. Mais ce n'est pas un grand inconvénient, parceque celle du soleil et de beaucoup d'étoiles est bien déterminée. Cependant il ne sera pas superflu, de proposer encore une méthode, à la vérité peu commode pour la pratique, qui donne la hauteur du pole et la déclinaison à la fois. Après avoir trouvé, par le moyen d'une bonne pendule, le tems T d'une révolution du ciel étoilé, on observera la hauteur η d'une étoile dans un cercle vertical quelconque, on fixera verticalement deux fils dans le plan du quart-de-cercle, et l'on observera le tems de la culmination de la même étoile. L'intervalle de tems entre les deux observations, t, donnera l'angle horaire $\gamma = \dfrac{t}{T}\,360°$, et l'angle formé par le plan des deux fils et celui du meridien, est l'azimut α. Connaissant donc η, γ, α, on trouvera la déclinaison et la hauteur du pole, par les équations VII. 1. 2. (§. 34.). Cette méthode, qui ne suppose qu'une bonne pendule et la méridienne exactement tracée, aurait de grands avantages, si l'on pouvait s'assurer de l'angle azimutal, parceque, toutes les étoiles y étant également convenables, on pourrait multiplier les observations autant qu'on voudrait.

§. 54. Chaque méthode qui déduit immédiatement la latitude des hauteurs mêmes, suppose un secteur bien exact et d'un grand rayon, et demande une vérification pénible des instrumens : c'était au moins le cas autrefois, d'où il résultait que ces méthodes n'étaient pas praticables pour des observateurs voyageurs. L'année 1769, si fameuse par un grand nombre de voyages astronomiques, donna lieu aux astronomes, de chercher des méthodes qui seraient à l'abri de l'influence des erreurs des instrumens et des réfractions. Il ne sera pas inutile d'exposer au moins une de ces méthodes, qui paraît préférable aux autres.

La hauteur du pole étant toujours connue à peu près, il est aisé de trouver deux étoiles dont les déclinaisons sont telles que, l'une culminant dans la partie méridionale du meridien en L (*Fig.* 8.), l'autre culminera dans la partie septentrionale en F à peu près à la même hauteur, en sorte qu'après avoir observé la première étoile au centre de la lunette, on verra l'autre aussi dans le champ de la lunette, fixée dans cette élévation. On amènera donc cette étoile au centre même, par le moyen d'un micromètre; et de cette manière on connaîtra la différence des deux hauteurs, sans connaître les hauteurs mêmes. Il est aisé de voir que, la lunette ou le fil-à-plomb indiquant dans les deux observations le même degré du limbe, les erreurs du quart-de-cercle et les réfractions y auront la même influence. Nommant donc les hauteurs $LH = a$, $FR = b$, on connaîtra bien exactement $b - a = d$, et les hauteurs mêmes donneront à très-peu-près $LF = 180° - (a + b) = c$. Les déclinaisons boréales des deux étoiles étant $AL = \delta$, $AF = \varepsilon$, la véritable distance LF sera $\varepsilon - \delta = c'$; et s'il se trouve une différence $c' - c = e$, cela ne peut être que l'effet de toutes les erreurs de l'instrument et des réfractions. Si c est moins grand que c', les observations ont trop rapproché les étoiles, et comme les erreurs affectent également les deux hauteurs à peu près égales, chaque hauteur observée est trop grande de $\dfrac{c' - c}{2} = \dfrac{e}{2}$. On aura donc les véritables hauteurs $a' = a - \dfrac{e}{2}$, et $b' = b - \dfrac{e}{2}$, d'où l'on conclut

la hauteur du pole $\beta = FR - FP = b' - (90° - \epsilon) = b - \dfrac{c'-c}{2} - 90° + \epsilon,$
ou substituant $c' - c = \epsilon - \delta - 180° + a + b,$

$$\text{la } \textit{hauteur du pole, } \beta = \frac{\epsilon + \delta + d}{2}.$$

Si l'on a observé le passage inférieur de la seconde étoile en D, on aura $c' = LPD = 180° - (\delta + \epsilon)$, donc $c' - c = a + b - \delta - \epsilon$, et $\beta = DR + PD = b' + 90° - \epsilon = b - \dfrac{c'-c}{2} + 90° - \epsilon = \dfrac{d - (\epsilon - \delta)}{2} + 90°$, d'où il résulte $90° - \beta$, ou

$$\text{la } \textit{hauteur de l'équateur} = \frac{\epsilon - \delta - d}{2}.$$

Si les deux hauteurs étaient parfaitement égales, ce qui n'arrivera guères, on aurait $d = 0$, donc $\beta = \dfrac{\epsilon + \delta}{2}$, et dans le second cas, $90° - \beta = \dfrac{\epsilon - \delta}{2}$.

Il est clair que, suivant cette méthode, la division du limbe est tout-à-fait inutile, et qu'il suffit d'avoir des dioptres munis d'un micromètre, et qui puissent être fixés à une hauteur quelconque.

Il faut que la déclinaison ϵ soit boréale, ou plutôt de même espèce que la latitude β, parce que F est nécessairement entre le pole et le zénit; mais δ peut aussi être australe, et alors elle est négative dans les formules précédentes. Nous avons supposé la hauteur de l'étoile F plus grande que celle de L, $b > a$; dans le cas contraire d sera négatif. Au reste, il n'est pas nécessaire d'avoir une méridienne exacte: il est aisé d'observer bien exactement la plus grande ou la plus petite hauteur, à l'aide d'un micromètre, en poursuivant l'astre aux environs du méridien. Mais il est nécessaire de connaître exactement les déclinaisons. Pour choisir deux étoiles situées ainsi que cette méthode le suppose, il faut faire un calcul préalable. Soit β la hauteur du pole connue à peu près, et supposons que les déclinaisons δ, ϵ, soient de même espèce que β. Alors on aura $LH = 90° - \beta + \delta$, $FR = \beta + 90° - \epsilon$, et $DR = \beta - 90° + \epsilon$. Il est donc $LH = FR$, ou $LH = DR$, c'est-à-dire, $\delta + \epsilon = 2\beta$ ou $\epsilon - \delta = 180° - 2\beta$: on choisira donc deux étoiles boréales telles que la demi-somme de leurs déclinaisons soit à peu près égale à la hauteur du pole, ou que leur demi-différence soit égale à la hauteur de l'équateur. Lorsque δ est australe ou négative, on a $\epsilon - \delta = 2\beta$ ou $\epsilon + \delta = 180° - 2\beta$, c'est-à-dire, la demi-différence de leurs déclinaisons doit être à peu près éga-

9

le à la hauteur du pole, ou leur demi-somme égale à la hauteur de l'équateur. La première condition, $\frac{\varepsilon - \delta}{2} = \beta$ suppose que β est plus petite que 45 degrés, parceque $\varepsilon - \delta$ est toujours moindre que 90 degrés.

§. 55. La méthode suivante exige encore moins d'appareil. On observera, avec une lunette fixée dans une certaine élévation, deux étoiles qui parviendront à cette hauteur l'une après l'autre, et dans différens cercles verticaux, si elles n'ont pas la même déclinaison; on notera les tems t, τ, et t', τ', où les deux étoiles A, B (*Fig.* 11.) viennent à paraître au centre de la lunette, avant et après la culmination. En faisant, pour abréger, $\frac{t' - t}{2} = m$, $\frac{\tau' - \tau}{2} = \mu$, et désignant par T le tems que la pendule montre pendant une révolution des étoiles, on connaît les angles horaires $\mathrm{MPA} = \frac{m}{T} 360^\circ = \Phi$, et $\mathrm{MPB} = \frac{\mu}{T} 360^\circ = \psi$; de plus, les déclinaisons des deux étoiles, δ, ε, étant données, on connaît $\mathrm{PA} = 90^\circ - \delta$, et $\mathrm{PB} = 90^\circ - \varepsilon$. En nommant β la hauteur du pole cherchée, ou $\mathrm{PZ} = 90^\circ - \beta$, les triangles PAZ, PBZ fourniront ces équations,

$$\cos \mathrm{ZA} = \sin \beta \sin \delta + \cos \beta \cos \delta \cos \Phi, \text{ et } \cos \mathrm{ZB} = \sin \beta \sin \varepsilon + \cos \beta \cos \varepsilon \cos \psi,$$

d'où, à cause de $\mathrm{ZA} = \mathrm{ZB}$, on tire $\frac{\sin \beta}{\cos \beta}$ ou $\tan \beta = \frac{\cos \delta \cos \Phi - \cos \varepsilon \cos \psi}{\sin \varepsilon - \sin \delta}$.

Cette méthode a plusieurs avantages: la réfraction n'y a aucune influence, parce que les hauteurs ont disparu du calcul; on peut y employer chaque étoile dont la déclinaison est connue; on peut se passer du micromètre; enfin on n'a pas besoin de connaître à peu près la hauteur du pole. On peut observer, dans le même jour, plusieurs étoiles, sans changer l'élévation de la lunette; et si les valeurs de β, conclues de chaque combinaison de deux étoiles, ne sont pas les mêmes, on aura un résultat plus exact, en prenant le milieu de toutes ces valeurs. La seule chose indispensable est une bonne pendule; mais ces observations mêmes serviront, comme des hauteurs correspondantes, à vérifier la marche de la pendule, parce que le milieu entre les deux observations de chaque étoile donne l'instant de sa culmination, et par conséquent la durée d'une révolution suivant cette pendule.

CHAPITRE VI.

Position des astres relativement à l'équateur.

§. 56. La position des astres relativement à l'équateur est déterminée par la déclinaison et l'ascension droite (§. 30.), dont la dernière dépend
du point de l'équateur, duquel on part pour compter les degrés de l'équateur. Ce point est tout-à-fait arbitraire, chaque étoile pourrait servir de
point d'origine; on pourrait même se dispenser de déterminer ce point, et
chaque astronome pourrait compter les degrés de l'équateur d'une autre étoile,
ainsi que les longitudes géographiques se comptent de différens méridiens
(§. 31.); car il est aisé de comparer les observations entre elles, dès que ce
premier point est connu. Que le cercle de déclinaison, mené par une
étoile, soit appelé le *premier,* le *trentième*, etc. c'est fort indifférent: il suffit
de connaître sa situation relativement aux autres étoiles, pour placer sur
un globe ou sur un plan toutes les étoiles dans leur juste situation, et pour
calculer leurs positions dans le ciel pour un tems quelconque, ce qui servira
en même tems, à déterminer les orbites des corps célestes qui ont un mouvement propre: et c'est le but de l'astronomie. Lorsqu'on change le point
d'origine, il est vrai que toutes les ascensions droites seront exprimées par
d'autres nombres, mais la situation respective des astres n'est pas changée,
et la différence des ascensions droites reste la même. C'est donc à cette
différence que tout se réduit, et dès qu'elle est déterminée aussi bien que
la déclinaison, le catalogue du ciel étoilé peut être complété. Quand ce
travail est fini, on peut convenir d'un point d'origine fixe, pour introduire
une langue universelle, et pour éviter tout mal-entendu. Il est naturel, de
choisir pour cet effet un point de l'équateur, distingué d'une manière ou

d'autre; et comme il n'y a que le mouvement du soleil, qui distingue un point de l'autre, le seul objet de ce chapitre est la *déclinaison* et la *différence des ascensions droites*.

§. 57. La manière la plus simple de trouver les déclinaisons, est celle-ci. Après avoir déterminé, par les méthodes exposées dans les deux chapitres précédens, le méridien et la latitude du lieu, on observera, à l'aide d'un quart-de-cercle fixé dans le plan du méridien, la hauteur méridienne d'un astre $LH = a$ (*Fig.* 8.): alors on aura $AL = LH - AH$, c'est-à-dire, $\delta = a - (90° - \beta)$, la déclinaison est égale à la hauteur méridienne moins celle de l'équateur. Si cette expression donne à δ une valeur négative, la déclinaison est australe. On trouve dans les observatoires un instrument, destiné à faire ces observations, qui est appelé quart-de-cercle ou *cercle mural*. Si la ligne méridienne n'est pas bien déterminée, on se contentera d'observer la *plus grande* hauteur près du méridien. Ces observations sont altérées par la réfraction qui augmente toutes les hauteurs; mais, sans connaître les réfractions, on peut déterminer la déclinaison des astres, au moyen du cercle mural, en les comparant avec une étoile connue qui est à peu près dans le même parallèle. Alors, le micromètre donnera la différence des déclinaisons, et par conséquent celle de l'astre inconnu, sans qu'on ait besoin de tenir compte des erreurs de l'instrument.

La méthode expliquée ci-dessus (§. 49.), qui donne la hauteur du pole et la déclinaison à la fois, est fort simple et exacte, lorsqu'on connaît la réfraction; mais elle est bornée aux étoiles qui sont si près du pole élevé, qu'elles ne se couchent jamais, et qu'elles n'approchent pas trop de l'horison.

Ayant pris la hauteur d'un astre hors du méridien, l'intervalle du tems entre l'observation et la culmination ou la hauteur égale après la culmination, donnera l'angle horaire, d'où l'on conclura la déclinaison par l'équation IV. 2. (§. 34.). La méthode suivante est d'un usage fort étendu, surtout pour les marins.

§. 58. Il s'agit de ce problème généralement connu: *Ayant observé trois hauteurs a, b, c, d'une étoile hors du méridien, et les intervalles de tems, trou-*

ver l'angle horaire Φ, *l'élévation du pole* β, *et la déclinaison* δ. Soit (*Fig.* 12.) Z le zénit, P le pole, A, B, C, les trois observations; les hauteurs donneront les arcs $ZA = 90° - a$, $ZB = 90° - b$, $ZC = 90° - c$; les intervalles donneront les angles $APB = \alpha$, $APC = \gamma$, et l'on cherche $PZ = x = 90° - \beta$, $PA = PB = PC = y = 90° - \delta$, et $ZPA = \Phi$. Faisant donc, pour abréger, $\cos x \cos y = p = \sin \beta \sin \delta$, $\sin x \sin y = q = \cos \beta \cos \delta$, les triangles APZ, BPZ, CPZ, fourniront les trois équations suivantes:

I. $\sin a = p + q \cos \Phi$, II. $\sin b = p + q \cos(\Phi + \alpha)$, III. $\sin c = p + q \cos(\Phi + \gamma)$, d'où l'on tire

$$\sin a - \sin b = q (\cos \Phi - \cos \Phi \cos \alpha + \sin \Phi \sin \alpha),$$
$$\sin a - \sin c = q (\cos \Phi - \cos \Phi \cos \gamma + \sin \Phi \sin \gamma), \text{ donc}$$
$$\frac{\sin a - \sin b}{\sin a - \sin c} = \frac{1 - \cos \alpha + \sin \alpha \tan \Phi}{1 - \cos \gamma + \sin \gamma \tan \Phi}, \text{ d'où il suit}$$
$$\tan \Phi = \frac{(1 - \cos \gamma)(\sin a - \sin b) - (1 - \cos \alpha)(\sin a - \sin c)}{\sin \alpha (\sin a - \sin c) - \sin \gamma (\sin a - \sin b)}.$$

L'angle horaire étant ainsi trouvé, on connait en même tems $\Phi + \alpha$ et $\Phi + \gamma$, ce qui donne $q = \dfrac{\sin a - \sin b}{\cos \Phi - \cos(\Phi + \alpha)}$, et $p = \sin a - q \cos \Phi$, d'où il viendra $q - p = \cos(\beta + \delta)$, et $q + p = \cos(\beta - \delta)$, enfin $\beta = \dfrac{(\beta + \delta) + (\beta - \delta)}{2}$, et $\delta = \dfrac{(\beta + \delta) - (\beta - \delta)}{2}$. Comme β et δ peuvent être permutées dans ces formules, le problème est en quelque façon indéterminé: car on peut toujours satisfaire aux trois observations, par deux hauteurs du pole, en changeant à proportion la déclinaison. Mais le plus souvent la hauteur du pole et la déclinaison sont si différentes l'une de l'autre, qu'il n'est pas possible de prendre l'une pour l'autre.

Pour rendre ces formules plus propres au calcul logarithmique, on peut faire les opérations suivantes. On calculera les angles $\psi, \omega, \varepsilon, \zeta, \eta, \mu, \nu$, par ces formules:

(A) $\tan \psi = \dfrac{\cos \frac{a + b}{2} . \sin \frac{a - b}{2} . \sin \frac{\gamma}{2}}{\cos \frac{a + c}{2} . \sin \frac{a - c}{2} . \sin \frac{\alpha}{2}}$, (B) $\tan \omega = \tan \dfrac{\gamma - \alpha}{4} \tan (45° + \psi)$,

$$(C)\ \cos \varepsilon = \frac{\cos \frac{a+b}{2} . \sin \frac{a-b}{2}}{\sin \frac{a}{2} . \sin \left(\omega - \frac{\gamma - \alpha}{4}\right)},\ (D)\ \sin \zeta = \cos \varepsilon \cos \phi,$$

$$(E)\ \cos \eta = 2 \cos \frac{a+\zeta}{2} . \sin \frac{a-\zeta}{2},\ (F)\ \cos \mu = 2 \sin \frac{\eta+\varepsilon}{2} . \sin \frac{\eta-\varepsilon}{2},$$

$$(G)\ \cos v = 2 \cos \frac{\eta+\varepsilon}{2} . \cos \frac{\eta-\varepsilon}{2};$$

après quoi on aura

$$(H)\ \phi = \omega - \frac{\gamma+\alpha}{4},\ (I)\ \beta = \frac{\mu+v}{2},\ (K)\ \delta = \frac{\mu-v}{2}.$$

En effet, on sait qu'en général $\sin m - \sin n = 2 \cos \frac{m+n}{2} . \sin \frac{m-n}{2}$, $\cos m - \cos n$ $= 2 \sin \frac{n+m}{2} . \sin \frac{n-m}{2}$, $1 - \cos m = 2 (\sin \frac{1}{2} m)^2$, $\sin m = 2 \sin \frac{m}{2} . \cos \frac{m}{2}$. En faisant ces substitutions dans les équations précédentes, on trouvera

$$\tan \phi = \frac{\cos \frac{a+b}{2} . \sin \frac{a-b}{2} . (\sin \frac{1}{2} \gamma)^2 - \cos \frac{a+c}{2} . \sin \frac{a-c}{2} . (\sin \frac{1}{2} \alpha)^2}{\cos \frac{a+c}{2} . \sin \frac{a-c}{2} . \sin \frac{\alpha}{2} . \cos \frac{\alpha}{2} - \cos \frac{a+b}{2} . \sin \frac{a-b}{2} . \sin \frac{\gamma}{2} . \cos \frac{\gamma}{2}},$$

ou divisant par $\cos \frac{a+c}{2} . \sin \frac{a-c}{2} . \sin \frac{\alpha}{2}$, et substituant (A),

$$\tan \phi = \frac{\tan\psi . \sin \frac{\gamma}{2} - \sin \frac{\alpha}{2}}{\cos \frac{\alpha}{2} - \tan \psi . \cos \frac{\gamma}{2}},$$

d'où l'on tire

$$\tan \left(\phi + \frac{\gamma+\alpha}{4}\right) = \frac{\tan \psi . \sin \frac{\gamma}{2} - \sin \frac{\alpha}{2} + \cos \frac{\alpha}{2} . \tan \frac{\gamma+\alpha}{4} - \tan \psi . \cos \frac{\gamma}{2} . \tan \frac{\gamma+\alpha}{4}}{\cos \frac{\alpha}{2} - \tan \psi . \cos \frac{\gamma}{2} - \tan \psi . \sin \frac{\gamma}{2} . \tan \frac{\gamma+\alpha}{4} + \sin \frac{\alpha}{2} . \tan \frac{\gamma+\alpha}{4}}$$

$$= \frac{\tan \psi \left(\sin \frac{\gamma}{2} . \cos \frac{\gamma+\alpha}{4} - \cos \frac{\gamma}{2} . \sin \frac{\gamma+\alpha}{4}\right) + \cos \frac{\alpha}{2} . \sin \frac{\gamma+\alpha}{4} - \sin \frac{\alpha}{2} . \cos \frac{\gamma+\alpha}{4}}{\cos \frac{\alpha}{2} . \cos \frac{\gamma+\alpha}{4} + \sin \frac{\alpha}{2} . \sin \frac{\gamma+\alpha}{4} - \tan \psi \left(\cos \frac{\gamma}{2} . \cos \frac{\gamma+\alpha}{4} + \sin \frac{\gamma}{2} . \sin \frac{\gamma+\alpha}{4}\right)}$$

$$= \frac{\operatorname{tg} \psi \cdot \sin \dfrac{\gamma - \alpha}{4} + \sin \dfrac{\gamma - \alpha}{4}}{\cos \dfrac{\gamma - \alpha}{4} - \operatorname{tg} \psi \cdot \cos \dfrac{\gamma - \alpha}{4}} = \operatorname{tg} \frac{\gamma - \alpha}{4} \cdot \frac{1 + \operatorname{tg} \psi}{1 - \operatorname{tg} \psi} = \operatorname{tang} \omega \ (B). \quad \text{On a donc}$$

$\Phi + \dfrac{\gamma + \alpha}{4} = \omega$, ou $\Phi = \omega - \dfrac{\gamma + \alpha}{4}$, ce qui donne la formule (H). Ensuite

$$\text{on a } q = \frac{\sin a - \sin b}{\cos \Phi - \cos(\Phi + \alpha)} = \frac{\cos \dfrac{a + b}{2} \cdot \sin \dfrac{a - b}{2}}{\sin \left(\Phi + \dfrac{\alpha}{2}\right) \cdot \sin \dfrac{\alpha}{2}} = \cos \varepsilon \ (C), \text{ d'où l'on trouve}$$

la hauteur du pole, $\cos \beta = \dfrac{\cos \varepsilon}{\cos \delta}$, la déclinaison étant connue. Mais si celle-ci est aussi inconnue, on a $p = \sin a - \cos \varepsilon \cos \Phi = \sin a - \sin \zeta \ (D) = 2 \cos \dfrac{a + \zeta}{2} \cdot \sin \dfrac{a - \zeta}{2} = \cos \eta \ (E)$; donc $q - p = \cos \varepsilon - \cos \eta = 2 \sin \dfrac{\eta + \varepsilon}{2} \cdot \sin \dfrac{\eta - \varepsilon}{2} = \cos \mu \ (F)$, et $q + p = \cos \varepsilon + \cos \eta = 2 \cos \dfrac{\eta + \varepsilon}{2} \cdot \cos \dfrac{\eta - \varepsilon}{2} = \cos \nu \ (G)$. On a donc $q - p = \cos(\beta + \delta) = \cos \mu$, et $q + p = \cos(\beta - \delta) = \cos \nu$, d'où il suit $\beta = \dfrac{\mu + \nu}{2}$ et $\delta = \dfrac{\mu - \nu}{2}$, ou $\delta = \dfrac{\mu + \nu}{2}$ et $\beta = \dfrac{\mu - \nu}{2}$, ce qui donne les formules (I) (K).

§. 59. Toutes les méthodes précédentes supposent les hauteurs elles-mêmes connues, et partant ne donnent que la déclinaison *apparente*, ou altérée par la réfraction: les corrections y relatives seront exposées dans la suite. La détermination de la position des étoiles, et la composition des catalogues, exigent par cette raison les plus parfaits instrumens et les observations les plus soignées. Il serait donc à désirer qu'on pût trouver la déclinaison, sans mesurer la hauteur elle-même, ensorte que la réfraction n'y aurait aucune influence. Dans un ouvrage purement théorique comme le présent, il ne sera pas superflu, d'en montrer du moins la possibilité, et la méthode employée plus haut pour la latitude, pourra servir à cet effet, quoique son usage dans la pratique soit fort limité. Ayant observé, dans un lieu dont la latitude β est connue, deux étoiles en L, F (*Fig.* 8.), à hauteurs presqu'égales, et mesuré, par le moyen d'un micromètre, la différence de leurs hauteurs $= d$, on a $\beta = \dfrac{\varepsilon + \delta + d}{2}$ (§. 54.), ε et δ étant les déclinaisons des deux étoiles, d'où l'on tire $\dfrac{\varepsilon + \delta}{2} = \beta - \dfrac{d}{2} = m$. Supposons que, sous une autre latitude β', les mêmes étoiles passent par le méridien, ensorte que l'une, dans son passage inférieur D, ait à peu près la même hauteur que l'autre en L: alors, la différence des deux hauteurs étant $= d'$, on aura $\beta' = 90° - \dfrac{\varepsilon - \delta - d'}{2}$ (§. 54.), partant $\dfrac{\varepsilon - \delta}{2} = 90° - \beta' + \dfrac{d'}{2} = n$: d'où l'on tire $\varepsilon = m + n = 90° + \beta - \beta' + \dfrac{d' - d}{2}$, et $\delta = m - n = \beta + \beta' - 90° - \dfrac{d' + d}{2}$.

La difficulté de trouver deux latitudes β, β', qui satisfassent à cette condition, fait que cette méthode est peu praticable, lorsque les deux étoiles, ε, δ, sont données. Mais le grand nombre des lieux où l'on fait à présent des observations astronomiques, présente le problème inverse, c'est-à-dire deux astronomes choisiront des étoiles dont les déclinaisons remplissent cette condition relativement à leurs observatoires. On pourrait croire qu'en supposant les déclinaisons connues, on fait un cercle logique; mais les quantités d, d', peuvent différer de plus d'un degré, ou depuis $+32'$ à $-32'$ (le champ ordinaire des lunettes); et on connaît les déclinaisons de toutes les étoiles avec une précision bien plus grande. On pourrait donc corriger la théorie des réfractions, en comparant les déclinaisons trouvées par cette méthode, avec celles déduites d'une hauteur effectivement mesurée. On parviendrait au même but, si l'on se bornait partout à observer les étoiles qui approchent du zénit de 5 degrés, parce qu'à cette hauteur les réfractions sont insensibles ou parfaitement connues. Pour cet effet, il suffirait d'établir des observatoires de dix en dix degrés de latitude. Au reste, le Livre V. qui traite des réfractions, donnera plusieurs méthodes fort simples, par lesquelles on peut trouver la hauteur du pole et la déclinaison, indépendamment de la réfraction.

§. 60. De même que toutes les méthodes pour déterminer la déclinaison, se fondent sur cette expérience, que le mouvement diurne se fait parallèlement à l'équateur autour d'un axe invariable; de même toutes les observations, par lesquelles l'ascension droite est trouvée, sont fondées sur *l'uniformité de*

ce mouvement, qui par cette raison a été prouvée avec soin (§. 18.26.37.39.40.).
Si un quart-de-cercle ou une lunette portant deux fils qui ce croisent dans
le centre, est fixé dans le plan d'un cercle horaire, il suit de l'uniformité
du mouvement diurne, qu'en tems égaux il passera toujours par le centre
de la lunette des arcs égaux de l'équateur, ou des arcs semblables d'un parallèle, en d'autres mots, l'ascension droite des étoiles ou du cercle horaire
qui se trouve dans le plan par l'axe de la lunette, croit *uniformément*. Il
est donc clair que l'ascension droite des étoiles qui passent successivement
par la croix filaire de la lunette, peut être mesurée par le *tems écoulé*, et
que, par conséquent, une pendule suffit pour déterminer la différence des
ascensions droites de tous les astres. Mais comme les astres ont différentes
déclinaisons, et par conséquent, différentes hauteurs dans le même cercle horaire, il est indispensable que la lunette puisse être élevée et abaissée dans
le plan du cercle horaire, ce qui est très-difficile. De plus, la réfraction
dont l'effet total se fait dans un cercle vertical, fera passer les astres d'un
cercle horaire à l'autre, à moins qu'il ne coïncide avec le cercle vertical;
les observations seraient donc fort incorrectes. On obviera à ces deux obstacles, en choisissant un cercle horaire qui est en même tems vertical,
c'est-à-dire le *méridien*. Alors le mouvement vertical ne fera pas sortir la
lunette du plan de l'angle horaire, et la réfraction n'en fera pas sortir l'astre,
parce qu'elle ne change que la hauteur de l'astre, dont on fait abstraction ici.
Que l'on observe donc exactement le tems de la culmination de deux astres
A, B, plusieurs jours de suite; que le tems de la culmination de l'astre A soit le
premier jour t, le second jour $t + T$; le tems de la culmination de B, le
premier jour $t + \tau$, le second $t + \tau + T$: alors T sera le tems d'une révolution entière, ou 360 degrés de l'équateur et de chaque parallèle passeront
par le méridien pendant le tems T, tandis que dans le tems τ, il y passera
un arc de l'équateur, égal à la différence ϱ des deux ascensions droites: on
a donc, à cause de l'uniformité de ce mouvement, $\varrho = \frac{\tau}{T} 360.°$. Il est clair
que, de cette manière, on peut déterminer dans un seul jour l'ascension
droite d'un grand nombre d'étoiles, et qu'en répétant les mêmes observations pendant plusieurs jours, on parviendra à corriger de plus en plus, la

10

marche de la pendule aussi bien que la différence en ascension droite de tous les astres.

§. 61. Cette méthode est sans doute la plus simple et la plus exacte, si l'on est sûr que la lunette est bien fixée dans le plan du méridien, de manière qu'étant élevée ou abaissée elle ne s'en écarte pas. Mais la moindre erreur dans la disposition de la lunette peut en produire une considérable dans l'ascension droite. Il est aisé de s'en convaincre, en imaginant deux astres A, B, (*Fig.* 13.) dont l'ascension droite est la même, et qui, par conséquent, devraient culminer dans le même instant. Supposons que la lunette ne soit pas exactement dans le méridien ZM, mais dans le vertical Z A, et nommons l'angle azimutal $AZM = \omega$. Les deux astres A, B, dont les déclinaisons sont δ, ε, ne paraîtront pas dans le même instant au centre de la lunette; car, après que A y a été, il faut que leur cercle horaire PBA parcoure encore l'angle BPb, avant que B passe par la lunette en b. L'erreur de l'ascension droite sera donc égale à l'angle $BPb = \psi$, celle de la disposition de la lunette étant $= \omega$. Les triangles A P Z, A P b, donneront

$$\sin PAZ = \frac{\sin AZM \cdot \sin PZ}{\sin PA} \quad \text{et} \quad \sin \psi = \frac{\sin PAZ \cdot \sin Ab}{\sin Pb},$$

ou bien, ω et ψ étant supposés très-petits, $\sin PAZ = \dfrac{\omega \cos \beta}{\cos \delta}$, et $\psi = \dfrac{\omega \cos \beta \sin (\varepsilon - \delta)}{\cos \delta \cos \varepsilon} = \omega \cos \beta \,(\operatorname{tg}\varepsilon - \operatorname{tg}\delta)$, en substituant AB au lieu de Ab. Il en résulte que l'erreur ψ est toujours plus grande que $\omega \cos \beta \,(\operatorname{tg}\varepsilon - \operatorname{tg}\delta)$, et qu'elle peut devenir considérable, lorsque le pole est peu élevé, et que la différence des déclinaisons, ou plutôt de leurs tangentes, est grande.

C'est donc un des premiers objets de l'astronome, de fixer dans le plan du méridien une lunette qui tourne sur un axe horizontal et perpendiculaire au méridien, ensorte qu'elle puisse être élevée à une hauteur quelconque, sans sortir du méridien, et que par conséquent elle servira à observer chaque astre au moment de sa culmination: pour cet effet, il faut l'élever à la hauteur de l'astre-qu'on se propose d'observer, ce qui se fait par le moyen d'un petit cercle fixé sur l'axe de la lunette. Une pareille *lunette méridienne* (*Instrument des passages*, en anglais *Transit-Instrument*), que l'on trouve aujourd'hui dans tous les observatoires, est tellement arrangée, qu'on parvient en peu de tems et par des observations faciles , à la fixer dans le plan du méridien (Voyés *Astr. théor. et prat.* par *M. Delambre*, *T. I. Chap.* 9.).

Avant que l'usage de cet instrument aussi utile que commode fut introduit, on se servit et on se sert encore de la méthode des hauteurs correspondantes. Ayant observé deux hauteurs égales du même astre, le milieu des deux tems est l'instant de la culmination , ce qui étant comparé au milieu trouvé de la même maniere pour un autre astre , donne leur différence en ascension droite, comme ci-dessus.

§. 62. Lorsque plusieurs étoiles sont très-près l'une de l'autre, ou que leurs déclinaisons sont presque égales, de sorte qu'on pourra les voir passer par la lunette, sans la déplacer, les réticules fournissent un moyen simple et exact , pour déterminer à la fois les différences de déclinaison et d'ascension droite. Cette méthode est très-utile , quand il s'agit de comparer un groupe de petites étoiles avec une étoile connue et voisine, ou les planètes avec des étoiles fixes, ou d'observer les taches du soleil, les passages des planètes inférieures sur le soleil , etc. Les réticules les plus usités autrefois , sont celui de 45 *degrés* (*Fig.* 14.), et le réticule *rhomboïdal* (*Fig.* 15.).

La *Figure* 14. représente un anneau fixé dans le foyer de la lunette, au centre duquel quatre fils AB, FG, DE, IH, se croisent sous des angles de 45°. Si l'on tourne la lunette sur son axe, jusqu'à ce qu'une étoile connue S, avec laquelle on se propose de comparer d'autres astres , parcoure exactement le fil ED, ce fil a la position d'un cercle parallèle à l'équateur, et le fil AB a celle d'un cercle horaire: ayant donc fixé la lunette dans cette position , tous les autres astres qui ont une déclinaison peu différente de celle de S, décriront une corde KL de l'anneau, parallèle à ED. Quand on a observé les tems où l'étoile S a passé par C, et une autre étoile par K, M, L, le milieu entre les passages par K, L, donnera le même instant que le passage par M, et l'intervalle entre les passages de S par C et de l'autre étoile par M, converti en arc de l'équateur suivant la marche de la pendule, donnera la *différence d'ascension droite*. L'intervalle entre les passages par K et L donnera, de la même manière, un arc de l'équateur qui a autant de degrés que l'arc du parallèle K L: d'où l'on conclura le nombre de degrés d'un arc d'un grand cercle de même longueur que KL, en multipliant l'arc de l'équateur qu'on vient de trouver, et qui est égal à l'angle au pole, compris par les cercles horaires K et L, par le rayon du parallèle K L, c'est-à-dire, par le cosinus de la déclinaison de l'astre M. La moitié de KL donnera alors l'arc C M d'un grand cercle, ou la *différence de déclinaison*, à cause de KCM $= 45°$. Comme on ne connaît pas encore la déclinaison de M, on prendra d'abord le cosinus de la déclinaison connue de S, et après avoir trouvé par ce moyen la différence de déclinaison CM, ce qui donne la déclinaison de M à fort peu près, on fera le calcul encore une fois, en employant le cosinus de la déclinaison de M. En nommant donc t, τ, θ, les tems de la pendule, où S et M 'ont passé par C, K, L, et $t + T$ celui où S a passé par C le jour suivant; le tems d'une révolution sera $= T$, et celui du passage par $\mathrm{M} = \dfrac{\tau + \theta}{2}$, donc la différence d'ascension droite

$$\varrho = \frac{\dfrac{\tau + \theta}{2} - t}{T} \, 360° = \frac{\tau + \theta - 2t}{T} \, 180°.$$

L'intervalle entre K et M est $= \dfrac{\theta - \tau}{2}$: nommant donc δ la déclinaison de S, le calcul préalable donnera K M ou $\mathrm{C\,M} = \dfrac{(\theta - \tau) \cos \delta}{T} \, 180°$, d'où l'on tirera la déclinaison de $\mathrm{M} = \delta + \dfrac{(\theta - \tau) \cos \delta}{T} \, 180° = \varepsilon$; on trouvera donc, par le second calcul, plus exactement la déclinaison de $\mathrm{M} =$

$$\delta + \frac{(\theta - \tau)\,180°}{T} \cos\left(\delta + \frac{(\theta - \tau) \cos \delta}{T} \, 180°\right) = \delta + \frac{\cos \varepsilon}{\cos \delta} (\varepsilon - \delta).$$

§. 63. Ce qu'il y a de plus pénible dans cette méthode, c'est de placer le réticule ensorte que l'astre S parcoure exactement le fil E D. Sans cela l'autre astre ne décrira pas une corde parallèle à E D, mais une corde quelconque N O, perpendiculaire au cercle horaire CP. La différence d'ascension droite sera donc l'intervalle entre les passages par C et P, dont le dernier ne peut pas être observé immédiatement, mais on pourra le calculer de la manière suivante.

Si l'on a observé les passages par N, Q, O, et que l'on désigne les tems de N à Q, et de Q à O, par m, n; le mouvement dans le parallèle NO étant proportionnel au tems, on peut représenter les arcs NQ par $\mu.m$, QO par μn, μ étant une quantité constante. Or, NCO étant un angle droit, et NCQ $=$ OCQ $= 45°$, on aura, dans le triangle NCQ, CQ $= \dfrac{\mu\,m\sin N}{\sin 45°}$, et dans le triangle OCQ, CQ $= \dfrac{\mu\,n.\sin O}{\sin 45°} = \dfrac{\mu\,n.\cos N}{\sin 45°}$. La comparaison de ces deux valeurs de CQ donne tang N $=$ cot O $= \dfrac{n}{m}$, d'où l'on tire, par le moyen des triangles NCP, OCP, CP $= \dfrac{n}{m}$ NP $= \dfrac{m}{n}$ OP $= \dfrac{m}{n}$ (NO $-$ NP), partant NP $= \dfrac{m^2.\,NO}{m^2+n^2}$. Or, les tems dans lesquels NO, NP, sont parcourus, étant proportionnels à ces lignes, et le tems de NO étant $= m+n$, celui de NP sera $= \dfrac{NP}{NO}\,(m+n) = \dfrac{m^2\,(m+n)}{m^2+n^2}$. Maintenant, connaissant les tems des passages par C et P, on trouvera la différence d'ascension droite, comme ci-dessus.

La différence de déclinaison est CP $= \dfrac{n}{m}$ NP $= \dfrac{\mu\,m\,n\,(m+n)}{m^2+n^2}$, parce que NO $= \mu\,(m+n)$. Maintenant il faut se rappeler que μ est le facteur qui convertit les tems en arcs du parallèle NO, dont la déclinaison soit ε. En conséquence, T étant le tems d'une révolution, $\dfrac{m}{T}$ 360 sera le nombre de degrés de l'arc NQ, et celui d'un arc d'un grand cercle égal à NQ, sera (§. 62.) $\dfrac{m\cos\varepsilon}{T}$ 360 $=$ NQ $= \mu\,m$, donc $\mu = \dfrac{360°}{T}$ cos ε: ce qui donne la différence de déclinaison CP en degrés $= \dfrac{m\,n\,(m+n)\cos\varepsilon}{(m^2+n^2)\,T}$ 360°. On voit donc que, quelle que soit la position de ce réticule, il peut servir à déterminer la déclinaison et l'ascension droite, pourvu qu'une étoile connue ait passé par le centre C.

§. 64. La *figure* 15. représente un anneau fixé dans le foyer de la lunette, dans lequel, au lieu du réticule précédent, les fils forment le losange ou rhombe ADBE, dont la construction est donnée par le carré circonscrit. La diagonale AB est le double de DE, et ces deux diagonales se croisent au foyer C: on a donc AC $=$ DE, et pour chaque autre parallèle, AH $=$ FG. Ayant placé la lunette ensorte qu'une étoile connue passe exactement par D et E, chaque autre étoile décrira une corde FG parallèle à DE: on trouvera donc la longueur de DE en degrés d'un grand cercle, en convertissant, comme ci-dessus (§. 62.), le tems entre D et E en arc de l'équateur, et le multipliant par le cosinus de la déclinaison de l'astre connu D; ce qui donnera en même tems la longueur de AC. Ayant donc observé un autre astre en F et G, le milieu entre les tems des passages par D, E, et par F, G, donnera les instans des passages par le cercle horaire en C, H, et par conséquent, la différence d'ascension droite. En effet, désignant par t, t', τ, τ', les tems des passages par D, E, F, G, et par T le tems d'une révolution diurne, les tems des passages par C et H seront $\frac{t+t'}{2}$ et $\frac{\tau+\tau'}{2}$, donc la *différence d'ascension droite* $= \frac{\tau+\tau'-t-t'}{T}\,180°$. De plus, les tems écoulés entre D et E, et entre F et G, sont $t'-t$ et $\tau'-\tau$: en nommant donc δ la déclinaison connue de l'astre C, l'arc DE ou AC sera $\frac{(t'-t)\cos\delta}{T}\,360° = \eta$, et AH $= \frac{(\tau'-\tau)\cos(\delta+CH)}{T}\,360°$, ou pour le calcul préalable, AH $= \frac{(\tau'-\tau)\cos\delta}{T}\,360° = \frac{\tau'-\tau}{t'-t}\,\eta$; ce qui donne CH $=$ AC $-$ AH $= \frac{(t'-t)-(\tau'-\tau)}{t'-t}\,\eta$, d'où l'on trouvera plus exactement, AH $= \frac{\tau'-\tau}{T}\,360° \cdot \cos\left(\delta + \frac{(t'-t)-(\tau'-\tau)}{t'-t}\,\eta\right)$, et la *différence de déclinaison* CH $= \eta\left\{1 - \frac{\tau'-\tau}{(t'-t)\cos\delta} \cdot \cos\left(\delta + \eta - \frac{\tau'-\tau}{t'-t}\,\eta\right)\right\}$.

Ce réticule a un grand avantage sur le précédent, c'est que le centre C n'est pas croisé par des fils qui couvrent une petite étoile dans l'instant même où l'observation doit se faire. Les moyens qu'il faut employer ici, pour corriger les observations, lorsque l'anneau n'est pas dûement placé, se déduiront aisément du §. 63.

§. 65. On peut se passer même de tous ces fils ou réticules, et par le moyen d'un simple anneau exactement circulaire, dont le centre est le foyer de la lunette, on atteindra le même but. Ayant observé les tems où deux astres ont passé par la périphérie de l'anneau en A, B, et D, E, (*Fig.* 16.), le milieu donnera les passages par le cercle horaire en F, G; d'où l'on conclura la différence d'ascension droite. En convertissant, comme ci-dessus, les tems écoulés entre A, B, et D, E, en arcs, et multipliant par le cosinus de la déclinaison connue, on aura leurs moitiés, $AF = a$ et $DG = b$, en degrés d'un grand cercle. Le rayon de l'anneau étant $CD = r$, on aura $CG = \sqrt{(r^2 - b^2)}$, $CF = \sqrt{(r^2 - a^2)}$: donc après avoir trouvé deux angles α, β, par le moyen des formules, $\cos \alpha = \dfrac{a}{r}$, $\cos \beta = \dfrac{b}{r}$, on aura $CF = r \sin \alpha$, $CG = r \sin \beta$, et la différence de déclinaison $FG = CG - CF = r(\sin \beta - \sin \alpha)$ $= 2 r \cos \dfrac{\beta + \alpha}{2} \cdot \sin \dfrac{\beta - \alpha}{2}$. Pour trouver le rayon r en parties d'un grand cercle, on cherchera le plus grand tems qu'un astre connu emploie à traverser l'anneau, ce qui prouve qu'il a décrit la corde KH par le centre. Le demi-intervalle entre K et H, converti en arc, et multiplié par le cosinus de la déclinaison connue, donne le rayon r.

Une explication plus détaillée des observations avec ce micromètre, ainsi que de celles avec le micromètre *filaire* et l'*Héliomètre*, appartient à l'astronomie pratique. Voyés *Astr. théor. et prat. par M. Delambre,* **T. I. Ch. 7.**

LIVRE II.

CHAPITRE I.

Détermination générale de l'orbite apparente du Soleil.

§. 66. **Q**uand on se propose de passer de la recherche du mouvement commun à tout le ciel étoilé, à celle des corps particuliers, il n'y en a aucun, qui attire l'attention autant que ce corps de feu, dont la lumière, la chaleur, et la force centrale, éclaire, échauffe, et conduit des millions de planètes et de comètes, et qui distribue la vie, la sensation, et le bonheur, à l'infinité de créatures dont chacun de ces corps est peuplé; ce corps qui est la grande horloge de l'histoire du monde, d'après laquelle nous comptons avec la même précision, des siècles et des secondes; ce corps qui le premier apprit aux hommes, à introduire l'ordre dans les occupations de la vie, et à les régler d'après un plan fixe; à qui nous devons la conservation et chaque jouissance de la vie; qui a été adoré par des hordes sauvages et par des peuples cultivés, pour reconnaître ses innombrables bienfaits. Le mouvement diurne, commun à tous les corps célestes, et la succession de jours et nuits, qui en dépend, fut le premier

objet de l'astronomie; le second pas de cette science fut, de passer du mouvement diurne au mouvement propre du soleil, des tems du jour aux saisons de l'année. Ces phénomènes sont si frappans que leur détermination
générale demande peu de réflexion et d'attention; mais une parfaite précision
a tant de difficultés, et est tellement liée avec la connaissance du système
entier, que même aujourd'hui on ne peut la regarder comme finie, et que,
dès que ce grand pas avait été fait, le troisième, la recherche du mouvement des planètes, n'avait plus aucune difficulté. Après la première détermination générale il s'écoula des milliers d'années, employées à observer, à
calculer, et à faire des hypothèses, pour préparer une détermination exacte.
Un calendrier, à un ou deux jours près, aurait pu être l'ouvrage de peu
d'années; mais il faut avoir suivi toutes ces recherches pas à pas, pour se
faire une idée de tout ce qui était encore nécessaire, pour déterminer la
longueur de l'année à quelques secondes prés. Les premières déterminations
générales, desquelles se sont développées nos connaissances plus exactes, sont
le sujet de ce chapitre.

§. 67. Si l'on remarque après le coucher du soleil, les premières
étoiles qui paraissent du côté oriental de l'horison, et qu'on continue ces
observations pendant un an, on s'apercevra que ces étoiles, dans le moment où le crépuscule permet de les voir, sont de jour en jour plus élevées sur l'horizon, et plus proches du méridien. Au bout d'environ trois
mois on les verra le soir à l'occident du méridien, elles seront chaque jour
plus avancées vers l'Ouest où le soleil, et au bout de cinq mois elles seront si près du soleil, qu'elles se coucheront bientôt après lui. Alors
elles sont invisibles pendant longtems, ensuite on les voit paraître du côté
oriental de l'horison, peu avant le lever du soleil. La durée de leur visibilité augmente d'un jour à l'autre, parce qu'elles s'éloignent du soleil vers
l'occident: au bout de quelque tems on les voit le matin dans le méridien,
ensuite à l'occident, et au bout d'un an elles recommencent à paraître le
soir du côté oriental de l'horison.

Comme ces phénomènes simples, et connus du peuple même, reviennent
chaque année dans le même ordre, suivant les différentes saisons, ils peuvent

servir, et ils ont en effèt servi de calendrier. L'apparition et la disparition périodiques de *Sirius,* la plus belle des étoiles, était très-célèbre dans l'antiquité. Les anciens Egyptiens, à qui la première apparition de Sirius avant le lever du soleil annonça le débordement du Nil, évènement si important pour les habitans de ce pays, commençaient leur année par cette époque.

La plupart des observations des plus anciens astronomes, qui sont parvenues jusqu'à nos tems, ont pour objet ces apparitions périodiques des étoiles, qui leur servirent à déterminer les saisons et le lieu du soleil. Ils distinguaient tous ces phénomènes par des termes techniques, qu'il faut connaître pour comprendre les anciens astronomes et poëtes. Une étoile, étant près du soleil, est effacée par sa lumiere, et *se lève avec le soleil (ortus cosmicus).* Bientôt après le soleil en est si éloigné vers l'orient, que l'étoile se lève assés de tems avant le soleil, pour être visible du côté oriental de l'horison, dans le crepuscule du matin: elle s'est *détachée des rayons du soleil (ortus heliacus).* Au bout de six mois, le soleil en étant éloigné de 180 degrés, l'étoile *se couche au lever du soleil (occasus cosmicus);* à la même époque à peu près elle *se lève au coucher du soleil (ortus acronyctus).* Ensuite le soleil s'en rapproche, au point que l'étoile est effacée par sa lumière: elle *disparait dans les rayons du soleil (occasus heliacus).* Au bout d'un an le soleil l'a atteinte, et l'étoile *se lève et se couche avec le soleil,* comme au commencement *(occasus acronyctus).*

§. 63. Il est évident que tous ces phénomènes arrivent précisément, comme si le soleil avait, outre le mouvement commun et diurne d'orient en occident, un mouvement *propre et annuel* qui lui fait parcourir le ciel suivant la direction opposée d'occident en orient. Que cette orbite apparente du soleil soit un cercle ou une autre courbe, qu'elle soit un grand ou petit cercle, parallèle à l'équateur ou non; ce sont des questions qui ne peuvent être décidées par les expériences dont il a été parlé jusqu'à présent, elles demandent des observations plus exactes. Si l'on observe l'azimut du soleil à son lever ou coucher, on apercevra qu'il n'y a que deux jours de l'année, le premier du printems et de l'automne, où l'azimut est un angle droit, de sorte que le soleil se lève et se couche aux points justes d'Est et d'Ouest (§. 26.). Il est aisé de faire cette observation sans instrumens, en remarquant attentivement les points de l'horison, où se lèvent et où se couchent les étoiles qui sont à peu près dans l'équateur. Tous les autres jours, les points du lever et du coucher du soleil sont plus ou moins éloignés des points d'Est et d'Ouest, les six mois du printems et de l'été vers le Nord, les six autres mois vers le Sud. Ils en sont le plus éloignés vers le Nord au commencement de l'été, et vers le Sud au commencement de l'hiver. De là ils se rapprochent des points d'Est et d'Ouest, pendant l'été et l'hiver, par les mêmes nuances insensibles, par lesquelles ils s'en étaient éloignés pendant le printems et l'automne.

Si l'on fait dans l'équation II. 1. (§. 34.) $\eta = 0$, le soleil étant à l'horison, et d'abord $\alpha = 90°$, ensuite $\alpha > 90°$ et $\alpha < 90°$: on trouvera, dans le premier cas, δ nul, dans le second δ positif, et dans le troisième δ négatif, c'est-à-dire, dans le premier cas le soleil est dans l'équateur même, et dans les deux autres cas il en est éloigné au nord et au sud. Il s'en suit, que l'orbite du soleil coupe l'équateur en deux points au commencement du printems et de l'automne, que la partie que le soleil parcourt pendant le printems et l'été, est située au nord de l'équateur, et l'autre partie au sud. Les deux points d'intersection, ainsi que les tems de la plus grande déviation vers le nord et vers le sud, sont éloignés l'un de l'autre d'à peu près six mois.

On trouvera les mêmes résultats, en remarquant attentivement les différentes durées des jours et des nuits, ou la différence des arcs diurnes et nocturnes du soleil. Les équations IV. 1. 2. (§. 34.) donneront, en faisant $\eta = 0$, tang $\delta = -$ cot β cos γ, donc δ nul, δ positif, ou δ négatif, selon que $\gamma = 90°$, $\gamma > 90°$, ou $\gamma < 90°$, c'est-à-dire selon que les jours sont égaux aux nuits, ou qu'ils sont plus ou moins longs que les nuits. Or l'expérience nous apprend, que le premier cas a lieu au commencement du printems et de l'automne, le second pendant tout le printems et l'été, et le troisième pendant l'automne et l'hiver: d'où l'on tirera les mêmes conclusions. On parviendra plus directement au même résultat, en observant les hauteurs méridiennes du soleil pendant un an.

§. 69. Si l'on remarque les étoiles qui se couchent dans le vrai point d'ouest, lors que le soleil se lève dans le point d'est, ou *vice versa*, qui par conséquent, sont alors éloignées du soleil de 180 degrés, on trouvera que la différence d'ascension droite, entre les étoiles qui sont ainsi situées au commencement du printems, et celles qui le sont au commencement de l'automne, est de 180 degrés: d'où il suit que les points, où l'orbite du soleil coupe l'équateur, sont éloignés l'un de l'autre d'une demi-circonférence. De plus, si l'on remarque attentivement les points de l'horison, où le soleil se lève et se couche au commencement de l'été et de l'hiver, on s'apercevra, qu'il sont également éloignés des points d'est et d'ouest au nord et au sud, que par conséquent, la plus grande déclinaison boréale du soleil est toujours égale à la plus grande déclinaison australe. L'observation des hauteurs méridiennes du soleil fait voir cela encore plus clairement. Il s'en suit, que l'orbite du soleil coupe l'équateur en deux points diamétralement opposés, qu'elle le divise en deux parties égales, et qu'elle s'en éloigne également des deux côtés: elle est donc un *grand* cercle, pourvu qu'elle soit dans un plan. C'est ce dont il est aisé de se convaincre de la manière suivante.

Soit (*Fig.* 17.) AQ l'équateur, AST l'orbite du soleil, PSM, PTN, deux cercles de déclinaison, menés par deux points quelconques de l'orbite, S, T: il est visible que AST sera un grand cercle, si la relation qui a lieu entre AM et MS, satisfait partout à l'équation, $\sin AM = \dfrac{\text{tang } MS}{\text{tang } MAS}$, parce qu'alors les coordonnées AM, MS, qui déterminent tous les points de la courbe AST, ont entre elles le rapport qui est donné par les triangles sphériques AMS, ANT, d'où il suit que AST est le côté d'un triangle sphérique, et par conséquent un grand cercle. Supposons l'angle constant mais inconnu $MAS = \varepsilon$, $\cot \varepsilon = n$, les déclinaisons $MS = \delta$, $NT = \delta'$, les ascensions droites $AM = \varrho$, $AN = \varrho'$; cela posé, $\sin \varrho$ doit être $= n$ tang δ et $\sin \varrho' = n$ tang δ', quels que soient les points S, T: d'où il suit $\sin (\varrho' - \varrho) = n$ tang δ'. $\sqrt{(1 - n^2 \, tg^2 \, \delta)} - n \, tg \, \delta \, . \sqrt{(1 - n^2 \, tg^2 \, \delta')}$. En observant tous les midis le soleil au méridien, les hauteurs donneront les déclinaisons δ, δ', et la comparaison du tems de sa culmination avec celle d'une étoile donnera le changement diurne de son ascension droite, $\varrho' - \varrho$. Il s'agit donc de voir, si l'on peut mettre au lieu de n une valeur constante, telle que l'équation que nous venons de trouver, satisfasse à toutes les observations combinées deux à deux. Pour cet effèt, on peut prendre une valeur arbitraire de n, qui donnera $\sin \varrho = n \, \text{tang} \, \delta$, $\sin \varrho' = n \, \text{tang} \, \delta'$, donc $\varrho' - \varrho$; on changera la valeur de n, jusqu'à ce que ces équations donnent la valeur de $\varrho' - \varrho$ qui résulte des observations. Si cette valeur de n satisfait à toutes les observations, la proposition est prouvée.

Voici une autre méthode. On a dans le triangle SPT, $\text{tang} \, S = \dfrac{\sin P}{\cot PT \sin PS - \cos PS \cos P} = \dfrac{\sin(\varrho' - \varrho)}{\text{tg} \, \delta' \cos \delta - \sin \delta \cos(\varrho' - \varrho)}$, et dans le triangle rectangle AMS, $\text{tang} \, AM = \sin MS \cdot \text{tg} \, S$, ou $\text{tg} \, \varrho = \sin \delta \cdot \text{tg} \, S$, ou bien $(1) \ldots \text{tg} \varrho = \dfrac{\sin(\varrho' - \varrho)}{\text{tg} \, \delta' \cot \delta - \cos(\varrho' - \varrho)}$. Enfin on a $\text{tang} \, A = \dfrac{\text{tg} \, MS}{\sin AM}$, c'est-à-dire, $\text{tg} \, \varepsilon = \dfrac{\text{tg} \, \delta}{\sin \varrho}$, ou $(2) \ldots n = \dfrac{\sin \varrho}{\text{tg} \, \delta}$. Les observations au méridien donnent δ, δ', $\varrho' - \varrho$, d'où l'on tire n, par le moyen des équations (1) (2); et cette valeur de n doit satisfaire à toutes les autres observations. Si l'on prend pour base l'observation en S, pour la comparer à toutes les autres, chacune de celles-ci donnera d'autres valeurs pour δ' et $\varrho' - \varrho$; mais δ, ϱ, ε, conservent les mêmes valeurs: il faut donc que $\text{tg} \, \varrho = \dfrac{\sin(\varrho' - \varrho)}{\text{tg} \, \delta' \cot \delta - \cos(\varrho' - \varrho)}$ soit une quantité constante, quelles que soient les valeurs de δ' et de $\varrho' - \varrho$, données par les observations. Si l'on choisit deux observations, où le soleil avait même déclinaison en différentes saisons, on a $\delta' = \delta$, d'où il vient $(1) \ldots \text{tg} \, \varrho = \dfrac{\sin(\varrho' - \varrho)}{1 - \cos(\varrho' - \varrho)} = \cot \dfrac{\varrho' - \varrho}{2}$, donc $\varrho = 90° - \dfrac{\varrho' - \varrho}{2}$, et $(2) \ldots n = \dfrac{\cos \frac{1}{2}(\varrho' - \varrho)}{\text{tg} \, \delta}$.

Les observations du soleil au méridien, faites tous les jours pendant si longtems et sous tant de différens méridiens, sont toutes conformes aux équations précédentes: elles sont donc autant de preuves, que l'orbite apparente du soleil, ou sa projection sur la sphère, est un grand cercle.

§. 70. Ce grand cercle, qui est formé par la projection de l'orbite du soleil sur la sphère, et qui détermine le plan dans lequel se fait le mouvement propre du soleil autour de la terre, est appelé *Écliptique*. Les deux points d'intersection de l'écliptique avec l'équateur sont appelés *points équi-*

noxiaux, parce que le jour, où le soleil passe par l'équateur, est égal à la nuit sur toute la terre. On distingue l'un de ces points de l'autre par les noms de point *vernal* et *automnal.* Le premier, ou le point équinoxial où le soleil se trouve au commencement du printems, et où l'écliptique s'élève de l'ouest à l'est au nord de l'équateur, est celui duquel on compte les ascensions droites ou les degrés de l'équateur, ainsi que ceux de l'écliptique, vers l'orient ou à gauche, parce que c'est la direction suivant laquelle le soleil parcourt ces deux cercles. Soit (*Fig.* 18.) OAQ l'équateur, 1AL l'écliptique, P, E, les poles boréals de ces deux plans, S un astre. Ayant mené, par le pole de l'écliptique et par l'astre, un grand cercle ESM, perpendiculaire à l'écliptique en M, la distance SM de l'astre à l'écliptique est la *latitude* de cet astre; sa *longitude* est l'arc de l'écliptique AM, compté du point vernal à l'orient: c'est par cette raison que tous les grands cercles EM par les poles de l'écliptique sont appelés *cercles de latitude.* Le lieu d'un astre est donc déterminé par la longitude AM et la latitude MS, aussi bien que par l'ascension droite AR et la déclinaison RS; et il est aisé de voir que ce n'est autre chose que la transformation des cordonnées dont on se sert pour les courbes. Mais il doit être indiqué, si la latitude, ainsi que la déclinaison, est *boréale* ou *australe,* c'est-à-dire, si l'astre est situé du côté de l'écliptique où est le pole boréal ou le pole austral; le pole E qui est du côté du pole boréal P de l'équateur, étant aussi le *pole boréal* de l'écliptique, l'opposé le *pole austral.*

§. 71. Pour déterminer le plan de l'écliptique, et pour juger s'il change de position ou non, il faut connaître son point d'intersection avec l'équateur A, et l'angle QAL, formé par les deux cercles ou plans, qui est appelé *obliquité de l'écliptique,* ou *obliquité* simplement. L'écliptique étant la projection de l'orbite solaire, et par conséquent composée de tous les points que le lieu apparent du soleil occupe successivement, elle ne peut être déterminée que par des observations du soleil, dont chacune donne un point de l'écliptique. Il n'a fallu que peu de tems et de travail, pour découvrir que l'écliptique est un grand cercle qui coupe l'équateur sous un angle d'environ 23 degrés et demi, en deux points qui sont situés dans une certaine région du ciel, éloignés l'un de l'autre de 180 degrés; que le soleil parcourt ce cercle assés uniformément en 365 jours ou à peu près, etc. Mais il a fallu des milliers d'années, et d'innombrables observations de chaque point de l'écliptique, pour déterminer ces élémens et leurs petites variations à une seconde près. Comme la précision et la certitude de ces élémens est le fondement de toute la théorie de l'astronomie, il sera bon d'exposer ici, comment les observations du soleil se font, pour faire voir la possibilité de cette grande précision.

§. 72. Puisque le soleil n'est pas, comme les étoiles fixes, un point sans grandeur apparente, mais un disque de plus de 30′ de diamètre, il est nécessaire de réduire toutes les observations au centre du soleil; et comme ce point ne se distingue pas des autres, il faut se contenter d'observer le contact des bords du soleil avec les fils de la lunette, pour en déduire la hauteur et le tems du passage du centre. Tout se réduit donc à connaître le demi-diamètre du soleil, et le tems qu'il emploie à passer par un fil tendu dans une certaine direction; d'où l'on conclura la hauteur du centre, et l'époque de l'observation réduite au centre. Ce calcul est fondé, 1) sur la figure circulaire du soleil, 2) sur l'uniformité du mouvement diurne, 3) sur la supposition de l'uniformité du mouvement propre du soleil pendant un très-petit tems. Pour ce qui regarde la première supposition, on peut s'en convaincre aisément, en interceptant l'image du soleil, dans une chambre obscure, avec une planche sur laquelle on a tracé des cercles. La seconde supposition a été démontrée plus haut. Quant à la troisième, si l'on observe avec un peu d'attention les culminations du soleil, on apercevra que la variation diurne de l'ascension droite et de la longitude du soleil est toujours d'environ un degré. Mais quand même ce mouvement serait beaucoup plus irrégulier, il faudrait néanmoins supposer, comme dans le calcul infinitésimal, que le soleil a, dans chaque point de son orbite, une vitesse déterminée, avec laquelle il parcourt uniformément de très-petits arcs. Cette vitesse, qui sera variable dans les différentes parties de l'orbite, doit être connue pour chaque cas particulier; sa comparaison avec la vitesse invariable et connue du mouvement diurne donnera, pour chaque époque, la vitesse *relative* du soleil, dont il s'agit ici: elle est la différence des deux vitesses, parce que ces deux mouvemens ont des directions opposées.

§. 73. Les deux élémens qui font la base de la réduction des observations solaires, sont donc la *vitesse* du soleil, et son *diamètre apparent*, ou l'angle sous lequel il est vû de la terre. Le tems qui s'écoule entre deux culminations du soleil, ou deux *midis*, est ordinairement appelé un *jour*, et les horloges sont réglées ensorte qu'elles font deux tours ou 24 *heures* dans ce tems. Il est vrai que ces jours ne sont pas égaux; mais la différence est si inconsidérable, et la vitesse du soleil change, pendant une année entière, si peu et par des nuances si insensibles, que son mouvement pendant 24 heures peut être supposé uniforme. Si l'horloge fait T secondes, au lieu de 24 heures, d'une culmination à l'autre, on connaît la vitesse relative que le soleil a ce jour-là, puisqu'il parcourt en une seconde de cette horloge $\frac{360.60.60}{T}$ secondes du degré. On en conclura l'arc de l'équateur, qui en vertu de la vitesse relative du soleil, passe par le méridien ou par tel autre cercle horaire, dans un tems quelconque indiqué par l'horloge qui a servi aux observations: c'est-à-dire, on peut convertir le tems en arc, et les arcs en tems, pourvu qu'on ait observé deux culminations du soleil, ou deux passages par un cercle horaire quelconque, qui se succèdent immédiatement.

Le diamètre apparent du soleil est mesuré, ou avec un micromètre, ou par le tems que le disque du soleil emploie à passer par un cercle horaire. Soit (*Fig.* 19.) P le pole de l'équateur, le disque solaire S *s* ayant employé *t* secondes à passer par le cercle horaire PS, et la pendule ayant fait T secondes d'un passage au prochain: l'angle S P *s*, ou l'arc de l'équateur T *t* sera $= \frac{t}{T}$ 360°, et T *t*: S *s* :: 1: sín PS. En nommant donc le demi-diamètre apparent du soleil $\frac{1}{2}$ S *s* $=$ R, et sa déclinaison T S $=\delta$, on aura R $= \frac{1}{2}$ T *t* . sin PS $= \frac{t \cos \delta}{T}$ 180°. L'observation la plus convenable est celle de la culmination du soleil: alors on peut prendre en même tems la hauteur du bord S, qui est sensiblement égale à celle du centre, d'où l'on trouvera immédiatement la déclinaison (§. 57.). Si l'on a observé la hauteur du bord supérieur ou inférieur du soleil, on ôtera ou ajoutera le demi-diamètre R, pour avoir la hauteur du centre, ce qui donne la déclinaison.

§. 74. Le problème inverse serait, le diamètre du soleil étant donné, trouver la durée de son passage par le méridien ou un autre cercle horaire. C'est souvent le cas, lorsqu'on a été empêché par les nuages ou autrement, d'observer les deux bords. Si l'on a mesuré ou tiré des tables, le demi-diamètre du soleil R, et qu'on connaisse la déclinaison δ que le soleil a au midi de ce jour, le tems, employé par le soleil à passer par le cercle horaire, est $t = \frac{R}{180^\circ} T \sec \delta$ (§. 73.). Ayant donc observé le tems où le bord précédent ou le bord suivant du soleil a touché le fil horaire, il faut y ajouter ou en ôter la moitié du tems t, ce qui est $\frac{R}{360^\circ} \cdot \frac{T}{\cos \delta}$, pour trouver l'instant où le centre du soleil a été dans ce cercle horaire. Cet instant se trouve immédiatement, si l'on a observé les passages des deux bords, en prenant le milieu.

Dans l'expression $\frac{R}{360^\circ} \cdot \frac{T}{\cos \delta}$, R et δ dépendent de la saison, mais suivant différentes lois: on peut donc calculer le tems t, d'après cette formule, pour chaque jour de l'année, ou à cause de la lenteur des variations, de cinq à cinq jours, en supposant T égal à 24 heures $= 86400$ secondes. Une pareille table se trouve dans plusieurs livres (*). Elle nous apprend, que la durée du passage est la plus longue $= 2' 22''$ à la fin de l'année, parce qu'alors R ainsi que δ ont leurs plus grandes valeurs. Elle diminue jusqu'à la fin de Mars: dès lors elle recommence à augmenter, parce que δ, après avoir été nulle, va en croissant. Vers la mi-juin elle est encore un *maximum*, mais moins grande de $5''$ qu'au mois de Décembre, parce que δ est un *maximum*, tandis que R est un *minimum*. Dès lors elle recommence à diminuer, parce que δ diminue, et devient un *minimum* $= 2' 8''$ vers la mi-septembre, δ étant $= 0$ pour la seconde fois. La plus grande différence, pendant toute l'année, est donc de $14''$, et relativement au demi-diamètre du soleil de 7 secondes.

____

(*) Voy. *Tables astron. publiées par le bureau des long. de France. Part. I. Tab. XXX. du soleil.*

§. 75. Le passage du centre par un fil vertical se trouve d'une manière semblable. Soit (*Fig.* 20.) ZBA un cercle vertical, PC un cercle horaire, RL le parallèle, dans lequel le soleil peut être supposé, durant l'observation, se mouvoir uniformément. Le cercle vertical étant touché par le bord précédent en A, et par le bord suivant en B, les demi-diamètres du soleil SA, TB, seront perpendiculaires au cercle vertical, et l'on peut regarder les petits triangles ACS, BCT, comme rectilignes. Ces deux triangles coïncident parfaitement, parce que les angles A, B, sont droits, ceux en C égaux, et $AS = BT = R$: on a donc $CS = CT$. Puisque le mouvement est supposé uniforme, le centre du soleil se trouvera dans le fil vertical en C, precisément au milieu du tems écoulé entre les attouchemens des bords; donc le passage du centre est donné, si les deux bords ont été observés. Mais si l'on n'a observé qu'un seul bord A, il faut que l'arc SC du parallèle LR passe encore par le cercle horaire PC. On a $SC = \dfrac{AS}{\sin ACS}$, et $ACS = 90° - PCZ = 90° - \zeta$ (§. 34.): donc $SC = \dfrac{R}{\cos \zeta}$. Le tems $\frac{t}{2}$ étant connu (§. 74.), dans lequel un arc du parallèle, égal à R, passe par le cercle horaire, le tems τ employé à parcourir SC, sera $\dfrac{SC}{R} \cdot \dfrac{t}{2}$, donc $\tau = \dfrac{t}{2\cos \zeta} = \dfrac{R}{360°} \cdot \dfrac{T \sec \delta}{\cos \zeta}$ (§. 74.). Le point C doit être donné par l'angle horaire $ZPC = \gamma$, et la déclinaison δ doit être connue, ainsi que la hauteur du pole β; d'où l'on trouve ζ (§. 34. I. 3.), et le tems τ qu'il faut ajouter au tems du contact du bord précédent A, ou ôter de celui du bord suivant B, pour avoir l'instant où le centre du soleil a été dans le fil vertical.

On trouve de la même manière le tems que le demi-diamètre du soleil emploie à passer par un cercle parallèle à l'horison, ou Almicantarat HN (*Fig.* 21.). On a $SC = \dfrac{AS}{\sin ACS} = \dfrac{R}{\sin \zeta}$, et $\tau = \dfrac{t}{2\sin \zeta} = \dfrac{R}{360°} \cdot \dfrac{T \sec \delta}{\sin \zeta}$. L'almicantarat doit être donné par la hauteur η, et δ, β, η, donnent ζ (§. 34. III. 3.) et τ. Le tems τ est ajouté au tems du contact du bord supérieur, ou ôté de celui du bord inférieur, pour avoir l'instant du passage du centre du soleil par le parallèle horisontal, ou l'instant où la hauteur observée a été celle du centre, si l'observation est faite avant midi; après midi c'est le contraire.

Si HN est l'horison même, on a $\eta = 0$, $\cos \zeta = \frac{\sin \beta}{\cos \delta}$ (§. 34.), donc $\tau = \frac{R}{360^\circ} \cdot \frac{T}{\sqrt{(\cos^2 \delta - \sin^2 \beta)}}$, ce qui donne l'instant du lever ou du coucher du centre du soleil. Comme $\cos^2 \delta - \sin^2 \beta$ est $= \cos(\delta + \beta)\cos(\delta - \beta)$, il viendra

$$\tau = \frac{R}{360^\circ} \cdot \frac{T}{\sqrt{\cos(\beta + \delta) . \cos(\beta - \delta)}}.$$

Ces formules suffisent, pour réduire au centre chaque observation d'un bord du soleil: il faudra donc toujours entendre le centre du soleil, lorsqu'il sera question des observations du soleil.

§. 76. La réduction de la latitude et longitude à la déclinaison et ascension droite, ou réciproquement, est un problème très-commun dans la théorie du soleil: il sera donc bon, de rassembler ici toutes les formules dont on a besoin pour cet effet.

Soit (*Fig.* 18.) A le point équinoxial du printems, où la longitude et l'ascension droite du soleil sont nulles; soit ATL la direction de droite à gauche, ou de l'occident à l'orient, suivant laquelle on compte les degrés de l'équateur OAQ et de l'écliptique IAL, dont les poles arctiques sont P, E; qu'enfin le soleil soit en T. Dans le triangle ART, rectangle en R, $RAT = \varepsilon$ est l'obliquité de l'écliptique, $AT = \lambda$ la longitude du soleil, $AR = \varrho$ son ascension droite, $RT = \delta$ sa déclinaison; sa latitude est constamment $= 0$. L'angle $PTE = \varkappa$, formé par les cercles de déclinaison et de latitude au centre du soleil, est appelé *angle de position*, et l'on a ATR $= 90^\circ - \varkappa$, ET étant perpendiculaire à AT. Tous les problèmes, relatifs à la réduction dont il s'agit ici, dépendent de la solution du triangle ART, ou de ce problème. *étant données deux des cinq parties,* ε, λ, ϱ, δ, $\varkappa$, *de ce triangle, déterminer les trois autres.* Il y a donc en tout dix cas, mais nous n'en traiterons que les six cas suivans, l'angle $\varkappa$ n'étant jamais donné.

I. Etant données l'obliquité et la longitude, ε, λ, trouver le reste ϱ, δ, $\varkappa$.

1. $\tan \varrho = \cos \varepsilon \tan \lambda$; 2. $\sin \delta = \sin \varepsilon \sin \lambda$; 3. $\tan \varkappa = \tan \varepsilon \cos \lambda$.

II. Etant données l'obliquité et l'ascension droite, ε, ϱ, trouver λ, δ, $\varkappa$.

1. $\tang \lambda = \dfrac{\tang \varrho}{\cos \varepsilon}$;   2. $\tang \delta = \tang \varepsilon \sin \varrho$;   3. $\sin \varkappa = \sin \varepsilon \cos \varrho$.

III. Etant données l'obliquité et la déclinaison, ε, δ, trouver λ, ϱ, $\varkappa$.

1. $\sin \lambda = \dfrac{\sin \delta}{\sin \varepsilon}$;   2. $\sin \varrho = \dfrac{\tang \delta}{\tang \varepsilon}$;   3. $\cos \varkappa = \dfrac{\cos \varepsilon}{\cos \delta}$.

IV. Etant données la longitude et l'ascension droite, λ, ϱ, trouver ε, δ, $\varkappa$.

1. $\cos \varepsilon = \dfrac{\tang \varrho}{\tang \lambda}$;   2. $\cos \delta = \dfrac{\cos \lambda}{\cos \varrho}$;   3. $\cos \varkappa = \dfrac{\sin \varrho}{\sin \lambda}$.

V. Etant données la longitude et la déclinaison, λ, δ, trouver ε, ϱ, $\varkappa$.

1. $\sin \varepsilon = \dfrac{\sin \delta}{\sin \lambda}$;   2. $\cos \varrho = \dfrac{\cos \lambda}{\cos \delta}$;   3. $\sin \varkappa = \dfrac{\tang \delta}{\tang \lambda}$.

VI. Etant données l'ascension droite et la déclinaison, ϱ, δ, trouver ε, λ, $\varkappa$.

1. $\tang \varepsilon = \dfrac{\tang \delta}{\sin \varrho}$;   2. $\cos \lambda = \cos \varrho \cos \delta$;   3. $\tang \varkappa = \dfrac{\sin \delta}{\tang \varrho}$.

§. 77. On peut tirer de ces dix-huit formules des conséquences fort importantes.

Il suit de la formule I. 1. que λ et ϱ sont toujours de même nature : les quatre parties de l'écliptique et de l'équateur commencent en même tems; dans l'instant, où la longitude du soleil devient plus grande que 90 degrés, l'ascension droite le sera aussi; etc.

Il suit de I. 2. que la déclinaison est boréale ou australe, selon que la longitude est moins ou plus grande que 180 degrés : elle est donc boréale dans les deux premiers *quadrans*, c'est-à-dire, pendant le printems et l'été; elle est australe durant l'automne et l'hiver. Dans les deux cas, elle est un *maximum*, lorsque $\sin \lambda = \pm 1$, c'est-à-dire, que $\lambda = 90°$ ou $\lambda = 270°$. Alors la déclinaison, étant égale à l'obliquité de l'écliptique, commence à diminuer : le soleil retourne vers l'équateur. C'est par cette raison, que les deux points L, I, où la longitude du soleil est de 90° et de 270°, la déclinaison étant parvenue à son *maximum*, sont nommés points *tropiques* ou *solstitiaux*: on leur a donné le premier nom, parce que le soleil y retourne vers l'équateur, ou commence à tourner vers le sud, après être allé vers le nord, et réciproquement; le second, parce que chaque quantité change insensiblement, lorsqu'elle parvient à son *maximum* ou *minimum*, suivant la formule générale $\dfrac{\partial y}{\partial x} = 0$. Les deux cercles, menés par ces points L, I, parallèlement à l'équateur, dont la déclinaison est par conséquent égale à l'obliquité, ont été appelés *tropiques*; et spécialement le parallèle qui est mené par le point boréal L, ou par le commencement du second *quadrans* et de l'été, est désigné par le nom de tropique du *cancer*; l'austral qui passe par I, le commencement du quatrième *quadrans* et de l'hiver, par le nom du tropique du *capricorne*; les deux constellations de ce nom, qui étaient autrefois très-près de ces points, et où le soleil se trouvait, quand sa déclinaison boréale ou australe était la plus grande, ont donné lieu à ces dénominations. La déclinaison australe du soleil diminue donc, et devient boréale, en augmentant, en un mot, le soleil se rapproche du pole boréal P de l'équateur, depuis I jusqu'à L; de L en I le soleil s'éloigne du pole P (Voy. §. 6'.).

Il suit de l'équation I. 3. que l'angle de position est nul, lorsque la longitude du soleil est de 90 ou de 270 degrés; et qu'il a sa plus grande valeur, égale à l'obliquité, lorsque le soleil est dans les points équinoxiaux. En supposant l'oeil placé dans le centre de la sphère POIAQL (*Fig.* 18.), on verra aisément que, dans le premier et quatrième *quadrans*, où cos λ est positif, la partie boréale du cercle de latitude tombe à l'occident du cercle de déclinaison, et dans le second et troisième à l'orient.

On a vu dans le *Chap.* 6. *Liv.* I. que les observations doivent se réduire d'abord à l'équateur, et ensuite à l'écliptique: le problème VI. (§. 76.) est donc le plus important par rapport aux observations. Mais pour déterminer l'ascension droite, il faut connaître la situation du point vernal A, c'est-à-dire, la différence d'ascension droite entre des étoiles connues et le point A, ou le soleil, lorsqu'il se trouve dans ce point. Les points équinoxiaux et l'obliquité de l'écliptique sont donc les principaux élémens de l'orbite solaire, qui seront l'objet des deux chapitres suivans.

§. 78. Outre la méthode ordinaire de diviser le cercle en degrés, minutes, etc. on employa autrefois, relativement à l'écliptique, deux divisions dont l'origine se perd dans la nuit des tems. Dès que l'on eut remarqué, que le soleil et la lune faisaient leurs mouvemens à peu près dans l'écliptique, il était naturel, de diviser cette bande suivant le mouvement des deux corps qui ne la quittent jamais. Comme la lune fait sa révolution en 27 jours et un tiers, on divisa d'abord l'écliptique en 27 ou 28 parties que l'on appela *maisons* ou *demeures*, et qui furent distinguées par les astres qui répondaient à chaque arc diurne. Après qu'on eut aperçu que l'année solaire était à peu près douze fois plus longue qu'une révolution de la lune, on la composa de douze mois, dont la suite naturelle était, qu'on divisa aussi l'écliptique en 12 parties ou *signes*. Chacun de ces *douze signes célestes* emprunta son nom de la constellation, ou du groupe d'étoiles, qui se trouvait dans cette partie de l'écliptique, ou qui était près du point où cet arc commence. Il est possible qu'en faisant ces divisions, on n'a point pensé aux étoiles qu'on ne pouvait voir auprès du soleil, mais seulement à la division ordinaire d'un cercle en arcs de 30 degrés: peut-être on ne leur donna les noms des astres qui occupaient ces arcs, que longtems après, lorsqu'on eut déterminé ces astres par des calculs et des raisonnemens. Les astronomes modernes se servent encore de cette division, suivant les déterminations faites par Hipparque relativement à son tems, quoique l'orbite solaire ait été déplacée, depuis ce tems, presque d'un signe entier. L'ordre des signes célestes qui, suivant ce grand astronome, est usité encore aujourd'hui, est le suivant:

0. ♈ *Bélier* (*Aries*): I. ♉ *Taureau* (*Taurus*); II. ♊ *Gemaux* (*Gemini*); III. ♋ *Ecrevisse* (*Cancer*); IV. ♌ *Lion* (*Leo*); V. ♍ *Vierge* (*Virgo*); VI. ♎ *Balance* (*Libra*); VII. ♏ *Scorpion* (*Scorpius*); VIII. ♐ *Sagittaire* (*Sagittarius*); IX. ♑ *Capricorne* (*Capricornus*); X. ♒ *Verseau* (*Aquarius*); XI. ♓ *Poissons* (*Pisces*). Les points du printems et de l'automne sont donc 0° ♈ ou 0^s 0°, et 0° ♎ ou 6^s 0°, les points solstitiaux de l'été et de l'hiver sont 0° ♋ ou 3^s 0°, et 0° ♑ ou 9^s 0°; la longitude de 44° 13′ est désignée par 1^s 14° 13′, et ainsi de suite. La déclinaison du soleil est boréale dans les signes 0, 1, 2, 3, 4, 5, australe dans les signes 6, 7, 8, 9, 10, 11. Le soleil se rapproche du pole boréal de l'équateur dans les signes 9, 10, 11, 0, 1, 2, et du pole austral dans les signes 3, 4, 5, 6, 7, 8 (§. 77.): les premiers sont appelés signes *ascendans*, les derniers *descendans*. Deux cercles paralallèles à l'écliptique, à 8 ou 9 degrés de chaque côté, renferment une zone d'envi-

ron 17° de largeur, dont l'écliptique occupe le milieu, et qui a été appelée
Zodiaque, parce que les anciens noms des douze signes sont pris du regne
animal: cette zone renferme l'espace dont les planètes, connues des anciens,
ne s'écartent jamais. Le mouvement des étoiles en longitude, dont il sera
parlé dans la suite, fait que les partitions de l'écliptique changent de place,
et ne répondent pas constamment aux mêmes étoiles. Ces partitions, les
douze *signes*, n'étant que ficiifs, doivent être distingués des douze *constella-*
tions du même nom (*asterismi*, *dodecatemoria*). A présent les étoiles de la
constellation des poissons occupent le signe du bélier, celles du bélier occupent le signe du taureau, et ainsi de suite.

CHAPITRE II.

Obliquité de l'écliptique.

§. 79. La déclinaison du soleil est égale à l'obliquité de l'écliptique deux fois par an: dans tous les autres tems, et dans chaque point de longitude, elle dépend de l'obliquité. On peut donc trouver ce dernier angle, ou par la plus grande déclinaison que le soleil a dans l'espace d'un an, ou par une déclinaison quelconque, si l'on connait en même tems la longitude ou l'ascension droite: il en resulte deux méthodes, pour déterminer l'obliquité, dont la première est plus simple, l'autre plus exacte. Le *maximum* de la déclinaison, où elle est égale à l'obliquité, arrive au commencement du second et du quatrième quart de l'écliptique (§. 77.). Ayant donc observé les hauteurs méridiennes du soleil vers le commencement de l'été, jusqu'à ce qu'on a trouvé sa plus grande hauteur, et au commencement de l'hiver, jusqu'à ce que la hauteur méridienne recommence à augmenter; on trouvera, dans l'un et l'autre cas, par le moyen de la hauteur de l'équateur (§. 57.), la plus grande déclinaison, donc l'obliquité même. La différence entre la plus grande et la plus petite hauteur donne le double de l'obliquité, sans que l'on ait besoin de connaître la hauteur du pole. Il est clair que cette méthode ne donnera une parfaite précision, que dans le cas très-rare où le soleil a eu sa plus grande déclinaison au midi juste. En supposant dans l'équation I. 2. (§. 76.) λ et δ variables, on aura $\dfrac{\partial \delta}{\partial \lambda} = \dfrac{\sin \varepsilon \cos \lambda}{\cos \delta}$, donc $\dfrac{\partial \delta}{\partial \lambda} = 0$, si $\lambda = 90°$ ou $\lambda = 270°$, ce qui veut dire qu'au tems des solstices la déclinaison du soleil change insensiblement. On voit donc, que l'erreur qui en résulte relativement à la déclinaison ou à l'obliquité, ne saurait être considérable, pourvû que le solstice ne soit pas trop éloigné du midi. On peut encore diminuer cette erreur, en choisissant parmi tous les lieux de la terre, où ces observations ont été faites, celui où le solstice est arrivé à midi juste ou à très-peu près. On peut aussi prendre plusieurs hauteurs du soleil hors du méridien, le jour du solstice, et calculer de chacune la déclinaison: de cette manière il est aisé de trouver la plus grande.

§. 80. Cette méthode a été usitée de tout tems. Les anciens se servirent pour cet effet d'un *gnomon*, c'est-à-dire, d'un style ou d'un mur vertical AB (*Fig.* 22.), ayant en B une ouverture ronde pour laisser passer un rayon du soleil. Lorsque le soleil en été est parvenu à sa plus grande hauteur en S, le point lumineux ou l'image du soleil tombera sur le plancher horisontal en C, et parmi toutes les distances de ce point au pied du gnomon dans l'année entière, AC sera la plus courte, si ACD est une ligne méridienne. Lorsqu'ensuite le soleil en hiver a la plus petite hauteur en T, AD sera la plus grande distance. Les hauteurs méridiennes sont ACS et ADT, et l'on peut mesurer AB, AC, AD: d'où il viendra $\tang C = \frac{AB}{AC}$, $\tang D = \frac{AB}{AD}$; donc la différence entre ces deux hauteurs C, D, ou l'angle CBD sera le double de l'obliquité.

§. 81. On verra (§. 87. 88.), que l'on peut trouver exactement la situation des points équinoxiaux, indépendamment de l'obliquité. Alors on pourra trouver, pour un tems quelconque, l'ascension droite non-seulement des étoiles fixes, mais aussi du soleil, en le comparant avec les étoiles (§. 61. *suiv.*). Ayant donc observé, de cette manière, l'ascension droite ϱ et la déclinaison δ du soleil à midi, l'équation VI. 1. (§. 76.) donnera l'obliquité ε avec une grande précision, si l'on fait ces observations plusieurs jours de suite.

La même équation peut servir à trouver l'obliquité, sans connaître les points équinoxiaux. Les méthodes exposées plus haut, principalement les observations au réticule, donnent le moyen d'observer chaque midi la déclinaison du soleil, aussi bien que la différence d'ascension droite entre le soleil et une étoile; d'où il résulte le changement d'ascension droite d'un jour à l'autre, sans qu'on ait besoin de connaître les ascensions droites elles-mêmes, ou les points équinoxiaux. Deux pareilles observations donneront donc, suivant

§. 76. VI. 1. deux équations de cette forme: $\tang \varepsilon = \dfrac{\tang \delta}{\sin \varrho}$, $\tang \varepsilon = \dfrac{\tang \delta'}{\sin \varrho'}$, dans lesquelles $\tang \delta$, $\tang \delta'$ sont connues, ϱ et ϱ' sont inconnues, mais leur différence $\varrho' - \varrho$ est connue. Si l'on fait donc, pour abréger, $\tang \delta = a$, $\tang \delta' = b$, $\cos (\varrho' - \varrho) = c$, $\cot \varepsilon = x$; ces deux équations donneront $\sin \varrho = a x$, $\sin \varrho' = b x$, d'où l'on tire

$$c = V (1 - a^2 x^2)(1 - b^2 x^2) + a b x^2.$$

En prenant les carrés, on trouvera

$$1 - a^2 x^2 - b^2 x^2 = c^2 - 2 a b c x^2, \text{ donc } x = V \frac{1 - c^2}{a^2 + b^2 - 2 a b c}.$$

Maintenant on a $V(1 - c^2) = \sin (\varrho' - \varrho)$, et $a^2 + b^2 - 2 a b c = (b - a)^2 +$

$$2 a b (1 - c) = (b - a)^2 + 4 a b \left(\sin \frac{\varrho' - \varrho}{2} \right)^2 = \left(\frac{\sin (\delta' - \delta)}{\cos \delta \cos \delta'} \right)^2 +$$

$$\frac{4 \sin \delta \cos \delta \sin \delta' \cos \delta' \left(\sin \frac{\varrho' - \varrho}{2} \right)^2}{\cos^2 \delta . \cos^2 \delta'} = \frac{\sin^2 \delta' - \delta) + \sin 2 \delta . \sin 2 \delta' . \sin^2 \left(\frac{\varrho' - \varrho}{2} \right)}{\cos^2 \delta . \cos^2 \delta'},$$

$$\text{et } \frac{1}{x} \text{ ou } \tang \varepsilon = \frac{V \left[\sin^2 \delta' - \delta) + \sin 2 \delta . \sin 2 \delta' . \sin^2 \left(\frac{\varrho' - \varrho}{2} \right) \right]}{\cos \delta . \cos \delta' . \sin (\varrho' - \varrho)}.$$

donc, après avoir calculé un angle Φ par le moyen de la formule

$$\tang \Phi = \frac{\sin \frac{1}{2} (\delta' - \varrho)}{\sin (\delta' - \delta)} V \sin 2 \delta . \sin 2 \delta',$$

$$\text{on aura } \tang \varepsilon = \frac{\sin (\delta' - \delta) V (1 + \tang^2 \Phi)}{\cos \delta . \cos \delta' . \sin (\varrho' - \varrho)}, \text{ ou}$$

$$\tang \varepsilon = \frac{\sin (\delta' - \delta)}{\cos \Phi . \cos \delta . \cos \delta' . \sin (\varrho' - \varrho)}.$$

§. 82. Si l'obliquité, telle qu'elle fut déterminée dans la dernière moitié du siècle passé par des observations faites avec les plus parfaits instrumens, est comparée avec les observations antérieures; il est frappant, qu'il résulte une obliquité de plus en plus grande, à mesure qu'on remonte à des tems plus anciens. Cette progression est si régulière et continue, qu'elle força les astronomes à supposer une *diminution progressive de l'obliquité de l'écliptique*. Il y a deux manières de décider la question. Si l'obliquité diminue, il faut que les étoiles, situées entre l'écliptique et l'équateur, approchent de celui de ces deux cercles dont les poles changent de position, c'est-à-dire, il faut que leur latitude ou leur déclinaison diminue; et ce changement sera plus sensible dans les étoiles, voisines du point solstitial. En effet, Tycho et les astronomes modernes ont trouvé, que la latitude des étoiles australes dont la longitude est d'environ 90 degrés, a diminué de plus de 20′ depuis le tems d'Hipparque ou de Ptolémée, tandis que celle des étoiles boréales a augmenté d'autant. Il s'en suit nécessairement une diminution de l'obliquité, qui naît d'un mouvement du pole de l'écliptique. On trouvera immédiatement le même résultat, en comparant les observations de l'obliquité, ou de la plus grande déclinaison en été et en hiver, faites par les anciens et les modernes.

Bailly (¹) a recueilli toutes les observations et traditions qui paraissent prouver, que les anciens astronomes avaient trouvé l'obliquité plus grande qu'elle n'est aujourdhui. — Eudoxe, astronome grec du milieu du quatrième siècle avant l'ère vulgaire, qui avait recueilli en Egypte les anciennes notices astronomiques de ce peuple, adopta trois sphères pour le mouvement du soleil, l'une pour le mouvement diurne, l'autre pour son mouvement annuel dans l'écliptique, et la troisième pour son éloignement de l'écliptique: ce qui paraît supposer, que l'orbite solaire s'éloigne des étoiles qui étaient autrefois situées dans l'écliptique; d'où il suivrait une variation de l'obliquité, produite par un mouvement de l'écliptique. — On a trouvé chès les Bramines modernes des tables, apparemment fort anciennes, qui donnent la durée de chaque jour de l'an, pour différentes hauteurs du pole, et qui sont calculées sur l'obliquité de 25 degrés. — Hérodote nous a transmis un conte que les prêtres d'Egypte lui avaient fait, d'après lequel l'écliptique aurait jadis coupé l'équateur perpendiculairement. Si ces prêtres avaient des observations ou des traditions de la diminution progressive de l'obliquité, on conçoit que leur esprit systématique en aura tiré la conclusion, qu'il devait y avoir été un tems, où l'obliquité était de 90°. — Théon de Smyrne, auteur contemporain d'Eudoxe, dit que le soleil s'éloigne de l'écliptique d'un degré. — Plusieurs témoignages semblables donnent à cette dimi-

---

(1) *Hist. de l'astr. ancienne.*

nution une grande probabilité., quoiqu'ils ne déterminent pas sa grandeur. Pour être à même à porter un jugement sur cette importante découverte, les lecteurs trouveront les principales observations, des plus anciens tems jusqu'à nos jours, dans le tableau suivant.

An	Observateurs	Obliquité	An	Observateurs	Obliquité
200 av. I. C	Éra osthène, con-staté par Hippar-que et Ptolémée	23°.51'.15".	1646 ap. I.C.	Riccioli	23°.30'.20".
160 – —	Les Chinois	23. 45. 52.	1660 – —	Hevélius	23. 29. 10.
827 ap. I.C	Les Arabes à Bagdad	23. 33. 52.	1672 – —	Cassini	23. 29. 0.
880 – —	Albategnius	23. 35. 40.	1690 – —	Flamstead	23. 28.48.
1150 – —	Almansor	23. 33. 30.	1703 – —	Bianchini	23. 28.35.
1278 – —	Les Chinois	23. 52. 12.	1716 – —	Condamine	23. 28.24.
1457 – —	Ulug-Beg	23. 31. 58.	1743 – —	Cassini de Thury	23. 28.26.
1490 – —	Walther	23. 29. 47.	1750 – —	Lacaille	23. 28.19.
1590 – —	Tycho	23. 29. 52.	1756 – —	T. Mayer	23. 28.16.
			1769 – —	Maskelyne	23. 28.10.
			1780 – —	Cassini	23. 27.54.

§. 83. Il est vrai que ces observations, étant comparées l'une à l'autre, donnent des résultats fort différens relativement à la loi suivant laquelle l'obliquité diminue: et c'est ce qui a porté plusieurs astronomes, à révoquer en doute la diminution même, et à croire que l'inexactitude des anciennes observations suffit pour expliquer tout le phénomène. Mais si c'était la seule cause, l'obliquité se trouverait aussi souvent trop petite que trop grande; et rien n'expliquerait le phénomène, que toutes les observations anciennes, sans en excepter une seule, donnent l'obliquité plus grande qu'elle n'est actuellement; d'autant plus que l'ancienne méthode (§. 79.) donne toujours l'obliquité un peu trop petite. Il est encore plus frappant, qu'en remontant d'un siècle à l'autre, on trouve une augmentation continuelle qui va assés régulièrement. La diminution progressive de l'obliquité paraît donc n'admettre aucun doute. La différence des résultats, pour le détail, vient peut-être de la diverse qualité des instrumens et des méthodes employées ([1]).

____

(1) Afin que le lecteur soit à même à juger de la foi que méritent les anciennes observations, il sera bon d'en donner ici la plus ancienne en détail. Eratosthène qui vecut dans le troi-

Il n'est pas étonnant, que la vitesse de la diminution de l'obliquité, ou son moyen décroissement séculaire se trouve tantôt plus tantôt moins grand, suivant les observations qu'on prend pour base. Lacaille qui fut suivi par la plupart des astronomes, adopta une diminution de 44″ en cent ans; il trouva ce résultat principalement par la comparaison de ses observations avec celles de Walther [1]. Lalande la supposa d'abord de 88″ [2]; mais après avoir comparé un grand nombre des observations modernes, tant entre elles qu'avec celles du 17, 16 et 15me siècle, et avec celles des Arabes et des Chinois, il trouva le résultat constant de 50″; la seule observation d'Eratosthène, qui est la plus ancienne, donne 70″. Si l'on se borne à comparer entre elles les observations les plus récentes, on trouve une diminution séculaire de 33⅓″ [3]. A présent presque tous les astronomes sont convenus à supposer la diminution actuelle de l'obliquité de 52″ en cent ans; et ce décroissement séculaire aura lieu, avec des variations insensibles, depuis l'an 1200 jusqu'en 3200 après J. C.

Ce mouvement de l'écliptique n'admettra plus aucun doute, quand on aura vu dans l'astronomie physique, que l'action que les planètes, surtout Jupiter et Vénus, exercent sur la terre, produit en effet une diminution de l'obliquité, à peu près égale à celle que les observations indiquent. Cette diminution progressive pourrait faire croire, que l'écliptique finira par coïncider avec l'équateur, comme les prêtres égyptiens croyaient, qu'elle avait commencé par lui être perpendiculaire; et qu'alors, par une suite nécessaire, la terre jouirait d'un printems éternel, ou plutôt qu'elle serait privée de la vi-

---

sième siècle avant J. C., trouva par ses observations des solstices, que l'arc d'un grand cercle, renfermé entre les deux points solstitiaux, était à la circonférence entière, comme 11 à 83. d'où il suit que l'obliquité était égale à $\frac{11}{83}$. 180° $=$ 23° 51′ 19″,5. Hipparque, le plus grand des anciens astronomes, et l'observateur le plus exact, ayant examiné ce résultat un siècle plus tard, le trouva si juste, qu'il l'employait toujours sans y rien changer. Enfin Ptolémée, environ 130 ans après J. C. trouva par ses propres observations, que l'arc entre les deux tropiques était renfermé entre les limites de 47 ⅔ et 47 ¾ degrés. Le milieu est 47° 42′ 30″. dont la moitié donne l'obliquité $=$ 23° 51′ 15″ (*Almag. L. I. C. 11.*).

[1] *Mém. de l'Acad. de Paris*, année 1757. pag. 109. suiv.

[2] *Astronomie, T. III. é. 2. p.* 139 — 143. 152.

[3] *Mém. de l'Acad. de Paris*, année 1780. pag. 285. suiv.

cissitude des saisons. Mais on verra dans l'astronomie physique, qu'à la rigueur cette diminution n'est pas progressive mais périodique, étant composée de plusieurs périodes de milliers d'années: que par conséquent, l'écliptique ne fait que des oscillations, et qu'au bout de la période actuelle, l'obliquité recommencera à croître, jusqu'à être parvenue à ses limites, où elle décroîtra. -

§. 84. Outre cette diminution progressive, qui est d'environ une demi-seconde par an, et partant insensible d'un an à l'autre, l'obliquité est assujétie à un changement périodique, qui est un peu plus sensible. Le perfectionnement des méthodes et des instrumens ayant donné aux astronomes modernes le moyen de mesurer les angles avec la plus grande précision , ils ne tardaient pas à s'apercevoir, que l'obliquité allait tantôt en augmentant tantôt en diminuant, en faisant des oscillations, sans s'écarter de sa valeur moyenne au delà d'une certaine quantité. Frappés de ces irrégularités apparentes, ils dirigèrent leur attention sur cet objet, et trouvèrent que l'obliquité diminuait pendant neuf ans, et augmentait pendant les neuf ans suivans, ensorte que, dans cette période de dix-huit ans, l'obliquité parvenait à son *maximum* et à son *minimum*, et était deux fois d'une grandeur moyenne; on a enfin trouvé que le plus grand changement qui en résulte, est de $9'',6$; de sorte que la différence entre la plus grande et la plus petite obliquité se monte à $19'',2$. Si, en partant d'une observation moderne très-exacte, on calcule d'avance l'obliquité pour plusieurs ans, en soustrayant environ $0'',5$ pour chaque an (§. 83.), on s'apercevra bientôt, que le calcul est quelquefois d'accord avec les observations, mais qu'il donne une autre fois trop ou trop peu. En continuant ces observations, on verra que ces accords et anomalies reviennent dans le même ordre au bout de. 18 ans. Supposons que l'on ait trouvé l'obliquité de $23°\ 28'\ 5''$, et que cette observation ait été faite dans un an, où l'obliquité était à son *minimum*: au bout de neuf ans elle devrait donc être égale à $23°\ 28'$, mais on la trouve $= 23°\ 28'\ 19''$, différence qui ne peut échapper à l'observateur. Au reste, il est aisé de voir, comment on a pu déterminer en même tems la diminution progressive et les changemens périodiques. La première se trouve aisément, en comparant des observations qui sont séparées l'une de l'autre par un intervalle de plusieurs

siècles, et par conséquent indépendantes des changemens périodiques, parce
qu'ils ne s'accumulent pas. Ces derniers se découvrent par la comparaison des
observations de plusieurs ans de suite, comme on vient de le voir.

§. 85. L'astronomie physique existait déjà, lorsque ce mouvement périodique de l'écliptique fut découvert: il était donc aisé d'en trouver la
cause physique dans l'action de la lune sur la terre, et dans les différentes
situations de son orbite par rapport à celle de la terre ou l'écliptique, parce
qu'il était connu, que la lune a une influence considérable sur la terre, que
son orbite change de position d'une année à l'autre, et que ces changemens
sont renfermés dans la même période de 18 ans. Cela sera développé dans
la suite. Ici, où il ne s'agit que des mouvemens apparens, une hypothèse
qui donne l'idée la plus simple et la plus claire, est aussi la plus juste.
L'obliquité est toujours égale à la distance des poles de l'équateur et de
l'écliptique P E (*Fig.* 18.): chaque changement de l'obliquité suppose donc
nécessairement le mouvement de l'un ou de l'autre de ces poles; et aucun
de ces mouvemens ne peut avoir lieu, sans que la situation des astres relativement à l'équateur ou à l'écliptique éprouve des changemens, qui, étant
déterminés par l'observation, serviront à décider, lequel des deux mouvemens
a lieu. Il n'y a donc pas moyen de décider cela, avant que les mouvemens
des étoiles ne soient examinés; mais il suffira ici, d'expliquer ce changement
par le mouvement qui sera démontré plus bas.

Supposons que le pole de l'équateur P décrive sur la sphère en 18
ans, un cercle dont le rayon ou la distance au pole moyen est de 9″,6;
et que EL soit un grand cercle mené par le centre de ce petit cercle et
par le pole de l'écliptique: cela posé, l'obliquité sera un *maximum* ou *mi·:·*
mum, lorsque le pole de l'équateur se trouve dans le cercle EL. La plus
grande différence sera égale au diamètre de 19″,2; et l'obliquité aura successivement toutes les valeurs depuis la plus petite jusqu'à la plus grande. Ce
mouvement du pole ou de l'axe du monde est appelé *nutation*. Si l'on suppose en même tems, que le pole de l'écliptique E approche continuellement
du lieu moyen du pole P, en s'avançant dans le cercle EP, la diminution
progressive de l'obliquité est expliquée par ce mouvement du pole de l'écli-

plique, ainsi que le changement *périodique* par un mouvement du pole de l'équateur. L'obliquité, telle qu'elle devrait être conformément à la diminution progressive (§. 83.), a été appelée l'obliquité *moyenne*: on en trouve la *vraie* ou *apparente*, si l'on y ajoute ou en ôte la *nutation*, calculée par le moyen du lieu que le pole de l'équateur occupe dans son petit cercle, à l'époque donnée. Tout ce calcul se fait à l'aide des tables astronomiques qui sont arrangées de la manière suivante. Dans les *tables du soleil par M. Delambre* on trouve (*Tab. V.*) la diminution progressive pour chaque siècle, à raison de 52″,1 par siècle: l'époque de l'obliquité moyenne est de 23° 27′ 57″ pour l'an 1800. On trouve donc l'obliquité moyenne pour une époque quelconque, en appliquant à 23° 27′ 57″, pour chaque siècle, la correction d'après son signe + ou —, et en ajoutant ou ôtant 0″,52 pour chaque an, selon que l'époque donnée est antérieure ou postérieure à l'an 1800. En y joignant la nutation suivant son signe + ou — (*Tab. XIII.*), on aura l'obliquité apparente.

CHAPITRE III.

Position des points équinoxiaux.

§. 86. Les seuls points du ciel, dont la position soit assés invariable, pour servir à déterminer celle des autres, sont les étoiles fixes; et la détermination du lieu d'un point de la sphère se réduit finalement à indiquer sa position relativement à des étoiles connues. Celle des points équinoxiaux ne peut donc être déterminée que par leur distance d'une étoile connue suivant une certaine direction, par ex. le long de l'équateur. Mais la distance d'une étoile au point vernal est ce qu'on appelle son ascension droite: ainsi les points équinoxiaux seront déterminés, dès que l'on connaîtra l'ascension droite d'une étoile. Le caractère distinctif de ces points purement fictifs doit être indépendant des étoiles, parce que leur plus ou moins grande distance aux points équinoxiaux, ou leur ascension droite, ne détermine pas du tout leur position relativement à l'équateur, ou leur déclinaison. Les points équinoxiaux se distinguent des autres, par ce que le soleil s'y trouve, lorsqu'il passe par l'équateur: ce sont les points, où la déclinaison du soleil est nulle. Elle augmente d'abord, et diminue ensuite, à mesure que le soleil s'éloigne de ces points; et la trigonométrie fournit les règles, suivant lesquelles on peut déduire la déclinaison de l'ascension droite, et réciproquement (§. 76.). Il en résulte différentes méthodes pour déterminer ces points importans, selon qu'on suppose que l'obliquité soit donnée ou non. Chaque observation de l'ascension droite du soleil donne la position des points équinoxiaux par rapport au soleil, et par conséquent pour un seul instant, parce que le lieu du soleil change continuellement; mais si l'on a trouvé, pour le même instant, la différence d'ascension droite entre le soleil et une étoile fixe,

14

avec laquelle on pourra ensuite comparer toutes les autres, la position des
points équinoxiaux relativement aux étoiles fixes est déterminée, et le problème est résolu. Dans l'instant, où la déclinaison du soleil est nulle, cet
astre est dans l'un de ces points, quelle que soit l'obliquité; alors la différence des ascensions droites du soleil et d'une étoile est égale à celle de
l'étoile: l'observation des équinoxes fournit donc la première méthode, où
l'on n'a pas besoin de connaître l'obliquité. Dans d'autres cas on calcule
l'ascension droite du soleil, par le moyen de sa déclinaison observée et de
l'obliquité connue. L'une et l'autre de ces méthodes peuvent être employées
différemment, selon que l'on suppose que la hauteur du pole soit connue ou non.

§. 87. On trouve la déclinaison du soleil, sans connaître la hauteur
du pole, en le comparant avec des étoiles connues, à l'aide d'un micromètre
ou d'un réticule (§. 62. *suiv.*). La hauteur du pole étant connue, la déclinaison du soleil se trouve, en mesurant sa hauteur; si c'est hors du méridien, il faut connaître l'angle horaire (§. 57.). Ayant observé le soleil au
moment où sa déclinaison était nulle, on aura immédiatement l'ascension
droite de l'étoile qui a été comparée avec le soleil; on connaîtra donc les
points équinoxiaux. Mais comme il n'est pas aisé de saisir ce moment, il
faut s'en tenir à des observations peu éloignées des équinoxes. Il suffira
d'exposer ici le cas, où les observations sont faites au méridien, parce que
c'est le cas le plus ordinaire, et qu'il est aisé d'en conclure la manière dont
il faut s'y prendre, lorsque les observations sont faites hors du méridien.

Vers le tems de l'équinoxe, on observera plusieurs jours de suite le
soleil au méridien: la hauteur donnera la déclinaison, et le tems de la culmination servira à vérifier la pendule. De cette manière il se trouvera
deux midis consécutifs, où les déclinaisons ont été de nature opposée, l'une
$= a$, l'autre $= b$, ensorte que l'equinoxe est arrivé dans l'intervalle entre
les deux midis, pendant lequel la pendule a indiqué le tems T. Les mêmes jours au soir on observera la culmination d'une étoile: nommant donc
t, t', les tems indiqués par la pendule, depuis la culmination du soleil jusqu'à celle de l'étoile, le premier et le second jour, t sera plus grand que

t', parce que le soleil, par son mouvement propre, va au devant de l'étoile. Le tems écoulé entre les deux culminations de l'étoile est $T - t + t'$, et pendant ce tems 360 degrés de l'équateur ont passé par le méridien. Pendant le tems T le changement de la déclinaison du soleil a été $= a + b$; et l'on peut le supposer uniforme, parce qu'au tems des équinoxes la déclinaison du soleil change avec la plus grande vitesse et avec la plus grande uniformité, ensorte que ce changement ne varie, d'un jour à l'autre, que de sa 1400me partie. La déclinaison du soleil changera donc de la petite quantité a, dans le tems $\frac{a}{a+b} T = T\left(1 - \frac{b}{a+b}\right)$: c'est-à-dire, on trouvera le *tems de l'équinoxe*, en ajoutant $\frac{a}{a+b} T$ au tems du premier midi, ou en ôtant $\frac{b}{a+b} T$ de celui du second midi.

Dans ce moment le soleil est dans l'équateur, et la distance du point équinoxial au méridien, ou l'ascension droite du point culminant de l'équateur, qui s'appelle le *milieu du ciel*, est donnée, si l'angle horaire γ du soleil est connu. Comme cet angle croît de 360 degrés dans le tems T, on aura $T : \frac{a T}{a+b} :: 360° : \gamma$, donc $\gamma = \frac{a}{a+b} 360°$. C'est l'angle au pole que le point équinoxial fait avec le méridien au côté occidental, dans l'instant de l'équinoxe; l'arc de l'équateur, compris entre le méridien et l'étoile vers l'orient, répond au tems dont l'étoile culmine après l'instant de l'équinoxe, donc au tems $t - \frac{a}{a+b} T$. Or, 360 degrés de l'équateur passant par le méridien dans le tems $T - t + t'$, le tems $t - \frac{a}{a+b} T$ répondra à un angle horaire $\Phi = \frac{at + bt - aT}{(a+b)(1 - t + t')}$, et l'ascension droite de l'étoile dans l'instant de l'équinoxe sera $\alpha = \Phi + \gamma = \frac{(a t' + b t) 360°}{(a+b)(T - t + t')}$, ou $\alpha = 360°. \left(\frac{a}{a+b} \cdot \frac{t'}{T - t + t'} + \frac{b}{a+b} \cdot \frac{t}{T - t + t'}\right)$. C'est la distance occidentale du point équinoxial à une étoile connue, qui détermine entièrement sa position. Si la pendule fait le tems τ d'une culmination de l'étoile à l'autre, ou que 360 degrés de l'équateur passent par le méridien dans le tems τ, l'étoile culminera *après* le point vernal au moment où la pendule montre le tems $\frac{a}{360} \tau$; ainsi le lendemain le point vernal passera au méridien *après* l'étoile, dans l'instant $\frac{360° - a}{360} \tau$: on trouvera donc, pour chaque jour, le tems que la pendule marquera lorsque le point vernal est dans le méridien, en ajoutant le tems τ d'une révolution des étoiles. Mais comme on ne peut pas supposer que la marche de la pendule soit uniforme pendant une année entière, il faut observer journellement le tems de la culmination de la même étoile, pour connaître la valeur de τ qui a lieu chaque jour. La hauteur de l'équateur est la hauteur méridienne des points équinoxiaux; dans d'autres situations, le tems indiqué par la pendule donne l'angle horaire de ces points, d'où l'on conclura leur hauteur et azimut; de sorte que, pour une époque quelconque, on peut trouver les points équinoxiaux.

Si l'observation a été faite au commencement de l'automne, l'ascension droite de l'étoile n'est pas α mais $180° + \alpha$. Ayant comparé le soleil avec plusieurs étoiles, dont les ascensions droites, trouvées par les formules précédentes, sont α, α', etc. on peut ensuite comparer les étoiles entre elles, pour voir, si les différences de leurs ascensions droites sont les mêmes que $\alpha' - \alpha$, etc. si l'on trouve de petites anomalies, on prendra le milieu, pour plus d'exactitude. La comparaison des étoiles entre elles donnera l'ascension droite de toutes les étoiles, une seule ayant été comparée immédiatement avec le soleil de la manière que nous venons de développer.

§. 88. On peut également employer la méthode qui sera développée plus bas (§. 93.). Une autre méthode suppose que l'obliquité est connue. Si l'on a trouvé la déclinaison du soleil par sa hauteur, la latitude du lieu étant connue, ou par sa comparaison avec des étoiles, on en conclura son ascension droite par le moyen de l'équation $\sin \varrho = \dfrac{\operatorname{tg} \delta}{\operatorname{tg} \varepsilon}$ (§. 76. III. 2.). Elle donne l'ascension droite avec d'autant plus de précision, que la déclinaison change plus rapidement, ou que $\dfrac{\partial \delta}{\partial \varrho}$ est plus grand; et $\dfrac{\partial \delta}{\partial \varrho} = \operatorname{tg} \varepsilon \cos \varrho \cos^2 \delta$ a sa plus grande valeur dans les points équinoxiaux, où δ est nul, et $\varrho = 0$ ou $= 180°$. Il en est donc de cette méthode, comme de la précédente: on observera la déclinaison du soleil quelques jours avant et après l'équinoxe; on en conclura son ascension droite; et par la comparaison du soleil avec des étoiles, on en tirera l'ascension droite des étoiles, et par conséquent la position des points équinoxiaux.

§. 89. Si l'on reprend ces observations au bout de quelques ans, on s'apercevra que l'ascension droite de toutes les étoiles a augmenté d'une certaine quantité; ce qui peut être expliqué par un mouvement en avant, commun à toutes les étoiles, aussi bien que par une rétrogradation des points équinoxiaux, d'où se comptent les ascensions droites. Mais comme, malgré ce mouvement, les étoiles ne changent point leurs situations réciproques, et qu'il est inconcevable que le nombre immense des astres ait un mouvement aussi général, relativement à des points qui n'ont aucune liaison avec les étoiles, dépendant uniquement du mouvement de la terre; on hésitera d'autant moins ici, où il ne s'agit que de représenter les mouvemens apparens de la manière la plus simple, à laisser les étoiles en repos, en attribuant aux points équinoxiaux un mouvement rétrograde, égal à la quantité dont les étoiles paraissent avancer. Ce mouvement qui se fait de gauche à droite, fait que les points équinoxiaux viennent à la rencontre du soleil qui, par son mouvement propre, avance de droite à gauche: le soleil y parvient plutôt qu'il ne l'aurait fait, si ces points n'avaient eu aucun mouvement; donc les équinoxes, le printems, l'automne, et les autres saisons arriveront, que le soleil n'aura pas encore achevé son cours autour du ciel. C'est pourquoi ce mouvement remarquable a été appelé *rétrogradation des points équinoxiaux* ou *précession des équinoxes*. Ce mouvement tient à une cause qu'on apprendra dans l'astronomie physique. D'après cela, la véritable révolution du soleil est celle qu'il fait par rapport aux étoiles fixes: elle dure plus longtems que celle relative aux points équinoxiaux; et il est aisé de voir, qu'il en est de même des révolutions de tous les corps célestes. L'astronomie sphérique ne s'occupe que de la grandeur de ce mouvement, et de l'influence qu'il a sur les lieux apparens des corps célestes. Les règles suivant lesquelles cette influence est calculée, et la nature de ce mouvement, seront exposées dans le chapitre qui traite des étoiles fixes. Le soleil n'en éprouve d'autre altération, si non que sa véritable révolution n'est pas d'accord avec celle dans l'équateur ou l'écliptique. L'obliquité n'étant pas altérée par ce mouvement, la longitude, et l'ascension droite du soleil se déduit de sa déclinaison observée, précisément comme si les points équinoxiaux étaient en repos; mais il est nécessaire de connaître la quantité de ce mouvement.

§. 90. Dans la théorie du mouvement solaire, il ne s'agit donc que de savoir, de combien sa revolution relativement aux points équinoxiaux est plus courte que par rapport aux étoiles, ou ce qui revient au même, vu que le mouvement du soleil se fait dans l'écliptique, de combien les points équinoxiaux rétrogradent par an le long de l'écliptique. La longitude des étoiles augmentera nécessairement de la même quantité, ensorte que cette augmentation donnera immédiatement la précession des équinoxes. Ce mouvement étant fort lent, sa grandeur ne peut être exactement déterminée que par la comparaison d'observations fort éloignées l'une de l'autre; mais l'imperfection des instrumens antérieurs au seizième siècle rend douteuses les anciennes observations, quand il s'agit d'une petite quantité. Il n'est donc pas étonnant, qu'on n'est pas parfaitement assuré de la vitesse de ce mouvement; cependant on verra, qu'on s'en est assuré à une seconde près. La comparaison des observations de nos tems avec celles d'Hipparque donne un accroissement annuel de la longitude des étoiles de $50\frac{2}{3}$ secondes; celles de Ptolémée donnent un peu plus. Les observations de Tycho, comparées à celles de Lacaille, donnent $49'',55$ a $51'',09$; le milieu de la totalité est de $50\frac{1}{3}''$. En comparant les observations du tems présent entre elles, on trouve $50'',06$. M. Delambre, dans ses tables du soleil, suppose la précession annuelle ou la rétrogradation des points équinoxiaux le long de l'écliptique, égale à $50'',1$.

CHAPITRE IV.

Position du soleil relativement à l'équateur.

§. 91. La déclinaison du soleil est l'élément le plus facile à observer immédiatement, et qui a servi à porter la théorie de l'orbite solaire à sa perfection actuelle. Les tables du soleil sont arrangées de manière qu'elles donnent immédiatement sa longitude pour une époque quelconque, avec laquelle on calcule la déclinaison, connaissant l'obliquité de l'écliptique (§. 76. I. 2.). Les méthodes qui servent à trouver la déclinaison par les observations, ont été exposées plus haut. On la trouve par les hauteurs, mesurées au méridien ou autrement (§. 57.); ou, parce que cela suppose un secteur très-grand et bien exactement divisé, par la comparaison avec une étoile qui est à peu près dans le parallèle du soleil (§. 62. *suiv.*); ou enfin, en observant les tems de la culmination du soleil et de celle d'une étoile connue, qui donnent l'ascension droite du soleil (§. 87.), et en calculant la déclinaison (§. 76. II. 2.). Comme les observations des culminations supposent une méridienne bien exacte, ou un instrument des passages, on peut se servir aussi des hauteurs correspondantes (§. 44.); mais quand cette méthode est appliquée au soleil, elle demande, à cause de la variabilité de sa déclinaison, une correction que l'on trouvera plus bas (§ 168. *suiv.*). C'est toujours le bord supérieur ou inférieur, précédent ou suivant du soleil, que l'on a observé: il faut donc réduire les observations au centre du soleil, à l'aide de son diamètre (§. 73. *suiv.*).

§. 92. L'ascension droite du soleil est conclue, par le calcul, de la déclinaison observée, ou elle est trouvée immédiatement par les observations, en comparant le soleil avec des étoiles: d'où il résulte deux méthodes. La première suppose qu'on connaît l'obliquité; alors la formule III. 2. (§. 76.) donne l'ascension droite que le soleil avait au moment de l'observation. Si la déclinaison est déterminée par des hauteurs, la hauteur du pole et la ligne méridienne sont supposées bien connues. Les erreurs de l'une ou de l'autre donneront un faux résultat pour la déclinaison et l'ascension droite. Le résultat conclu d'une hauteur est susceptible d'une double erreur, celle de l'observation même ou de la réfraction, et une autre qui résulte, si la hauteur du pole, qui entre dans le calcul, n'est pas bien exactement connue. Ces réflexions ont porté les astronomes, à préférer, et à employer presque exclusivement, la méthode suivante, qui est même indépendante de l'obliquité de l'écliptique.

§. 93. Cette méthode consiste à comparer le soleil avec une étoile, les deux jours de l'année, où sa déclinaison est la même, sans connaître cette déclinaison; et l'on a vu que cette observation se fait aisément avec le micromètre, ensorte que les erreurs de l'instrument n'y ont aucune influence. Les équations III. 1. 2. (§. 76.), dans laquelle le sinus de la longitude et de l'ascension droite appartient à deux angles qui font ensemble 180 degrés, nous apprennent, que les deux lieux du soleil observés, où les déclinaisons sont égales, ont nécessairement même distance du solstice, l'un avant, l'autre après le solstice d'été ou d'hiver, selon que la déclinaison est boréale ou australe. Soit donc (*Fig.* 23.) A D B E A l'écliptique, A F B G A l'équateur, S, s, le soleil lorsqu'il avait même déclinaison $ST = st$, D le solstice d'été: A D, A F, B D, B F, seront des arcs de 90 degrés, et l'on aura $AT = Bt$, et $AS = Bs$, donc $TF = tF$, et $DS = Ds$. Cela posé, la demi-différence des ascensions droites TF donnera celle du point solstitial F relativement au soleil T; et puisqu'elle est toujours de 90 ou 270 degrés, TF donnera l'ascension droite T même.

La comparaison du soleil avec l'étoile, relativement à la hauteur aussi bien qu'au tems de leurs passages, suivant les méthodes développées plus haut (§. 62. *suiv.*), donne la différence en déclinaison et en ascension droite, pour les époques des deux observations. Nommant donc x l'ascension droite de l'étoile, $y = AT$ celle du soleil le premier jour, et $At = y'$ celle du second jour, x, y, y', sont les trois angles qu'on cherche, et l'on a $y+y'=180°$. Supposons que x soit plus grand que y et y', c'est-à-dire, que l'étoile ait culminé toutes les deux fois après le soleil; on connaîtra par la première observation, $x-y=a$, et par la seconde $x-y'=b$, donc $a-b=y'-y$. Comparant cette équation à la précédente $y+y'=180°$, on aura $y'=90°+\frac{a-b}{2}$, $y=90°-\frac{a-b}{2}$, et $x=a+y=90°+\frac{a+b}{2}$. Cette méthode donne donc à la fois, deux ascensions droites du soleil, et une de l'étoile.

§. 94. Quoique cette méthode puisse être employée dans chaque saison, elle ne donne pas toujours le même degré de précision. Puisque l'égalité des deux déclinaisons en est la basse, elle sera plus sûre, si les observations sont faites dans un tems, où la déclinaison change le plus rapidement, ce qui est l'époque des équinoxes (§. 88.). Comme l'application de la méthode est singulièrement limitée par cette condition, elle est ordinairement employée, moins pour trouver l'ascension droite du soleil que celle d'une étoile, pour déterminer par là les points équinoxiaux (§. 88.). Au reste il est aisé de voir que, si l'une des deux observations n'est pas exacte, l'ascension droite de l'étoile ne sera affectée que de la moitié de cette erreur. Si par ex. on a pris dans la seconde observation $b+e$ au lieu de b, l'erreur de l'observation est e, mais on trouvera $x=90°+\frac{a+b+e}{2}$, ce qui ne diffère de la juste valeur que de $\frac{e}{2}$. Si toutes les deux observations sont fautives, l'erreur serait la moitié de la somme des deux erreurs; mais il est à présumer que, dans la première observation comme dans la seconde, on a pris une hauteur trop grande ou trop petite; et alors les deux erreurs se détruiront mutuellement. En effet, dans le premier cas les points observés T, t, sont trop éloignés des points équinoxiaux A, B, d'un arc e; dans le second cas ils en sont trop près: on aura donc observé les différences d'ascension droite $a-e$ et $b+e$ dans le premier cas, et dans le second cas $a+e$ et $b-e$, au lieu de a et b: et dans l'un et l'autre cas il viendra

$$x=90°+\frac{(a-e)+(b+e)}{2}=90°+\frac{(a+e)+(b-e)}{2}=90°+\frac{a+b}{2}. \text{ juste.}$$

15

§. 95. Nous avons supposé que les deux déclinaisons du soleil sont exactement égales, ce qui n'arrivera peut-être jamais. Mais, ayant observé avec le micromètre, les deux différences d'ascension droite entre le soleil et l'étoile, on connaît aussi la différence de ces différences, et par conséquent celle des deux ascensions droites du soleil. Moyennant cette différence on cherchera l'arc de l'équateur, que le soleil devait parcourir en avant ou en arrière, pour avoir précisément la même déclinaison que dans l'autre observation: ainsi les choses seront dans le même état que dans le cas précédent. Que la première déclinaison soit $\sigma\tau$, plus grande de $\sigma\varrho$ que la seconde $s\,l$, et que l'ascension droite de l'étoile x réponde au point H de l'équateur: la différence des deux déclinaisons $\sigma\varrho = d$, donnera celle des ascensions droites $T\tau = e$. Pour cet effet, il faut comparer encore le soleil avec l'étoile, le jour précédent ou le jour suivant, ce qui donnera le changement diurne de la déclinaison $= D$, et celui de l'ascension droite $= E$: d'où l'on tirera $e = \frac{E}{D}\,d$. On peut se servir aussi des formules trigonométriques,

$$\partial\varrho = \frac{\partial\delta\cot\varepsilon}{\cos^2\delta\cdot\cos\varrho}\ (\S.\,88.),\ \text{ et }\ \cos\varrho = \frac{\gamma(\mathrm{tg}^2\varepsilon - \mathrm{tg}^2\delta)}{\mathrm{tg}\,\varepsilon}\ (\S.\,76.\ \mathrm{III.}\ 2.),$$

qui donnent

$$\partial\varrho = \frac{\partial\delta}{\cos^2\delta\cdot\gamma(\mathrm{tg}^2\varepsilon - \mathrm{tg}^2\delta)} = \frac{\partial\delta\cdot\cos\varepsilon}{\cos\delta\cdot\gamma(\sin^2\varepsilon\cos^2\delta - \cos^2\varepsilon\sin^2\delta)},$$

ou bien $c = \dfrac{d\cdot\cos\varepsilon}{\cos\delta\cdot\gamma\,\sin(\varepsilon + \delta)\cdot\sin(\varepsilon - \delta)}$. On connaît donc d, e, et les observations donnent $AH - A\tau = x - z = a$, $AH - Al = x - y' = b$. Si l'on fait $AT = y$, on a $A\tau = z = y + e$, donc $x - y = a + e$, et $y' - y = a + e - b$. En substituant $y' + y = 180°$, on trouvera $y' = 90° + \dfrac{a+e-b}{2}$, $y = 90° - \dfrac{a+e-b}{2}$, et $x = b + y' = 90° + \dfrac{a+b+e}{2}$. Les quantités e, d, sont toujours de même nature; ainsi ces formules sont justes, si la première déclinaison $\sigma\tau$ est plus grande que la seconde $s\,l$, comme la *figure* 23. le réprésente; mais dans le cas contraire, d, et par conséquent aussi e est negatif.

§. 96. Nous avons encore supposé que l'étoile n'a pas changé de position, pendant tout le tems écoulé entre les deux observations; mais il est visible que la précession des équinoxes (§. 90.) doit nécessairement produire un mouvement de l'étoile en déclinaison et en ascension droite; on verra dans la suite, que ce mouvement est trouvé pour chaque étoile indépendamment de la recherche présente; on le trouve dans les tables astronomiques. Le mouvement en déclinaison peut aller jusqu'à $10''$ dans l'intervalle entre les deux observations, qui est ordinairement d'environ six mois: il est aisé de voir, de quelle manière il faut en tenir compte. En nommant k ce petit arc, dont l'étoile s'est rapprochée du pole boréal de l'équateur pendant le tems écoulé entre les deux observations, et θ la différence de déclinaison entre l'étoile et le soleil dans la seconde observation, l'étoile étant supposée être plus près du pole boréal que le soleil, ensorte que k devient négatif, si l'étoile approche du pole austral, et θ sera négatif, si le soleil est au nord de l'étoile: il est clair qu'il faut mettre $\theta - k$ au lieu de θ, lorsque θ et k sont l'une et l'autre positives ou négatives, et qu'il faut mettre $\theta + k$ au lieu de θ, si l'une de ces deux quantités est positive, l'autre négative. Après avoir corrigé θ de cette manière, on connaît la différence d des deux déclinaisons du soleil, d'où l'on conclura e, comme ci-dessus (§. 95.).

Soit h le mouvement en ascension droite, qui peut aller à $25''$, ensorte que l'étoile est avancée de H en h, ou que B a rétrogradé d'autant (§. 79.), Hh étant $= h$: soit, comme ci-dessus, A H $= x$, A T $= y$, A$t = y'$. Les observations donneront A H $-$ A T $= x - y = a$, et Ah $-$ A$t = x + h - y' = b$: donc $y' - y = a + h - b$, et $y' + y = 180°$; d'où l'on tire
$$y' = 90° + \frac{a+h-b}{2}, \quad y = 90° - \frac{a+h-b}{2}, \quad \text{et } x = a + y = 90° + \frac{a+h-b}{2}.$$
Si l'on y joint la première correction (§. 95.), où T$\tau = e$, la première observation donnera $a = x - y - e$, la seconde $b = x + h - y'$; donc $y' - y = a + e + h - b$, et $y' + y = 180°$, d'où il suit,
$$y' = 90° + \frac{a+e+h-b}{2}, \quad y = 90° - \frac{a+e+h-b}{2}, \quad x = y + a + e = 90° + \frac{a+b+e-b}{2}.$$

§. 97. Cette méthode servira aussi à trouver le tems où les équinoxes et les solstices ont eu lieu. L'ascension droite de l'étoile x étant connue, sa comparaison avec le soleil donnera, pour un tems quelconque, la différence de leurs ascensions droites $= a$. Nommant donc y l'ascension droite variable du soleil, y sera nul dans l'instant de l'équinoxe vernal, donc $x - y =$

$a = x$; pour l'équinoxe automnal on aura $y = 180°$, et $a = x - 180°$. Vers le commencement du printems, on comparera donc tous les jours le soleil avec une étoile dont l'ascension droite x est connue, jusqu'à ce qu'on trouvera $a = x$, ou deux jours dont l'un donne $a > x$, l'autre $a < x$, ensorte que l'équinoxe est tombé entre ces deux jours. Nommant le tems écoulé entre les deux observations T, et les deux différences d'ascension droite, que l'on a observées, a et a'; l'ascension droite du soleil a changé de $a - a'$ pendant le tems T. Puisqu'il s'agit de trouver l'instant où $a = x$, il faut que, depuis la première observation, l'ascension droite du soleil change de $a - x$: pour cela le soleil employera le tems $t = \dfrac{a - x}{a - a'} T$, qu'il faut ajouter au tems de la première observation, pour avoir l'époque de l'équinoxe.

Pour l'équinoxe d'automne, on a $y = 180°$ et $a = x - 180°$; pour le solstice d'été, $y = 90°$ et $a = x - 90°$; pour celui d'hiver, $y = 270°$ et $a = x - 270°$: il faut donc mettre $x - 180°$, $x - 90°$, et $x - 270°$, au lieu de x; et l'on trouvera les tems à ajouter à celui de la première observation, ce qui donnera l'époque de l'équinoxe d'automne $t = \dfrac{180° + a - x}{a - a'} T$, celle du solstice d'été $t = \dfrac{90° + a - x}{a - a'} T$, et pour le solstice d'hiver, $t = \dfrac{270° + a - x}{a - a'} T$. Il est aisé de trouver les modifications dont ces formules ont besoin, lorsque les deux observations sont autrement situées que dans la *figure*. Pour tenir compte de la quantité h dont l'ascension droite de l'étoile a augmenté, depuis l'observation qui a servi à déterminer x jusqu'au tems de l'équinoxe ou du solstice, on n'a qu'à mettre $x + h$ au lieu de x.

On peut trouver ces-époques, sans connaître l'ascension droite de l'étoile x. Si le soleil n'a pas exactement même déclinaison dans les deux observations, on cherchera le petit arc e (§. 95.), qui donnera deux différences d'ascension droite entre l'étoile et le soleil, A, B, qui appartiennent à deux déclinaisons égales. Ces deux lieux du soleil étant nécessairement à la même distance du solstice, la différence des ascensions droites dans le solstice même sera $= \dfrac{A + B}{2}$. Ayant donc fait, au commencement de l'été ou de l'hiver, deux observations dont l'une a donné $a > \dfrac{A + B}{2}$, l'autre $a' < \dfrac{A + B}{2}$,

on aura $t = \dfrac{a - \frac{1}{2}(A+B)}{a - a'}$ T. Dans les équinoxes la différence des ascensions droites sera $\dfrac{A+B}{2} \mp 90°$: les observations, faites au commencement
du printems ou de l'automne, donneront donc deux jours où a était plus
grand, et a' moins grand que $\dfrac{A+B}{2} \mp 90°$: on aura donc $t = \dfrac{a - \frac{1}{2}(A+B) \mp 90°}{a - a'}$ T.

§. 98. Si l'on a observé deux déclinaisons du soleil, δ, δ', et la différence
des ascensions droites, ϱ, ϱ', par la comparaison avec une étoile, on peut en déduire
les ascensions droites, et par conséquent aussi l'obliquité. En effèt, les obser-
vations donnant δ, δ', et $\varrho' - \varrho = a$, on a (§. 69.) $\sin \varrho : \sin \varrho' :: \operatorname{tg} \delta : \operatorname{tg} \delta'$,
d'où il suit $\sin \varrho' + \sin \varrho : \sin \varrho' - \sin \varrho :: \operatorname{tg} \delta' + \operatorname{tg} \delta : \operatorname{tg} \delta' - \operatorname{tg} \delta$, ou
$\operatorname{tg} \dfrac{\varrho'+\varrho}{2} : \operatorname{tg} \dfrac{\varrho'-\varrho}{2} :: \sin(\delta'+\delta) : \sin(\delta'-\delta)$, ce qui donne

$$\tan \frac{\varrho'+\varrho}{2} = \frac{\sin(\delta'+\delta)}{\sin(\delta'-\delta)} \tan \frac{a}{2}, \text{ et } \tan \varepsilon = \frac{\operatorname{tg}\delta}{\sin\varrho} \quad (\text{§. 76. VI. 1.}),$$

les deux ascensions droites étant données par les équations

$$\varrho' = \frac{\varrho'+\varrho}{2} + \frac{a}{2}, \text{ et } \varrho = \frac{\varrho'+\varrho}{2} - \frac{a}{2}.$$

§. 99. Ces résultats ont besoin, pour être exacts, de plusieurs petites
corrections qui seront développées dans le cours de cet ouvrage. C'est un
de ces cas très-fréquens dans l'astronomie, ou l'on commence par chercher
des périodes simples et approchées des mouvemens célestes, pour les corriger et rapprocher de plus en plus de la vérité, par une suite d'observations
bien soignées. Il fallait déterminer les élémens de l'orbite solaire, sans faire
attention aux petites irrégularités, avant que la comparaison pénible de ces
élémens avec des observations plus exactes donnât le moyen de les mettre
à une épreuve rigoureuse, et de découvrir les corrections nécessaires. Les
tables calculées d'après ces élémens ont paru longtems être d'accord avec
les observations, jusqu'à ce que les anomalies devenaient sensibles, par des
méthodes et des instrumens plus parfaits.

Les deux élémens de l'orbite solaire, dont nous venons de parler,
savoir la position des points équinoxiaux, et l'obliquité de l'écliptique, déterminent entièrement sa ligne d'intersection et son inclinaison relativement
à l'équateur, donc la situation de son plan; mais la nature de la courbe
que le soleil décrit ou paraît décrire dans ce plan, et la loi de son mou-

vement, ne sont pas encore déterminées. On a vu, que les observations donnent immédiatement la déclinaison et l'ascension droite du soleil, pour un tems quelconque, d'où l'on trouve sa longitude. Ainsi on pouvait découvrir la vitesse du soleil dans chaque point de son orbite, le tems qu'il met à parcourir sa route, et autres circonstances remarquables. On pouvait calculer des *tables du soleil* sur la totalité des observations faites jusqu'alors, et ces tables pouvaient être vérifiées, en calculant d'avance les lieux du soleil, et en les comparant avec les observations postérieures. Comme il est à présumer, que le mouvement du soleil dans l'écliptique, qui est proprement son orbite, est plus uniforme et régulier que celui dans l'équateur, auquel elle est réduite par le calcul; il était naturel d'arranger les tables ensorte qu'elles contiennent la *longitude du soleil pour un tems donné*. Cela suppose d'abord une bonne mesure du tems, et puis une suite continue d'observations, par lesquelles chaque point de l'orbite est exactement déterminé avec le tems qui y répond. Mais, le mouvement du soleil dans l'écliptique n'étant pas non plus uniforme, les tables seraient très-compliquées, si elles devaient indiquer immédiatement la véritable longitude. Pour les rendre plus simples et commodes, il a fallu commencer par supposer le mouvement du soleil uniforme; de sorte que le tems d'une révolution entière donne immédiatement, pour chaque tems, une longitude *moyenne*, qui est ensuite corrigée et convertie en longitude *vraie*, par le moyen d'autres tables. Toute cette recherche est donc fondée sur la longueur de l'année, la vitesse du soleil dans chaque portion de sa route, et une exacte mesure du tems; à quoi il faut ajouter plusieurs petites corrections que nous devons à l'astronomie moderne, et principalement à sa partie physique. Rien ne répand plus de jour sur toute la théorie du soleil, que l'origine et l'arrangement des tables; et cela sera l'objet des recherches subséquentes. Cependant nous traiterons d'abord deux matières, très-importantes pour les fonctions les plus ordinaires de la vie, les saisons et les tems du jour, dont l'explication n'aura aucune difficulté d'après ce qui précède.

CHAPITRE V.

Les saisons.

§. 100. La vicissitude des *saisons*, à laquelle nous devons non-seulement les plus grandes beautés de la nature et les plus douces jouissances de la vie, mais aussi cette variété infinie de biens utiles et même nécessaires, dont la terre récompense l'industrie de ses habitans d'une main libérale: cette vicissitude qui, par des nuances insensibles, réunit l'hiver engourdissant au brulant été, et qui revient toujours sous les mêmes formes — la diversité des *climats,* ce lien puissant qui, par le sentiment des besoins mutuels, réunit les peuples de la terre', depuis les glaces éternelles des poles jusqu'au sable brulant de la ligne, et qui la première leur apprit à étendre les vertus sociales, des individus et des familles aux nations entières — toutes ces variétés bienfaisantes, dont on reconnaît rarement toute l'étendue, sont l'effet d'un mouvement très-simple de la terre, de la direction de son axe, et des différentes situations des pays de sa surface relativement à cet axe. Quiconque est capable de sentir la différence entre la chaleur de l'été et le froid de l'hiver, apercevra aussi, que l'une et l'autre est inséparablement lié avec la hauteur plus ou moins grande du soleil, avec son séjour plus ou moins long sur l'horison, enfin avec sa situation relativement à l'équateur. L'Africain, brulé par les rayons du soleil tombans verticalement sur sa tête, porte peut-etre envie au voisin du pole, que le soleil, en se trainant le long de son horison, défend à peine contre l'engourdissement, tandis que celui-ci désire pouvoir se réchauffer dans les déserts de l'Afrique, après son long sommeil hivernal. Tout se réjouit, et la nature rajeunie se réveille, lorsque le soleil méridien remonte vers le zénit; mais tout se meurt ou se flétrit, quand le soleil redescend vers l'horison, pour donner du repos à la nature épuisée, et pour verser sur nos frères éloignés les jouissances dont ils avaient été privés si longtems.

§. 101. L'astronomie sphérique ne s'occupe pas des mouvemens réels, mais des apparens. Il est donc indifférent, de supposer le mouvement du soleil autour de la terre, ou celui de la terre autour du soleil; il est cependant plus naturel, d'adopter ici la dernière hypothèse, dont la vérité sera démontrée dans la suite. Mais il n'est pas nécessaire de s'attacher rigoureusement à une seule hypothèse; il est permis de se servir tantôt de l'une, tantôt de l'autre, et de préférer dans chaque cas particulier, celle qui répand le plus de clarté sur la matière dont il s'agit. Mais avant tout il faut prouver que les deux mouvemens donnent effectivement les mêmes phénomenes, les mêmes longitudes et déclinaisons apparentes du soleil; ou plutôt il faut montrer, quel mouvement de la terre autour du soleil doit être supposé, pour qu'il en résulte les phénomènes que les observations nous font connaître. Comme les lieux apparens du soleil, ainsi que tous les points du ciel, sont déterminés par leur situation relativement aux étoiles fixes, il s'entend que cette substitution d'un mouvement à l'autre ne peut avoir lieu, qu'en supposant en même tems la distance des étoiles si grande, que l'orbite entière de la terre soit insensible en comparaison d'elle; car on voit aisément, qu'autrement le mouvement de la terre doit nécessairement produire d'autres phénomènes, que celui du soleil. La suite de cet ouvrage donnera les preuves de cette immense distance; nous ne la regarderons ici que comme une hypothèse qui représente les mouvemens apparens de la manière la plus simple. Il ne faut donc pas oublier, qu'il est constamment supposé que toutes les lignes et tous les plans, menés par une étoile et par un point quelconque de l'orbite de la terre, sont parallèles entre eux.

§. 102. Soit (*Fig.* 24.) AB la ligne des équinoxes, laquelle, étant déterminée par les étoiles fixes (§. 86.), aura toujours une situation parallèle, quel que soit le point de l'orbite de la terre par lequel elle passe §. 101.); soit S la terre, autour de laquelle le soleil paraît décrire le cercle CDTE. Lorsque le soleil est en C, sa longitude, vue de la terre, sera $=$ ASC. Si

CS est prolongée jusqu'à la périphérie du cercle en T, et que aTb soit parallèle à AB; ab sera la ligne des équinoxes, vue de la terre T, si l'on suppose qu'elle décrit autour du soleil S le même cercle suivant la même direction TECD; la longitude apparente du soleil sera donc $aTS = ASC$. La longitude de la terre, vue du soleil, sera $ASC + CSD + DST = ASC + 180°$: la différence entre la longitude *géocentrique* du soleil et la longitude *héliocentrique* de la terre, est donc constamment de 180 degrés. Si la terre avance de T en t, le lieu apparent du soleil S avancera de C en c, et sa longitude géocentrique $atS = aTS = aTS + TSt$, a augmenté de l'angle $TSt = CSc$: et ce même angle eût été son accroissement, si le soleil était allé de C en c autour de la terre, immobile en S.

Soit (*Fig.* 25.) ADBE l'équateur, BGA la moitié boréale de l'écliptique, AFC la moitié australe, donc la section commune AB la ligne des équinoxes, le soleil en S, la terre en T au nord de l'équateur. Qu'on abaisse de T une ligne Tt perpendiculairement à l'équateur, et que l'on imagine un plan parallèle à l'équateur par T, auquel la ligne $Ss = Tt$ est perpendiculaire. Cela posé, ce plan sera l'équateur apparent relativement à la terre, et le soleil, vu de la terre, paraîtra au dessous de l'équateur de l'angle STs, donc la déclinaison géocentrique du soleil sera $= STs$ australe, tandis que la déclinaison héliocentrique de la terre est $= TSt$ boréale. Or $TSt = STs$, donc la déclinaison géocentrique du soleil, et la déclinaison héliocentrique de la terre, sont constamment égales, mais de nature opposée. Le lieu apparent du soleil, ou sa longitude géocentrique, est le point C, TSC étant une ligne droite: il faut donc transporter le soleil de S en C, si l'on veut faire la supposition qu'il circule autour de la terre immobile en S. Sa déclinaison géocentrique sera pareillement australe, parce que T est au nord de l'équateur, et elle sera égale à CSc, si Cc est perpendiculaire à l'équateur: on a donc $CSc = TSs = STs$, comme ci-dessus.

Il est donc visible, que les mêmes phénomènes et changemens, relativement à la longitude et à la déclinaison, et par conséquent aussi par rapport à l'ascension droite, auront lieu, soit que le soleil décrive autour de la terre, ou la terre autour du soleil, des orbites semblables et suivant les mêmes lois.

§. 103. La *figure* 26. représente la terre dans les points principaux de son orbite ATCBD autour du soleil S, et le papier représente le plan de l'écliptique, qui est déterminé par les lignes AB, CD. Supposons que la ligne SE, perpendiculaire à ce plan, qui est l'axe de l'écliptique, fasse avec celui de l'équateur SP un angle égal à l'obliquité ε. Comme l'axe du monde SP ne change pas de position (§. 41.), tous les axes terrestres $a\alpha$, $t\tau$, $c\gamma$, $b\beta$, $d\delta$, seront parallèles à PS. Ayant donc abaissé, d'un point P de l'axe, PQ perpendiculairement au plan de l'écliptique, SQ ou CD sera la commune section de l'écliptique et du plan passant par les poles ESP, dont l'un est perpendiculaire à l'autre: partant AB, étant perpendiculaire à CD, le sera aussi au plan ESP; PSA et ESA sont des angles droits, par conséquent AB est à la fois dans l'équateur et dans l'écliptique, d'où il suit que AB est la ligne des équinoxes, et CD celle des solstices. Si E, P, a, t, c, b, d, sont les poles septentrionaux, le soleil aura une déclinaison australe $= \varepsilon$, lorsque la terre est en D; car sa distance au pole boréal d est $\mathrm{SD}d = \mathrm{CSP} = \mathrm{CSE} + \mathrm{ESP} = 90° + \varepsilon$. Le solstice d'hiver arrivera donc sur la terre, quand elle est en D; et allant de D en A, C, B, elle sera dans l'instant de l'équinoxe du printems en A, elle sera en C lors du solstice d'été, et en B lors de l'équinoxe d'automne. Lorsque la terre est en A, le soleil lui paraît en B, sa longitude et ascension droite étant $= 0$: AB est donc dirigée vers le point vernal, duquel les longitudes et ascensions droites se comptent suivant la direction BDAC. Si la terre est dans un autre point quelconque de son orbite T, et que TV soit parallèle à AB, VTS $= \lambda$ sera la longitude du soleil, donc CST $= 90° - \lambda$. Le point F, auquel ST coupe la surface de la terre, est celui qui a le soleil au zénit: on le trouvera, en imaginant un triangle sphérique au centre S, formé par les côtés $\mathrm{PSC} = 90° + \varepsilon$, $\mathrm{CST} = 90° - \lambda$, et l'hypothénuse PST, vu que ce triangle a un angle droit sur SC. On a donc $\cos \mathrm{PST} = \cos \mathrm{PSC} . \cos \mathrm{CST} = - \sin \varepsilon . \sin \lambda$, et la distance du lieu F au pole boréal est FTt, d'où l'on tire sa latitude boréale $\beta = 90° - \mathrm{FT}t$. Or, T$t$ étant parallèle à PS, on a $\mathrm{PST} = 180° - \mathrm{FT}t = 90° + \beta$, ou $\cos \mathrm{PST} = - \sin \beta$; d'où il suit $\sin \beta =$

sin ε sin λ, ou sin β = sin δ (§. 76. I. 2.). La latitude du lieu de la terre, qui a le soleil au zénit, est donc constamment égale à la déclinaison du soleil.

§. 104. L'équation que nous venons de trouver, β = δ, donne seulement la hauteur du pole, et par conséquent un parallèle entier de la terre, ce qui est d'ailleurs évident: car conformément au mouvement diurne, le parallèle entier dont la hauteur du pole est = δ, parvient successivement dans la situation du point F, ou sur la ligne ST. Mais comme la déclinaison δ change continuellement, le point F sera, dans un instant donné, celui dont la hauteur du pole est égale à δ, et qui a midi, ou le soleil au méridien. La latitude des lieux qui peuvent avoir à midi le soleil au zénit, croit et décroît, est boréale et australe, en même tems que la déclinaison du soleil. Elle est un *maximum*, et égale à l'obliquité de l'écliptique, au tems des solstices: elle est boréale pendant le printems et l'été, australe en automne et hiver; elle est nulle, ou ce qui revient au même, les lieux situés sous la *ligne* ont le soleil au zénit, les jours des équinoxes. Les deux parallèles de la terre, dont la latitude boréale ou australe est égale à l'obliquité, sont les plus éloignés de l'équateur, parmi ceux qui peuvent avoir le soleil au zénit, et qui, étant enfermés par ces deux parallèles, forment une *zone* qui, à cause de la chaleur brulante que produit le soleil vertical, a été appelée *zone torride*. La ligne ou l'équateur terrestre passe par le milieu de cette zone qui a une largeur d'environ 23° 28′ (§. 85.) de chaque côté de l'équateur. Le soleil, étant parvenu à l'un de ces parallèles, retourne vers la ligne: c'est pourquoi ces parallèles terrestres sont aussi appelés *tropiques*. Les tropiques terrestres et célestes (§. 77.) sont situés dans la surface du même cône droit.

§. 105. Nous avons pris, pour trouver l'équation sin β = sin ε sin λ = sin δ (§. 103.), un chemin un peu long, exprès pour faire voir, que toutes les variations des saisons s'expliquent parfaitement par les mouvemens simples que la *figure* 26. représente: ces mouvemens sont, la rotation diurne de la terre sur un axe constamment parallèle ou immobile, et sa route annuelle autour du soleil, dans un plan coupé obliquement par cet axe. On appelle

*

généralement *été* le tems de l'année, où le soleil à midi est le plus près du zénit, *hiver* le tems où il en est le plus éloigné; les époques de sa distance moyenne au zénit déterminent le *printems* qui précède l'été, et l'*automne* qui succède à l'été. La méthode la plus naturelle, pour déterminer les quatre saisons, serait donc d'appeler été et hiver les quarts de l'année, dans le *milieu* desquels la plus petite et la plus grande distance du soleil au zénit ont lieu, ensorte que le soleil serait, pendant tout l'été plus près, et tous les jours d'hiver plus éloigné du zénit, que dans tout autre jour de l'année. Alors l'arc de l'écliptique $\sigma D \pi$ (*Fig.* 23.) renfermerait l'été, $\beta E \gamma$ l'hiver, ce qui déterminerait en même tems les arcs de l'automne et du printems, $\pi B \beta$ et $\gamma A \Lambda \sigma$. Mais comme les points $\sigma, \pi, \beta, \gamma$, où les quatre saisons commenceraient, ne sont pas marquans, et que cette méthode ne serait pas applicable à la zone torride, on a préféré de compter l'*été* depuis le jour, où le soleil approche le plus du zénit, c'est-à-dire, où β et δ sont égales ou le moins différentes, jusqu'au jour où le soleil est à sa moyenne distance. Dans ce moment l'*automne* commence, et il dure jusqu'au commencement de l'*hiver*, ou l'instant où le soleil est le plus éloigné du parallèle du lieu : l'hiver finit, et le *printems* commence, lorsque le soleil revient à sa moyenne distance du parallèle. De cette manière, la détermination des saisons est très-facile pour tous les lieux situés hors des tropiques. En effèt, β étant plus grand que ε, la différence $\beta - \delta$ sera la plus petite $= \beta - \varepsilon$, lorsque $\delta = \varepsilon$; elle sera la plus grande $= \beta + \varepsilon$, si $\delta = -\varepsilon$; et la moyenne valeur $\dfrac{(\beta - \varepsilon) + (\beta + \varepsilon)}{2} = \beta$ aura lieu, lorsque $\delta = 0$. Relativement à un lieu septentrional, l'été commence donc à l'entrée du soleil dans le tropique du *cancer,* sa longitude étant $\lambda = 90°$: l'automne commence au moment où le soleil passe par l'équateur, λ étant $= 180°$; l'hiver à l'entrée du soleil dans le tropique du *capricorne* $(\lambda = 270°)$; et le printems à son second passage par l'équateur $(\lambda = 0°)$. Un lieu méridional aura, dans les mêmes instans, les saisons opposées. On voit donc que les quatre points cardinaux de l'écliptique déterminent les quatre saisons, pour tous les lieux situés hors de la zone torride; et l'on comprend ce qui a donné lieu aux dénominations de solstices d'été ou d'hiver, et d'équinoxes de printems ou d'automne, qui se rapportent à un lieu septentrional.

§. 106. Dans la zone torride, ou entre les tropiques, β est moins grand que ε; en conséquence, la distance du soleil au zénit, $\beta - \delta$, devient nulle deux fois par an, lorsque $\delta = \beta$; mais cela arrive en différens tems de l'année, qui dépendent de la latitude du lieu. Les lieux de la zone torride ont donc deux étés, ou plutôt un double été, parce qu'aucun printems ou automne ne les sépare. Le commencement de l'été est donné par l'équation $\sin \lambda = \frac{\sin \beta}{\sin \varepsilon}$ (§. 103.), qui donne deux valeurs de la longitude du soleil, dont la somme fait 180 degrés; dans un lieu par ex. dont la latitude est $\tau \sigma$ (*Fig.* 23.), le premier et le second été commencent, lorsque le soleil est en σ et en π. La distance au zénit, $\beta - \delta$, est un *maximum* $= \beta + \varepsilon$, lorsque $\delta = -\varepsilon$; l'hiver commence donc, à l'entrée du soleil dans le tropique opposé. Le commencement du printems et de l'automne pourrait être déterminé par le passage du soleil par l'équateur, où ces saisons commencent sur toute la terre, ou par l'instant où le soleil est à sa moyenne distance du zénit $= \frac{\beta + \varepsilon}{2}$, ce qui doit être égal à $\beta - \delta$, d'où il suit $\delta = -\frac{\varepsilon - \beta}{2}$: le soleil est donc de l'autre côté de l'équateur, ayant une déclinaison $= \frac{\varepsilon - \beta}{2}$.

Sous la ligne même on a $\beta = 0$. Il en suit, 1. que l'été commence deux fois, au passage du soleil par l'équateur, où $\delta = 0$ et $\beta - \delta = 0$; 2. que l'hiver commence également deux fois, à l'entrée du soleil dans les tropiques, δ étant $= \pm \varepsilon$, et $\delta - \beta$ un *maximum*; 3. que le printems et l'automne est aussi double, et que ces saisons commencent, lorsque $\delta = \pm \frac{\varepsilon}{2}$.

Les lieux situés dans les tropiques, ont la hauteur du pôle égale à l'obliquité de l'écliptique, $\beta = \varepsilon$. Leurs saisons sont donc les mêmes que celles des lieux situés hors des tropiques. L'été commence à l'entrée du soleil dans leur tropique $(\delta = \varepsilon, \beta - \delta = 0)$; l'hiver commence à l'entrée du soleil dans le tropique opposé $(\delta = -\varepsilon, \beta - \delta = 2\varepsilon)$; le printems et l'automne commencent lors du passage du soleil par l'équateur $\left(\delta = 0, \beta - \delta = \varepsilon = \frac{2\varepsilon}{2}\right)$.

CHAPITRE   VI.

Les quatre tems du jour.

§. 107. **L**es quatre époques remarquables du jour résultent du mouvement *diurne* de la terre, comme les saisons du mouvement *annuel*. Le *matin* commence au *lever* du soleil; il est *midi*, lorsque le soleil parvient à sa *plus grande hauteur* dans le méridien; le *soir* commence au *coucher* du soleil; et *minuit* arrive, quand cet astre revient au méridien, étant *le plus abaissé* sous l'horison. On voit que trois de ces époques sont l'objet des observations, le quatrième seulement du calcul. Pour expliquer tous ces phénomènes du mouvement diurne, il suffit de supposer, que la terre tourne sur un axe, suivant la direction opposée à ce mouvement apparent, de droite à gauche. Soit (*Fig.* 27.) PQ cet axe, sur lequel la terre tourne dans un jour, suivant la direction Zz d'occident en orient; soit PZQ le plan d'un cercle horaire immobile, dans lequel le soleil est en S, en faisant abstraction de son mouvement propre; et que la ligne qui joint les centres de la terre et du soleil, rencontre la surface de la terre en s, dans un certain instant, ensorte que s sera le lieu qui, dans cet instant, a le soleil au zénit, et tout autre lieu Z dans le méridien PZs aura midi. Supposons que la terre, par sa rotation, ait décrit l'angle horaire ZPz, ensorte que le méridien PZQ ait pris la situation PzQ, et Z soit arrivé en z: alors le soleil sera éloigné du méridien du lieu Z ou z, du côté opposé ou vers l'ocident: sa distance sera mesurée par le même angle ZPz, et les lieux de la terre, qui ont midi dans ce second instant, auront, par rapport au lieu précédent z, une longitude occidentale $= zPZ$: les astres paraîtront donc tourner autour de la terre d'orient en occident. Le lieu z verra le soleil suivant une direction parallèle à C S (en faisant abstraction d'une petite différence qui dépend de la distance du soleil, et que l'on appelle sa parallaxe), et C z est la ligne verticale de z: la distance du soleil au zénit est donc l'angle SCz, ou l'arc d'un grand cercle sz. Dans le triangle sphérique Psz on a $\cos sz =\cos P z \cos P z + \cos s P z \sin P s \sin P z$, et en se servant des désignations employées ci-dessus (§. 34.), on a sz ou $SCz = 90° - \eta$, P$s = 90° - \delta$, P$z = 90° - \beta$, $sPz = \gamma$, donc $\sin \eta = \sin \delta \sin \beta + \cos \gamma \cos \delta \cos \beta$, la même équation que nous avons trouvée par le mouvement diurne de la sphère (§. 34. I. 1.): il est donc évident que les deux hypothèses donnent absolument les mêmes phénomènes.

Dès que sz devient plus grand qu'un *quadrans*, le rayon visuel du soleil, qui est parallèle à CS, s'abaissera sous l'horison, et la terre n'étant pas transparente, elle empêchera de voir le soleil. Cet astre se lève donc ou se couche, lorsque $\eta = 0$; il est midi, lorsque $\gamma = 0$, et minuit, quand γ est de 180°. Il en est de même des autres astres, avec cette différence, que ces quatre époques ne seront pas appelées matin, soir, etc.

§. 108. Le tems qui s'écoule d'un midi à l'autre, ou en général d'un passage du soleil par un cercle horaire au suivant, est appelé *jour*. L'usage commun est de prendre pour commencement du jour, duquel on compte les heures, le passage inférieur du soleil au méridien, ou minuit. Les astronomes commencent le jour à midi, parce que c'est l'instant le plus aisé à observer, qui est le plus souvent observé, et d'après lequel sont réglées les horloges, surtout les cadrans solaires. Le jour est partagé en 24 parties égales qui sont appelées *heures*: une heure est donc la 24me partie d'une révolution diurne du soleil; elle est partagée en 60 *minutes*, la minute en 60 *secondes*, etc. Au moment où le centre du soleil culmine, il est 0 h. 0 m. 0 s. dans ce lieu, et les astronomes comptent de cette époque 24 heures de suite jusqu'au midi suivant; ce qui a l'avantage, qu'on n'a pas besoin d'ajouter, si une observation a été faite avant ou après midi. Ayant donc remarqué le tems T qu'une pendule a fait d'une culmination du soleil à l'autre, il est aisé, si l'on peut supposer la marche de la pendule et du soleil uniforme pendant ce jour, de trouver l'angle horaire du soleil, ou le tems du jour, qui répond à un tems quelconque indiqué par la pendule. Si la pendule est bien réglée, elle fera 24 heures, ou en général, il s'écoule 24 heures solaires, pendant que le soleil décrit un angle horaire de 360 degrés: il décrit donc un angle horaire de 15° en une heure, 15′ en une minute, etc. On convertit donc le tems en arc, en le multipliant par 15, et les arcs sont convertis en tems par la division par 15, en mettant des heures au lieu des degrés, etc. Par exemple, à 7h. 4m. 12s. l'angle horaire occidental du soleil est $=$ 106° 3′ 0″; et quand l'angle horaire du soleil est de 55°3′10″ à l'est, ou 304°56′50″ à l'ouest, les astronomes comptent 20h.19m $47\frac{1}{3}$s. Il s'entend que tout cela est relatif à un seul méridien, et que sous d'autres méridiens on compte les heures différemment, mais toujours suivant la même loi.

§. 109. Un des problèmes les plus communs, qui peuvent être résolus par ce qui précède, c'est de trouver le tems où une étoile fixe ou un autre point immobile de la sphère est dans le méridien; il sera résolu dans le chapitre qui traite de la mesure du tems. Un autre problème regarde le tems du lever et coucher du soleil. Pour cet effet, on n'a qu'à chercher, par le moyen de la déclinaison du soleil, son angle horaire à l'horison, ou son arc semi-diurne (§. 56.), qui sera converti en tems. Si l'on fait $\eta = 0$, l'équation III. 1. (§. 84.) deviendra $\cos \gamma = -\operatorname{tg}\beta\operatorname{tg}\delta$. Le signe négatif nous apprend, que l'arc semi-diurne est toujours plus grand que 90 degrés, tant que la hauteur du pole et la déclinaison sont de même espèce. Le tems qui répond à cet arc, est $= \dfrac{\gamma}{15}$ (§. 108.): il donne immédiatement le coucher du soleil, parce que les heures se comptent de midi; pour trouver le tems du lever, on ôtera $\dfrac{\gamma}{15}$ de 24 heures. Il est supposé ici, que la déclinaison que le soleil avait à l'horison, est connue, quoique cet instant soit inconnu. Ce calcul se fait donc ordinairement de la manière suivante: on égale δ à la déclinaison du soleil à midi, pour calculer γ; on cherche, par le moyen du changement diurne de la déclinaison, la véritable valeur de δ, qui convient à l'instant γ; et cette valeur servira à calculer plus exactement $\cos \gamma = -\operatorname{tg}\beta\operatorname{tg}\delta$.

§. 110. Si l'on fait encore dans l'équation précédente $\gamma = 0$, l'astre est, au moment de sa culmination, dans l'horison, donc il ne s'élève point sur l'horison. On a donc tg β tg $\delta = -1$, d'où il suit que δ et β sont de nature opposée, et que $\beta + \delta = 90°$. En faisant $\gamma = 180°$, l'astre est dans l'horison au moment de son passage inférieur au méridien, partant il ne se couche pas: on a pour ce cas tang β tang $\delta = 1$, d'où il suit que δ et β sont de même espèce, et que $\beta + \delta = 90°$. En général, on a pour la plus grande hauteur d'un astre, $\sin \eta = \cos (\beta - \delta)$, et pour sa plus petite hauteur $\sin \eta = -\cos (\beta + \delta)$ (§. 74. I. 1.). L'astre est donc toujours sous l'horison, si $\cos (\beta - \delta)$ a une valeur négative, ou que $\beta - \delta > 90°$, c'est-à-dire, si β et δ sont de nature opposée, et que $\beta + \delta > 90°$. L'astre sera toujours sur l'horison, si $-\cos (\beta + \delta)$ est positif, ou $\cos (\beta + \delta)$ négatif, donc $\beta + \delta > 90°$, β et δ étant de même espèce: d'où l'on conclut les propositions suivantes. Les astres dont la déclinaison est assés grande, pour faire avec la hauteur du pole une somme plus grande que 90 degrés, ne se lèvent jamais, si la hauteur du pole et la déclinaison sont de nature opposée; ils ne se couchent jamais, si elles sont de même espèce (*Voy.* §. 35.). Les astres qui ont une déclinaison δ telle que $\beta + \delta = 90°$, font les limites entre ceux qui ne se lèvent ou ne se couchent jamais, et ceux qui se lèvent et se couchent tous les jours.

§. 111. Si l'on veut appliquer ces propositions au soleil, il faut se rappeler que sa déclinaison δ n'est jamais plus grande que l'obliquité ε; d'où il suit qu'au commencement de l'été, sa déclinaison boréale ayant sa plus grande valeur $= \varepsilon$, il ne se lève pas sur l'horison de tous les lieux, dont la latitude méridionale est plus grande que $90° - \varepsilon$, et qu'il ne se couche pas dans les lieux dont la latitude septentrionale est plus grande que $90° - \varepsilon$. Dans le reste de l'année δ est plus petit que ε: il faut donc qu'un lieu, où le soleil ne se lève ou ne se couche pas, ait une latitude plus grande que $90° - \delta$, et à plus forte raison plus grande que $90° - \varepsilon$; le soleil ne se lève ou ne se couche pas dans un lieu septentrional, tant que sa déclinaison australe ou boréale est plus grande que $90° - \beta$. Il en est de même de l'autre hémisphère; et l'on en tirera les conclusions suivantes.

Tous les pays, où le soleil ne se lève ou ne se couche pas une fois dans l'année, sont compris entre le pole et un parallèle terrestre, dont la hauteur du pole est égale à $90° - \varepsilon$, ou dont la distance au pole est égale à l'obliquité de l'écliptique. Il y a un pareil parallèle dans l'un et l'autre hémisphère de la terre, et ces deux parallèles sont appelés le *cercle polaire boréal* et *austral*; les *pays circonpolaires*, où le phénomène précédent a lieu, sont compris entre le pole et le cercle polaire. Ils ont la plus grande hauteur méridienne du soleil, lorsque $\delta = \varepsilon$; ce qui donne $\sin \eta = \cos (\beta - \varepsilon)$ (§. 110.), ou $\eta = 90° - \beta + \varepsilon$: ainsi puisque β est plus grand que $90° - \varepsilon$, la plus grande hauteur du soleil au méridien n'y peut jamais être plus grande que $2 \varepsilon = 46° 56'$.

§. 112. Il résulte de l'équation $\cos \gamma = - \operatorname{tg} \beta \operatorname{tg} \delta$ (§. 109.), que $\gamma > 90°$, ou que le soleil est plus longtems au dessus de l'horison qu'au dessous, tant que β et δ sont de même espèce, et qu'au contraire l'arc nocturne est plus grand que l'arc diurne, si β et δ sont de nature opposée. En désignant par γ' l'arc semi-diurne dans le dernier cas, on aura $\cos \gamma' = - \cos \gamma$, donc $\gamma + \gamma' = 180°$. Or, les demi-arcs diurne et nocturne faisant aussi ensemble $180°$, γ' est égal au demi-arc nocturne dans le premier cas; c'est-à-dire, la déclinaison d'un astre étant donnée, l'arc diurne et nocturne est égal réciproquement à l'arc nocturne et diurne qui conviennent à la déclinaison opposée de même grandeur. Cela veut dire relativement au soleil, que dans tout lieu de la terre, la longueur d'un jour d'été est égale à celle de la nuit correspondante en hiver, et chaque nuit d'été est égale au jour correspondant d'hiver. On peut donc trouver le lever et le coucher du soleil en hiver, des jours analogues de l'été, et réciproquement, en permutant le lever et le coucher. Si β et δ ont des signes opposés, $\cos \gamma' = \operatorname{tg} \beta \operatorname{tg} \delta$ croit en même tems avec β, γ' diminue, et γ augmente, parce que $\gamma + \gamma' = 180°$; c'est-à-dire, les jours d'hiver sont d'autant plus courts, et ceux d'été d'autant plus longs, que la hauteur du pole est plus grande. En faisant varier δ, on trouvera de la même manière, que tous les lieux de la terre ont le plus long jour et la plus courte nuit, lorsque le soleil est dans le tropique de leur hémisphère; mais que le jour est le plus court et la nuit la plus longue, lorsque le soleil est dans le tropique opposé. Sous la ligne on a $\beta = 0$, donc $\cos \gamma = \cos \gamma' = 0$, ou $\gamma = \gamma' = 90°$, quelle que soit la déclinaison du soleil : sous l'équateur, tous les jours et toutes les nuits de l'année sont de la même durée de 12 heures. Quand le soleil est dans l'équateur, δ est nul, et $\gamma = \gamma' = 90°$, quelle que soit la hauteur du pole: au commencement du printems et de l'automne le jour est égal à la nuit sur toute la terre. Ces deux propriétés ont donné lieu aux dénominations de l'équateur et des points équinoxiaux. Au pole β est $= 90°$, donc $\beta + \delta > 90°$, aussi longtems que δ est de même espèce que β: il s'en suit (§. 110.), que les poles n'ont qu'un seul jour et une seule nuit d'un demi-an, ou que le soleil reste six mois au dessus, et les six autres mois au dessous de l'horison des poles, qui est l'équateur même. Tout cela ne doit être entendu que du centre du soleil, et en faisant abstraction de la réfraction; mais ces recherches sont plus importantes pour la géographie que pour l'astronomie.

§. 113. La *figure* 28. représente la terre avec les cercles dont il a été question. PQ est l'axe, P le pole arctique, Q le pole antarctique, AR l'équateur, $PAQR$ le méridien qui est le plan de la projection de la terre. Les arcs AC, RE, AH, RI, PB, PD, QF, QG, sont égaux à l'obliquité de l'écliptique; CE, HI, sont donc les tropiques du cancer et du capricorne, BD, FG, les cercles polaires boréal et austral. Les segmens sphériques BPD, FQG, sont les deux *zones glaciales*; l'espace compris entre les deux tropiques $CHEI$ est la *zone torride*; le résidu forme les deux *zones tempérées* $CBED$, $HFIG$. La chaleur et le froid qui résultent de la hauteur du soleil plus ou moins grande, ou de la direction plus ou moins oblique, suivant laquelle les rayons solaires frappent les différentes parties de la surface de la terre, ont donné lieu à ces dénominations.

La différente situation d'un lieu de la terre par rapport aux autres, a encore donné lieu aux dénominations suivantes. Les habitans de deux lieux, diamétralement opposés l'un à l'autre, comme B et G, D et F, C et I, E et H, A et R, P et Q, ont été appelés *Antipodes;* leurs longitudes sont différentes de 180 degrés, et leurs latitudes sont égales mais opposées. Les habitans d'un même parallèle sous des méridiens opposés, comme B et D, F et G, C et E, H et I, A et R, sont appelés *Antoeciens;* enfin ceux qui, habitant sous le même méridien, ont des latitudes égales mais opposées, comme B et F, D et G, C et H, E et I, s'appellent *Périoeciens.* Les antipodes ont les saisons et les tems du jour opposés; les antœciens ont les mêmes saisons, mais les tems du jour opposés; les périœciens ont les mêmes tems du jour, mais des saisons opposées.

§. 114. Quand le soleil s'élève sur l'horison, il n'éclaire pas seulement tous les objets qui peuvent être frappés directement par ses rayons, étant situés de manière que la ligne droite qui les joint au soleil n'est interrompue par aucun corps opaque; mais d'autres objets qui ne sont pas exposés aux rayons du soleil, sont illuminés plus ou moins, selon que l'atmosphère est plus claire ou plus obscure. Une chambre dont les fenêtres font face au nord, est parfaitement éclairée à midi, quoique les rayons solaires n'y puissent point entrer. Comme cette lumière dépend du tems du jour, elle est nécessairement l'effet des rayons solaires, non pas des rayons directs, mais de ceux qui sont *réfléchis* par quelque corps. Ce corps ne peut pas être un objet terrestre, parce que la lumière est d'autant plus grande, que l'exposition de la chambre est plus libre; c'est plutôt la portion septentrionale du ciel ou de l'atmosphère, qui éclaire les corps exposés au nord, en réfléchissant la lumière du soleil dont elle-même est éclairée directement. L'air a donc, ainsi que tout autre corps, la faculté de réfléchir les rayons du soleil; et c'est cette propriété de l'air, qui éclaire tous les objets qui ne peuvent être frappés directement par les rayons du soleil, ou qui sont à l'ombre. Un autre effet de cette propriété de l'air est sa couleur bleue par un ciel parfaitement serein.

§. 115. Après le coucher du soleil, ses rayons ne tombent plus sur l'horison mais ils rencontrent encore les objets élevés, tels que les sommets des montagnes, des tours, etc. L'atmosphère étendue au dessus de l'horison est donc aussi illuminée le soir, et renvoie cette lumière vers la terre. La même chose arrive avant le lever du soleil, et cette lumière que l'atmosphère nous fournit, lorsque le soleil est sous l'horison, est appelée *crépuscule*. A mesure que le soleil s'abaisse sous l'horison, la portion de l'atmosphère visible qui est éclairée par le soleil, diminue; la lumière du crépuscule s'affaiblit, et disparaît enfin tout-à-fait, lorsque le soleil est abaissé au point, que toute la portion éclairée de l'atmosphère se trouve sous l'horison. Il n'est pas aisé de déterminer les limites du crépuscule, et même la nuit la plus obscure nous laisse encore apercevoir des objets. Cependant les astronomes sont convenus de fixer les limites entre le crépuscule et la nuit close à l'instant où les plus petites étoiles commencent ou finissent d'être visibles; ce qui dépend encore de la bonté des yeux. Ordinairement on donne à *l'arc de vision* des différentes étoiles, c'est-à-dire à l'abaissement du soleil sous l'horison, lorsqu'on commence à les apercevoir à la vue simple, les valeurs suivantes; 11 ou 12 degrés pour les étoiles de la première grandeur, 14° pour celles de la troisième grandeur, et 18° pour les plus petites étoiles. On suppose donc que le crépuscule commence le matin, et finit le soir, quand le soleil est abaissé de 18° sous l'horison: cela posé, il sera aisé de résoudre les problèmes suivans.

§. 116. Si l'on cherche la *durée* du crépuscule qui aura lieu tel jour dans un certain lieu, la hauteur du pole β, la déclinaison du soleil δ, et l'abaissement de 18°, sont donnés: on en conclura l'angle horaire γ, et ayant soustrait le demi-arc diurne, le résidu, converti en tems, donnera la durée du crépuscule. Faisant donc $\eta = -18°$, l'équation III. 1. (§. 34.) donnera $\cos \gamma = - \dfrac{\sin 18 + \sin \beta \sin \delta}{\cos \beta \cos \delta}$. Cet angle est toujours plus grand que 90°, jusqu'au jour où β et δ sont de nature opposée, et $\sin \beta \sin \delta > \sin 18°$, ou $\sin \beta > \dfrac{\sin 18°}{\sin 25° 26'}$, donc $\beta > 50° 34'$. Si le crépuscule est compté pour une partie du jour, il en suit, que tous les lieux de la terre dont la latitude est au dessus de 51 degrés (ce qui fait à peu près $\frac{4}{5}$ de toute la surface de la terre), ont tous les jours de l'année plus longs que les nuits, par l'effet de la faculté de l'air de réfléchir la lumière. Aux poles mêmes le crépuscule dure, jusqu'à ce que la déclinaison opposée du soleil surpasse 18°: les deux crépuscules avant le commencement et après la fin de leur été ou jour de six mois, pris ensemble, durent quinze semaines.

Si la valeur précédente de $\cos \gamma$ est $= -1$, le crépuscule dure toute la nuit. Alors on a $\sin 18° + \sin \beta \sin \delta = \cos \beta \cos \delta$, ou $\sin 18° = \cos (\beta + \delta)$, donc $\delta = 72° - \beta$. Sous la latitude par ex. de 60°, il n'y a pas nuit close, aussi longtems que la déclinaison du soleil est au delà de 12 degrés; et il est visible que la portion de l'année, durant laquelle un lieu n'a pas nuit close, augmente avec la hauteur du pole. La même équation donne $\beta = 72° - \delta$, dont la moindre valeur est $48° 32'$: il s'en suit que les lieux qui, pendant quelque tems, n'ont pas nuit close, doivent avoir une latitude d'au moins $48° 32'$, ce qui est à peu près le parallèle de Paris.

§. 117. Le problème inverse est, de chercher le jour de l'an où, dans un certain lieu, le crépuscule durera un tems donné. Soit (*Fig.* 29.) LS le parallèle que le soleil parcourt ce jour là, HR l'horison, Z le zénit, P le pole, S la limite du crépuscule: on connaît donc $ZS = 108°$, $Zs = 90°$, $SPs = \gamma$, $PZ = 90° - \beta$, et l'on cherche $\delta = 90° - PS$. On a dans le triangle Z P s,

$$\cos ZPs = -\frac{\sin\beta\sin\delta}{\cos\beta\cos\delta},$$

et dans le triangle ZPS,

$$\cos ZPS \text{ ou } \cos(ZPs + \gamma) = -\frac{\sin 18° + \sin\beta\sin\delta}{\cos\beta\cos\delta},$$

ou bien

$$\cos ZPs \cos\gamma - \sin ZPs \sin\gamma = \cos ZPs - \frac{\sin 18°}{\cos\beta\cos\delta},$$

d'où l'on tire

$$\sin ZPs = \frac{\sin 18° + \sin\beta\sin\delta(1 - \cos\gamma)}{\sin\gamma\cos\beta\cos\delta}.$$

Mais la première équation donne aussi

$$\sin ZPs = \frac{\sqrt{(\cos^2\beta - \sin^2\delta)}}{\cos\beta\cos\delta}.$$

En comparant ces deux valeurs de sin ZP*s*, et prenant les carrés, on trouvera sin δ par cette équation:

$$0 = \sin^2\delta\left\{2\sin^2\beta(1 - \cos\gamma) + \cos^2\beta\sin^2\gamma\right\} + 2\sin\delta\sin 18°\sin\beta(1 - \cos\gamma)$$
$$+ \sin^2 18° - \cos^2\beta.\sin^2\gamma.$$

Comme elle est du second degré, on trouvera deux valeurs de δ, donc, puisque le soleil parvient deux fois dans l'année à la même déclinaison, quatre différens jours, où le crépuscule a la durée donnée; mais il ne faut pas oublier, que δ ne peut être plus grande que $23° 28'$.

Entre ces deux déclinaisons qui donnent la même durée du crépuscule, il y en aura une, où cette durée est un *maximum* ou *minimum*. Il est évident qu'elle est un *maximum*, lorsque $\delta = + \varepsilon$; mais ce n'est pas le *maximum* dont il est question ici, parce qu'il est renfermé entre les deux déclinaisons *égales* qui arrivent deux fois par an, tandis que notre équation quadratique donne deux valeurs *inégales* de δ. Conformément à la nature des *maxima*, le *maximum* qui appartient à $\delta = \varepsilon$, doit être suivi par un *minimum*: il y a donc une déclinaison, à laquelle répond une durée qui est un *minimum*, et qui est donnée par les équations précédentes. On peut trouver le plus court crépuscule, et le jour où il arrive, de la manière suivante.

§. 118. En différentiant les expressions précédentes de $\cos ZPs$ et de $\cos(ZPs+\gamma)$ (§. 117.), on trouvera, en faisant varier γ et δ,

$$\partial . ZPs = \frac{\partial\delta . \sin\beta}{\cos\beta . \cos^2\delta . \sin ZPs}, \quad \text{et} \quad \partial . ZPs + \partial\gamma = \frac{\partial\delta(\sin\beta + \sin 18^\circ . \sin\delta)}{\cos\beta . \cos^2\delta . \sin(ZPs+\gamma)}.$$

Puisqu'il faut faire $\partial\gamma = 0$, afin que γ soit un *minimum*, on peut égaler ces deux expressions, ce qui donnera

$$\frac{\sin(ZPs+\gamma)}{\sin ZPs} = \frac{\sin\beta + \sin 18^\circ . \sin\delta}{\sin\beta}.$$

Les équations du §. 117. donnent encore

$$\sin ZPs = \frac{\sqrt{(\cos^2\beta - \sin^2\delta)}}{\cos\beta \cos\delta}, \quad \text{et}$$

$$\sin(ZPs+\gamma) = \frac{\sqrt{(\cos^2\beta - \sin^2\delta - 2\sin 18^\circ \sin\beta \sin\delta - \sin^2 18^\circ)}}{\cos\beta \cos\delta},$$

d'où il suit

$$\frac{\sin(ZPs+\gamma)}{\sin ZPs} = \sqrt{\frac{\cos^2\beta - \sin^2\delta - 2\sin 18^\circ \sin\beta \sin\delta - \sin^2 18^\circ}{\cos^2\beta - \sin^2\delta}}.$$

En égalant les deux valeurs de $\dfrac{\sin(ZPs+\gamma)}{\sin ZPs}$, et prenant les carrés, on trouvera

$$0 = \sin^2 18^\circ . \cos^2\delta . (\sin^2\delta + \sin^2\beta) + 2\sin 18^\circ . \sin\beta . \sin\delta . \cos^2\delta,$$

et en divisant par $\sin^2 18^\circ . \cos^2\delta$,

$$0 = \sin^2\delta + \frac{2\sin\beta . \sin\delta}{\sin 18^\circ} + \sin^2\beta.$$

Les deux racines de cette équation sont $\sin\delta = \dfrac{-\sin\beta + \sin\beta \cos 18^\circ}{\sin 18^\circ} =$ $-\dfrac{\sin\beta(1 \mp \cos 18^\circ)}{\sin 18^\circ}$; donc 1) $\sin\delta = -\dfrac{\sin\beta . \sin^2 9^\circ}{\sin 9^\circ . \cos 9^\circ} = -\sin\beta\, \mathrm{tg}\, 9^\circ$, et 2) $\sin\delta = -\dfrac{\sin\beta . \cos^2 9^\circ}{\sin 9^\circ . \cos 9^\circ} = -\sin\beta \cot 9^\circ$. Le plus court crépuscule arrivera donc quatre fois par an, et toujours en hiver, parce que δ est négatif. Mais comme δ ne peut être plus grand que $23^\circ 28'$, la seconde racine est limitée par la condition que $\sin \beta$ ne doit pas excéder $\tan 9°. \sin 23° 28$: cette solution ne peut donc avoir lieu que sous des latitudes plus petites que $3° 37'$. La première racine a lieu pour toutes les latitudes, parce que sa plus grande valeur est $\sin \delta = \tan 9°$, ou $\delta = 9° 6' 47''$. Cela serait donc la déclinaison qui donne le plus court crépuscule pour le pole, où $\sin \beta = 1$; mais ce problème n'est pas applicable au pole, qui n'a qu'un seul jour, et par conséquent un seul crépuscule dans toute l'année. En général, il faut satisfaire à deux conditions, pour que plusieurs crépuscules arrivent successivement : l'une, que la distance du soleil au zénit soit à minuit plus grande que 168 degrés, l'autre, que le soleil se lève et se couche le même jour. La distance au zénit à minuit est $(90° - \beta) + (90 + \delta)$, le soleil étant de l'autre côté de l'équateur, ainsi que la solution du problème le demande. Il faut donc, en vertu de la première condition, que $72° + \delta$ soit plus grand que β. Conformément à cette condition, il résultera de la première racine, que $\sin \delta$ doit être plus petit que $\tan 9°. \sin 72° + \delta$, ou $\sin \delta < \operatorname{tg} 9° (\cos 18° \cos \delta + \sin 18° \sin \delta)$, d'où il suit $\tan \delta < \dfrac{\tan 9°. \cos 18°}{1 - \operatorname{tg} 9°. \sin 18°}$ $\left(= \dfrac{\operatorname{tg} 9°. \cos 18°}{1 - 2(\sin 9°)^2} = \dfrac{\operatorname{tg} 9°. \cos 18°}{\cos 18°} \right)$, donc $\tan \delta < \tan 9°$, et $\delta < 9°$. Il faut donc que β soit plus petit que $72° + 9°$ ou $\beta < 81°$. Alors on aura $\beta + \delta < 90°$, d'où il suit que le soleil se lève et se couche ce jour là $(§. 110.)$: donc la seconde condition est aussi remplie. Supposant par ex. $\beta = 80°$, l'équation $\sin \delta = - \sin \beta \operatorname{tg} 9°$ donnera $\delta = 8° 58' 25''$, d'où il suit que la distance du soleil au zénit sera au minuit de ce jour $= 10° + 98° 58' 25''$, plus grande que 108°. A midi cette distance sera $= (90° + \delta) - (90° - \beta) = 88° 58'$; par conséquent, le soleil se lève ce jour là, et il se lèvera tous les jours, jusqu'à ce que δ soit de 10 degrés, ce qui n'arrivera qu'au bout de trois jours ; et les jours qui précèdent et qui suivent celui où δ était $= 8° 58'$, auront des crépuscules plus longs que ce jour. On voit donc, que la seconde racine n'est applicable qu'aux lieux compris entre les deux parallèles, dont la latitude est de $3° 37'$, et que la première est applicable à toute la terre, excepté les segmens autour des poles, dont la base est le parallèle de 80° de latitude. Pour l'équateur, où $\beta = 0$, les deux racines donnent $\delta = 0$:

le plus court crépuscule a donc lieu sous la ligne, les jours des équinoxes.

§. 119. Connaissant maintenant la valeur de δ, on peut trouver $\gamma = sPS$, ou la durée du plus court crépuscule, de la manière suivante. Faisant pour abréger, $\sin 9^\circ = a$, $\cos 9^\circ = b$, $\sin \beta = f$, $\cos \beta = g$, $b^2 - f^2 = m^2$, tang $ZPs = c$, et tang $\frac{1}{2}\gamma = x$, la racine 1) est $\sin \delta = -\frac{a}{b}f$, ce qui étant substitué dans les équations du §. 117. donnera

$$\cos ZPs = \frac{af^2}{bg\cos\delta}, \text{ et } \cos(ZPs + \gamma) = \frac{af^2 - 2ab^2}{bg\cos\delta}, \text{ parce que } \sin 18^\circ = 2ab.$$

De là il vient

$$\cos ZPs - \cos(ZPs + \gamma) = 2\sin\left(ZPs + \frac{\gamma}{2}\right)\sin\frac{\gamma}{2} = \frac{2ab^2}{bg\cos\delta}, \text{ et}$$

$$\cos ZPs + \cos(ZPs + \gamma) = 2\cos\left(ZPs + \frac{\gamma}{2}\right).\cos\frac{\gamma}{2} = -\frac{2am^2}{bg\cos\delta},$$

d'où il suit

$$\text{tg}\frac{\gamma}{2}.\text{tg}\left(ZPs + \frac{\gamma}{2}\right) \text{ ou } x\frac{c+x}{1-cx} = -\frac{b^2}{m^2}; \text{ ce qui donne}$$

$$0 = x^2 - \frac{f^2 c}{m^2}x + \frac{b^2}{m^2}. \text{ Les deux racines de cette équation sont}$$

$$x = \frac{f^2 c \pm \sqrt{(f^4 c^2 - 4 b^2 m^2)}}{2m^2}. \text{ Maintenant les équations } \cos ZPs = \frac{af^2}{bg\cos\delta}, \text{ et}$$

$$\sin ZPs = \frac{\sqrt{\left(g^2 - \frac{a^2}{b^2}f^2\right)}}{\cos\beta\cos\delta} \;(\S.\;117.) = \frac{\sqrt{(b^2 - f^2)}}{bg\cos\delta} = \frac{m}{bg\cos\delta} \text{ donnent}$$

$$c = \frac{m}{af^2}; \text{ d'où il vient } x = \frac{m \pm m\sqrt{(1 - 4a^2 b^2)}}{2am^2} = \frac{1 \pm \cos 18^\circ}{2am}. \text{ Comme } a \text{ est}$$

environ $\frac{1}{6}$, et $m < 1$, $2am$ est plus petit que $\frac{1}{3}$; donc le signe $+$ ferait x plus grand que 3; mais on sait que $\frac{1}{2}\gamma < 45^\circ$, et en conséquence $x < 1$: il faut donc prendre la valeur $x = \frac{1 - \cos 18^\circ}{2am} = \frac{2a^2}{2am} = \frac{a}{m}$, d'où il suit

$$\sin\frac{1}{2}\gamma = \frac{x}{\sqrt{(1+x^2)}} = \frac{a}{\sqrt{(a^2 + m^2)}} = \frac{a}{\sqrt{(1-f^2)}} = \frac{a}{g}, \text{ ou } \sin\frac{1}{2}\gamma = \frac{\sin 9^\circ}{\cos\beta}. \text{ L'an-}$$

gle γ, converti en tems, donnera la durée du plus court crépuscule.

On peut trouver le même résultat par une construction très-simple. On a dans le triangle ZsP, $\cos s = \frac{\sin\beta}{\cos\delta}$, et dans le triangle ZSP, $\cos S = \frac{\sin\beta + \sin 18^\circ \sin\delta}{\cos 18^\circ \cos\delta}$. En substituant donc $\sin\delta = -\text{tg }9^\circ.\sin\beta$, il viendra $\cos S = \dfrac{\sin\beta\,(1 - 2\sin^2 9°)}{\cos 18°\cos\delta} = \dfrac{\sin\beta\cos 18°}{\cos 18°\cos\delta} = \cos s$, donc $S = s$. Faisant donc $ZQ = 18°$, on aura entre les triangles PSQ, PsZ, ces relations, $QS = 90° = Zs$, $PS = 90° + \delta = Ps$, et $S = s$, donc $PQ = PZ = 90° - \beta$, $ZPs = QPS$, d'où il suit $ZPQ = sPS = \gamma$. On a donc dans le triangle isocèle ZPQ,

$$\cos\gamma = \frac{\cos 18° - \sin^2\beta}{\cos^2\beta},$$ d'où l'on tire $1 - \cos\gamma = 2\sin^2\tfrac{1}{2}\gamma = \frac{1 - \cos 18°}{\cos^2\beta} = \frac{2\sin^2 9°}{\cos^2\beta}$,

donc $\sin\tfrac{1}{2}\gamma = \dfrac{\sin 9°}{\cos\beta}$, comme ci-dessus. (*)

(*) M. *Fuss* a le premier donné une solution semblable, il y a plus de 35 ans. (Voyés *Berlin. Astron. Jahrbuch für* 1787. Compar. *Astron. théor. et prat.* par M. *Delambre*, *T. I. Ch.* 14.).

CHAPITRE VII.

Longueur de l'année.

§. 120. La longueur de l'année donne la longitude moyenne du soleil pour un tems quelconque, si elle est connue pour une seule époque (§. 99.). La mesure du tems, d'après laquelle les horloges sont réglées, est le jour avec ses parties, les heures, etc. (§. 108), ou la rotation de la terre. La question dont il s'agit ici, est donc proprement: combien de fois la terre tourne sur son axe, pendant qu'elle achève sa route annuelle autour du soleil. Le tems que le soleil met à faire, par son mouvement propre, une révolution entière, ou à revenir au même point d'où il était parti, est appellé *année;* il y a donc autant de différentes années, qu'il y a de manières de déterminer le lieu du soleil. Si ce lieu est déterminé par les seuls points fixes du ciel, les étoiles, le tems au bout duquel le soleil revient à la même étoile, est *l'année sidérale.* Il paraît que cette année, qui est la véritable révolution du soleil, doit aussi être la plus aisée à déterminer. En observant successivement le soleil et l'étoile au méridien, on trouvera, par l'intervalle du tems, la différence des ascensions droites à midi vrai $= a$. On fera la même observation au bout d'un an ou de n jours, lorsque le soleil a à peu près la même ascension droite: ayant trouvé la différence d'ascension droite entre le soleil et l'étoile $= b$ un peu plus grande que a; le lendemain à midi on trouvera cette différence $= c$, et $c < a$. Il est visible, que l'année sidérale est plus grande que n jours, et moins grande que $n + 1$ jours: on trouvera aisément ce qui manque à n jours, pour compléter l'année. Dans le jour écoulé entre la seconde et la troisième observation le soleil a parcouru l'arc de l'équateur, $b - c$, et après n jours il lui manquait encore l'arc $b - a$ pour faire une révolution entière. En supposant donc le mouvement du soleil uniforme pendant le dernier jour, on aura $b - c$ à $b - a$, comme un jour à t. Le tems $t = \dfrac{b - a}{b - c}$, étant ajouté à n, donnera la longueur de l'année solaire $= \left(n + \dfrac{b - a}{b - c} \right)$ jours.

§. 121. La méthode précédente donnera un résultat plus exact, si l'on fait les secondes observations après un intervalle de plusieurs ans; alors l'erreur, étant divisée par le nombre des années, deviendra inconsidérable: une remarque, faite déjà par Hipparque qui sut bien en profiter. Si par ex. dans l'intervalle de n jours, il s'est écoulé m révolutions sidérales plus une à peu près, il faut ajouter $t = \dfrac{b - a}{b - c}$ à n jours, pour avoir $m + 1$ années sidérales: on a donc $m + 1$ ans $= \left(n + \dfrac{b - a}{b - c} \right)$ jours, et l'année sidérale est de $\dfrac{n(b - c) + b - a}{(m + 1)(b - c)}$ jours. L'erreur qu'on peut avoir commise dans l'observation des ascensions droites, a, b, c, est donc divisée par $m + 1$, et par conséquent $(m + 1)$ fois plus petite. Mais pour porter la précision à une seconde, il faut une longue suite d'années; et comme tout dépend ici de la bonté des pendules, on serait borné aux observations modernes, et celles des anciens astronomes seraient perdues pour nous. Ainsi, puisqu'il est indifférent, quelle année on détermine la première, rien n'étant plus facile, que de réduire l'une à l'autre; les astronomes prennent pour base de ces recherches l'année tropique, qui peut être déterminée par les observations les plus anciennes.

§. 122. La révolution du soleil relativement à l'équateur ou à l'écliptique, qui ramène cet astre à la même distance aux points équinoxiaux et solstitiaux, est la cause des saisons, sur lesquelles sa position par rapport aux étoiles n'a aucune influence. Une pareille année, dans laquelle la longitude du soleil augmente de 360 degrés, est appelée *année tropique:* elle conviendrait exactement avec l'année sidérale, si la précession des équinoxes (§. 89.) ne changeait pas la situation des étoiles relativement aux points équinoxiaux. Pour déterminer la longueur de cette année, on n'a qu'à observer les équinoxes: car le tems qui s'écoule d'un équinoxe de printems ou d'automne, d'un solstice d'été ou d'hiver, à l'autre, est une année tropique.

Nous avons exposé (§. 97.) les méthodes qui donnent une détermination exacte de l'époque des équinoxes et des solstices; deux observations analogues donneront donc la durée de l'année. Les anciennes observations des équinoxes nous donnent le moyen de détruire les erreurs inévitables des observations, en comparant celles des anciens astronomes avec les nôtres. On peut même négliger d'abord les corrections, d'ailleurs bien connues, qui résultent du mouvement des étoiles (§. 96.). En effèt, puisque cette correction $\left(\frac{h}{2}\right.$ (§. 96.) $\left.\right)$ ne monte qu'à 10″, et que le soleil met environ 4 minutes à parcourir 10″, il n'en résulterait qu'une erreur de 4 minutes ou 240 secondes, relativement à la longueur de l'année; l'erreur serait donc d'une seconde, si les deux observations étaient éloignées de 240 ans l'une de l'autre.

§. 123. Pour éclaircir cette méthode, je vais tirer un exemple de *l'astronomie* de Lalande. L'an 146 avant l'ère vulgaire, le 24 Mars à 11 heures 55 minutes avant midi, Hipparque observa à Alexandrie l'équinoxe du printems. Le même fut observé par Cassini à Paris l'an 1735 le 21 Mars nouveau style, à 2 heures 20 m. 40 s. du matin. En réduisant cela au calendrier Julien, et au méridien d'Alexandrie, l'époque de la dernière observation sera le 10 Mars 4 h. 12 m. 26 s. avant midi. Il manqua donc 14 jours 7 heures 42 m. 34 s. à la dernière observation, pour la faire coïncider avec la première: partant l'intervalle est T $=$ (1735 $+$ 145) années Juliennes moins 14 j. 7 h. 42 m. 34 s. Or l'année Julienne étant de 365 $\frac{1}{4}$ jours, l'intervalle est T $= \left(1880 . 365 + \dfrac{1880}{4} - 14 \right)$ jours $-$ (7 h. 42 m. 34 s.) pendant lequel 1880 années tropiques se sont écoulées. La durée d'une année est donc A $= \dfrac{T}{1880} =$ 365 jours 6 heures moins 10 m. 58 s. 10 t. $=$ 365 j. 5 h. 49 m. 1 s. 50 t. On a négligé ici quelques petites corrections qui seront développées dans le tome II. de cet ouvrage; on y verra en même tems, comment la longueur de l'année tropique se trouve avec la plus grande précision. Elle est suivant Lalande $=$ 365 j. 5 h. 48 m. 48 s. D'après les nouvelles tables de M. Delambre, elle est $=$ 365 j. 5 h. 48 m. 51,6666 sec.

§. 124. L'année tropique donne immédiatement l'année sidérale. Lorsque le soleil, au bout d'une année tropique, revient au point vernal, sa longitude étant nulle, l'étoile, dont la longitude était également nulle au commencement de l'année, s'est, pendant ce tems, éloignée du point zéro à l'orient de 5o″,1, conformément à la précession des équinoxes (§. 90.): la longitude de cette étoile, et de toutes les autres, a augmenté de 5o″,1. Le soleil aura donc besoin, pour rejoindre l'étoile, du tems t qu'il emploie à parcourir un arc de 5o″,1. Mais comme la longitude de l'étoile aura encore augmenté pendant le tems t, on trouvera l'année sidérale plus exactement par la proportion suivante. Dans une année tropique, le soleil a parcouru, relativement aux étoiles fixes, un arc de 36o° — 5o″,1: nommant donc A la longueur de l'année tropique (§. 123.), il viendra $t = \dfrac{5o″,1}{36o° - 5o″,1} A =$ 2o min. 19,95632 sec. La durée de l'année siderale S sera donc $A + t =$ 365j. 6.h. 9m. 11,56298 sec.

Outre ces deux années il y en a encore une troisième, l'année *anomalistique,* dont il sera parlé plus bas.

C H A P I T R E   VIII.

Longitude moyenne du soleil.

§. 125. On appelle *mouvement moyen* du soleil, celui qui résulte de la durée d'une révolution entière ou d'une année, en supposant le mouvement *uniforme;* il est donc trouvé par le moyen d'une simple proportion, et détermine la vitesse constante ou moyenne du soleil. Dès qu'on connaît encore la longitude du soleil pour un tems quelconque, on trouvera, par une simple addition ou soustraction, la longitude *moyenne* du soleil pour tout tems postérieur ou antérieur. Lorsqu'au bout d'un an, le soleil est revenu à la même longitude, l'ascension droite sera aussi la même qu'au commencement de l'année: le soleil décrit donc pareillement 360° en ascension droite, dans une année tropique. Les mouvemens moyens du soleil sont donc les mêmes relativement à l'écliptique et à l'équateur; et son ascension droite moyenne se trouve de la même manière que la longitude, si elle est connue pour un certain tems. Il faut donc connaître deux choses, pour trouver la longitude moyenne à une époque donnée, sa vitesse ou son mouvement moyen, et sa longitude moyenne pour un tems quelconque. Cette longitude moyenne, avec le tems auquel elle appartient, a été appelée par les astronomes *Epoque:* c'est de là que se comptent toutes les autres longitudes, et elle est la base sur laquelle elles sont calculées. Les mouvemens de tout astre, même des étoiles fixes, ont besoin de ces époques qui sont le fondament des tables astronomiques: il est donc nécessaire, de déterminer avec l'exactitude la plus scrupuleuse, la longitude moyenne et le tems répondant, qui sont destinés à servir d'époque. Au reste, une erreur relative à l'époque influe sur toutes les longitudes de la table de la même manière, en les faisant trop grandes ou trop petites d'une certaine quantité. Cette erreur étant donc découverte, les tables peuvent également servir à trouver les véritables longitudes, par une simple addition ou soustraction de l'erreur de l'époque; et elle se découvre aisément, si l'on aperçoit que la différence entre les longitudes, tirées des observations et des tables, est constante.

§. 126. Le soleil parcourant 360 degrés de l'écliptique ou de l'équateur dans une année tropique A, son mouvement moyen ou uniforme dans un autre tems quelconque t sera $= \frac{t}{A} 360°$. Les réductions suivantes serviront à faciliter ce calcul.

$$360° = 1296000''; \quad A = 31556931, 6c666 \text{ secondes;}$$
$$\text{un·jour} = 86400 \text{ secondes;} \quad \text{une heure} = 3600 \text{ sec.}$$

Le mouvement moyen du soleil est donc

pour un jour, $\frac{360°}{A \text{ jours}} = 59'8'',33;$ pour une heure $= 2'27'',85;$

pour une minute $= 2'',46;$ pour une seconde $= 0'',04.$

Le tems que le soleil emploie à parcourir un arc donné a, est $= \frac{a}{360°} A.$ Le soleil parcourt donc

$1''$ en 24,35 sec.; $1'$ en 24 min. 20,97 sec.; $1°$ en 24 heures 20 m. 58,143 s.

On en conclura aisément le moyen mouvement du soleil

pour une année commune de 365 jours $= 359°45'40'',368$
$$= 11^s 29°45'40'',368;$$

pour une année bissextile de 366 jours $= 360°44'48'',7$
$$= 0^s 0°44'48'',7;$$

pour quatre années Juliennes, dont trois sont de 365 jours, et une de 366 jours $= 0^s 0° 1'49'',8.$

Le *mouvement séculaire* pour cent années Juliennes, dont 25 sont bissextiles, est $= 0^s 0°45'45'';$

pour cent années Grégoriennes, parmi lesquelles il n'y a que 24 bissextiles $= 11^s 29°46'46'',7.$

§. 127. Une longitude quelconque du soleil, observée avec le plus grand soin, peut servir à déterminer l'époque. Mais comme les observations donnent la longitude *vraie* qui, à cause de la vitesse plus ou moins grande du mouvement, diffère de la longitude moyenne que les tables doivent indiquer, pour être plus simples et commodes; il faut réduire la longitude vraie à la moyenne, ce qui sera expliqué plus bas. Les meilleures observations pour cet effet sont celles des équinoxes mêmes, parce qu'alors la longitude du soleil se trouve sans calcul, de $0°$ ou de $180°$. Ainsi l'observation d'une longitude vraie donne, au moyen de cette réduction, la longitude moyenne, par conséquent une époque, d'où l'on peut conclure, à l'aide du mouvement moyen, autant d'époques qu'on voudra.

§. 128. Pour simplifier les tables astronomiques, on a, suivant l'exemple respectable de Ptolémée, calculé l'époque pour le commencement de chaque année, et nommément pour le midi du premier jour de l'année, suivant le méridien des tables, en se conformant à l'usage des astronomes qui commencent le jour à midi. Mais il faut observer, que l'époque répond au midi du 31 Décembre de l'année passée, ci c'est une année commune, et au midi du 1 Janvier, si l'année est bissextile. Si l'on avait fixé toutes les époques au 1 Janvier, les jours ne seraient d'accord que jusqu'à la fin du Février, et les dix mois suivans l'année bissextile différerait d'un jour. La disposition précédente fait qu'une année commune avance d'un jour pendant les deux premiers mois, et que du commencement du Mars, où l'année bissextile a rejoint les années communes, les jours des deux années sont d'accord. Le bureau des longitudes de France a changé ces deux arrangemens: dans toutes les tables, publiées par ce bureau, les époques sont fixées au commencement du jour civil et de l'année civile, c'est-à-dire, au minuit qui sépare le 1 Décembre du 1 Janvier, ou l'année passée de la nouvelle année, sans distinction de commune ou de bissextile. Il en résulte que, depuis le 1 Mars, les longitudes répondent, dans l'année bissextile, au jour précédent celui de l'année commune. Dans les *tables du soleil par M. Delambre*, la *Table III* donne les époques ou longitudes moyennes du soleil, pour le commencement de chaque année civile depuis 1750 jusqu'à

1900, d'après le méridien de Paris. Dans la *Table IV* on trouve le mouvement moyen qu'il faut ajouter aux époques de la *Table III,* pour avoir celles des années correspondantes dans les autres siècles avant et après le 19me. Ces deux tables donnent donc l'époque du soleil au commencement d'une année quelconque de tous les tems passés et futurs. La *Table VI* donne le mouvement moyen du soleil pour tous les jours de l'année, et la *Table X* pour les heures, minutes, et secondes. Ces tables suffisent, pour trouver, par une simple addition, la longitude moyenne du soleil pour un tems quelconque, compté d'après le méridien de Paris, ou d'un autre lieu dont la longitude géographique est connue.

CHAPITRE IX.

Longitude vraie du soleil.

§. 129. La définition de la longitude moyenne suppose, que la vitesse, avec laquelle le soleil décrit son orbite, est constante, ou le mouvement uniforme. C'est aux observations à décider, si cette supposition est juste: en tout cas elle est utile, parce qu'elle donne le seul moyen de découvrir les irrégularités qui pourront avoir lieu dans l'orbite solaire. Il est possible (et nous allons voir que c'est effectivement le cas), que le soleil parcourt sa route avec une vitesse variable, qui sera nécessairement tantôt plus tantôt moins grande que la vitesse moyenne; que par conséquent, le lieu moyen du soleil, calculé pour un certain tems, sera différent de celui que le soleil occupe dans ce moment, ou du lieu *vrai*. Pour connaitre cette différence entre les longitudes vraies et moyennes, il faut calculer la longitude vraie par la déclinaison et l'ascension droite qu'on observera de tems en tems, ou d'un midi à l'autre, par la comparaison avec une étoile: on tirera des tables la longitude moyenne pour les mêmes midis, et on trouvera pour chaque midi la différence entre les longitudes vraie et moyenne, ainsi que le *mouvement vrai* en 24 heures. Si ce dernier se trouve tantôt plus tantôt moins grand que le mouvement moyen, il est prouvé, que le mouvement du soleil n'est pas uniforme. Les observations de peu de jours suffisent, pour s'en assurer.

§. 130. Si ces irrégularités n'avaient aucune période, au bout de laquelle elles reviennent suivant le même ordre, il serait impossible de calculer d'avance le lieu du soleil: car ce calcul, s'il est fondé sur l'expérience seule, ne peut se faire. à moins d'avoir vu plusieurs suites de changemens semblables, qui donnent lieu à conclure les changemens futurs des passés, c'est-à-dire des *périodes;* et s'il est fondé sur la théorie, il suppose une loi que l'on ne pourra découvrir qu'après une longue suite de siècles. On pourrait dresser des tables pour le tems passé, fondées immédiatement sur les observations; mais la science de l'astronomie, dont le but principal est de déterminer d'avance pour un tems quelconque, les périodes des mouvemens célestes et les lieux des astres, n'existerait pas. Quand on voit, que la longueur moyenne du soleil, déduite des observations de plus de mille ans, est parfaitement d'accord avec la durée actuelle de chaque année, et qu'au bout d'une année moyenne, le soleil occupe toujours le même point de son orbite qu'au commencement (en faisant abstraction des irrégularités presqu'insensibles qui sont l'effet de causes indépendantes du soleil et de la terre), on a une preuve complète, que l'année est toujours de même durée, qu'en conséquence toutes ces irrégularités se détruisent mutuellement dans le cours d'une année, ensorte qu'elles disparaissent au bout de l'année, pour commencer derechef; qu'enfin toutes les irrégularités de la route solaire ont nonseulement une période constante, mais que cette période est l'année même.

§. 131. La vitesse du soleil dépend donc du point de son orbite, qu'il occupe; et dès que l'on connaît la loi, suivant laquelle la vitesse varie dans les différens points de l'orbite, on peut trouver, dans chaque point, la différence entre les longitudes vraie et moyenne, et par conséquent la longitude vraie même; on peut dresser des tables pour tous les tems. Comme la longitude moyenne change uniformément, il est tout simple, d'arranger les tables ensorte qu'elles donnent, pour un tems quelconque, d'abord la longitude moyenne, qui servira à trouver la différence des longitudes moyenne et vraie, ce qui donnera la dernière; en d'autres mots, la loi, suivant laquelle le mouvement vrai varie, doit être donnée en fonction de la longitude moyenne. Comme il est à présumer, que cette loi dépend immédiatement du lieu vrai du soleil, et non du lieu moyen qui est une pure fiction; il faut procéder de cette manière. Il est certain que, même dans ce cas, la loi dépendra au moins médiatement de la longitude moyenne, parce que celle-ci est une fonction de la longitude vraie: la loi étant donc donnée en fonction de la longitude vraie, on trouve pour une longitude vraie quelconque, la différence des deux longitudes, et partant la longitude moyenne. On calculera donc à l'aide de la longitude vraie, la différence entre la vraie et la moyenne, donc la moyenne même: on composera de ces deux quantités une table tellement arrangée, que la longitude moyenne donne la différence des deux longitudes, ou qu'elle en est l'argument, quoiqu'elle ait été calculée par le moyen de cette différence.

§. 132. Il s'agit donc de découvrir par observation, la loi que suivent ces irrégularités, ou la cause dont elles dépendent. Pour faciliter cette découverte, il faut commencer par chercher les points, où l'irrégularité est un *maximum*, ou ceux où le vrai mouvement du soleil est le plus rapide et le plus lent. Ils seront les points principaux de l'orbite, et la vitesse actuelle du soleil dépendra de sa distance plus ou moins grande de ces deux points. En observant le vrai mouvement diurne du soleil pendant une année entière (§. 129.), on ne tardera pas à s'apercevoir, qu'il est le plus rapide au solstice d'hiver, le moins vite au solstice d'été, et qu'il est égal au mouvement moyen de 59′ 8″ dans le tems des équinoxes. Le mouvement vrai est donc plus lent que le mouvement moyen, depuis l'équinoxe du printems jusqu'à celui de l'automne; il est plus vite pendant l'automne et l'hiver. Les quatre points principaux du mouvement vrai coïncident donc, au moins à peu près, avec les quatre points cardinaux de l'écliptique. Un accord aussi parfait nous portera à croire, que la situation du soleil relativement à l'équateur est la véritable cause de ces irrégularités, ou que leur loi est une fonction de la longitude du soleil seule; et cependant le raisonnement serait faux. Il est possible, que les véritables points dont cette loi dépend, ne coïncident qu'accidentellement avec les points solstitiaux et équinoxiaux. Cependant, si cette coïncidence était constante et exacte, cela serait indifférent pour la construction des tables, et pour l'astronomie sphérique en général. Mais on va voir que ces deux suppositions sont fausses. Cette recherche se réduit à ces deux questions: 1) si la plus grande, la plus petite, et la moyenne vitesses coïncident *précisément* avec les solstices et les équinoxes, 2) si la vitesse est *toujours* la même, la longitude vraie du soleil étant la même.

§. 133. Le soin que l'on a eu à faire les observations précédentes aussi exactement que possible, a donné le résultat, que la plus grande, la plus petite, et la moyenne vitesses arrivent environ huit jours après les solstices et les équinoxes: il faut donc répondre négativement à la première question. Mais comme cette recherche demande une précision d'une ou de deux secondes, parce que la différence entière entre le *maximum* et le *minimum* du mouvement diurne ne se monte qu'à 4′, il faut faire ici une remarque. Si deux quantités x, y, dont l'une est fonction de l'autre, varient suivant la loi de continuité, à laquelle tous les changemens que la nature, et particulièrement l'astronomie présente, sont soumis autant que nous les connaissons; et que l'une, y, est parvenue, par des accroissemens et décroissemens successifs, à son *maximum* ou *minimum,* ensorte qu'un instant après elle commence à diminuer ou à augmenter, tandis que l'autre x continue à croître: il est toujours $\frac{\partial y}{\partial x} = 0$. Cette équation indique que y change insensiblement, pendant que x prend un accroissement sensible. Il est donc extrêmement difficile dans un pareil cas, de déterminer x par y; il est au contraire aisé de déterminer y par x. C'est par cette raison, que l'on peut déterminer exactement la hauteur méridienne ou l'obliquité de l'écliptique, sans connaître précisément le tems du passage au méridien ou celui du solstice (§. 41. 79.); mais qu'il n'est pas possible de déterminer exactement le tems du passage au méridien ou celui du solstice, par la plus grande hauteur (§. 43.), et que l'on est obligé d'observer deux hauteurs égales, pour avoir deux instans également distans du tems que l'on cherche. Cette méthode qui est d'un si grand usage dans toute l'astronomie, et que l'on peut désigner par le nom général de la méthode des *hauteurs correspondantes,* est employée ici avec le même avantage. En effet, ayant trouvé avant et après la plus grande ou la plus petite vitesse, c'est-à-dire, avant et après le solstice, deux jours où les mouvemens diurnes étaient égaux; le jour moyen entre ces deux jours est celui, où le mouvement a été le plus grand ou le plus petit. Au contraire vers les équinoxes, le mouvement vrai, étant égal au moyen, change le plus rapidement: on peut donc trouver avec assés de précision, les jours du mouvement moyen immédiatement par des observations.

§. 134. Mais quoique l'on ait dû répondre négativement à la première question, il n'est pas toutefois impossible que la vitesse du soleil dé-
pende de sa longitude: car on sait, et l'astronomie en donne beaucoup de preuves, que le plus grand effèt arrive souvent longtems après l'époque, où la
cause agissait avec le plus de force. Mais alors il faudrait au moins que
ces points eussent constamment la même situation relativement à l'écliptique;
ce qui est la seconde question (§. 132.), si les points de l'orbite solaire,
desquels dépend la vitesse du soleil, ont constamment la même situation relativement aux points équinoxiaux, la même longitude, ou s'ils se meuvent
le long de l'écliptique. Comme il est aisé de prévoir, que ce mouvement
sera extrèmement lent, les observations du mouvement diurne ne suffiront
pas ici. On pourrait chercher, de jour en jour, la différence des longitudes
vraie et moyenne (§. 129.), laquelle, en s'accumulant, indiquera les points
où cette différence est un *maximum*, ou *minimum*, ou nulle: alors on verrait,
si ces points répondent tous les ans aux mêmes degrés de longitude. Si au
contraire, on trouve qu'ils avancent continuellement suivant un certain
ordre, il est certain que la longitude n'est pas la véritable cause de la vitesse. Mais cette méthode exige pareillement des observations bien exactes
et éloignées. On pourrait aussi retourner à la première question (§. 132.).
Après avoir déterminé les époques, où le soleil a la plus grande, la plus
petite, et la moyenne vitesse, ou les quatre points principaux de la véritable
orbite du soleil, qui sont un peu différens de ceux de l'écliptique; il
est naturel d'examiner, si ces points n'ont rien de remarquable sous un autre
rapport. Aussi tôt qu'on leur a trouvé une propriété remarquable, dont dépend proprement le vrai mouvement du soleil, et qui est de nature à pouvoir être observée sans peine; les observations décideront immédiatement, si
ces points ont un mouvement ou non. C'est l'objet du chapitre suivant.

CHAPITRE X.

Anomalie du soleil.

§. 135. La détermination exacte de la grandeur apparente du soleil
est probablement ce qui a donné lieu à une des plus importantes découvertes de l'astronomie, les variations de la distance du soleil à la terre. La
lumière qui environne le soleil, quand il est regardé sans lunettes, opposait
à la mesure exacte de son diamètre, un obstacle insurmontable pour les
anciens astronomes; et il faut admirer la précision, avec laquelle Archimède,
par une méthode imparfaite mais fort ingénieuse, a pu renfermer le diamè-
tre du soleil entre les limites de $\frac{1}{200}$ et $\frac{1}{164}$ de l'angle droit, c'est-à-dire,
entre $27'$ et $32'55'',7$. Les Egyptiens le déterminèrent par le tems que le
soleil emploie à s'élever sur l'horison, de $\frac{1}{750}$ à $\frac{1}{700}$ de la circonférence, ou
de $28'48''$ à $30'51'',5$; et Aristarque de Samos le trouva égal à $\frac{1}{720} = 30'$.
Mais ces limites étaient beaucoup trop vagues, pour indiquer les variations
du diamètre, qui ne montent qu'à $1'$. Les anciens ne se doutant donc pas
de cette variation, supposèrent le diamètre du soleil constamment égal à
environ $30'$, ce qui ne s'écarte que de $2'$ de la vérité. Mais depuis l'invention des lunettes on ne tarda pas à apercevoir, que le diamètre du soleil était plus ou moins grand en différentes saisons; et lorsqu'ensuite les
micromètres donnaient le moyen de le mesurer bien exactement, on détermina aussi les époques, où il avait sa plus grande et sa plus petite valeur.
On trouva, qu'il était le plus grand au tems du solstice d'hiver, le plus petit au solstice d'été, et qu'il avait une valeur moyenne au tems des équinoxes. Toutes les observations sont d'accord sur ce point, quoiqu'il y ait

une petite différence entre les résultats, trouvés par plusieurs astronomes, à l'égard de la grandeur même. Suivant Lalande le plus grand diamètre à la fin de l'année est $= 32'35'',3$; le plus petit à la fin du mois de Juin $= 31'36'',5$; suivant les tables de M. Delambre, (*Tab. XXIX.*) le plus grand est $= 32'35'',6$; le plus petit $= 31'31''$; donc le moyen $= 32'3'',3$.

§. 136. La variation de la grandeur du soleil ne peut avoir d'autre cause qu'un changement de sa distance à la terre. Il faut en conclure l'un des deux: ou que la terre ne se trouve pas au centre de l'orbite solaire, ou que cette orbite n'est pas circulaire: il s'en suit encore, que le soleil est le plus près de la terre au commencement de l'hiver, qu'il en est le plus éloigné au commencement de l'été, et qu'il est à une distance moyenne au tems des équinoxes. Comme la plus grande différence entre les diverses grandeurs du diamètre, pendant toute l'année ne monte qu'à $64'',6$; elle change si lentement, qu'il n'est pas possible de trouver exactement le tems de la distance la plus grande, la plus petite, et la moyenne, par la grandeur apparente même; mais on peut procéder ici de la même manière que relativement à la vitesse du soleil (§. 133.), en concluant le tems où le plus grand et le plus petit diamètres ont eu lieu, des deux époques où le diamètre était de même grandeur. Ayant trouvé de cette manière, que les plus grandes, les plus petites, et les moyennes valeurs du diamètre et de la vitesse du soleil coïncidaient, tandis que les points solstitiaux et équinoxiaux en étaient éloignés de huit jours; il était naturel d'en conclure, que la vitesse du soleil dépendait de sa grandeur apparente, ou de sa distance à la terre. C'est au moins un point dont on peut partir, pour le soumettre à un examen plus rigoureux. D'après les observations les plus exactes, les plus grandes, les plus petites, et les moyennes valeurs de la vitesse et de la grandeur apparente du soleil coïncident toujours. Quand même la grandeur ne serait pas la cause de la vitesse, les phénomènes ont lieu précisément, comme si elle l'était: en conséquence, il est permis dans l'astronomie sphérique, de regarder la vitesse du soleil, ou sa longitude vraie, comme une fonction de sa distance à la terre. Cette liaison aura un nouveau degré de probabilité, par l'observation que, dans le cas même où le mouvement du soleil se

20

ferait uniformément dans la périphérie d'un cercle, dont le centre n'est pas occupé par la terre, son mouvement vu de la terre devrait être d'autant plus grand, que le soleil est plus près d'elle.

§. 137. Si une quantité y est fonction d'une autre quantité x, de manière que l'on peut trouver, pour chaque valeur de x, la valeur correspondante de y, les astronomes appellent x l'*argument* de y. Les points de l'orbite du soleil ou de la terre, où la distance de ces deux corps est la plus grande ou la plus petite, s'appellent *Aphélie* ou *Apogée*, et *Périhélie* ou *Périgée*. Ce sont les points les plus importans relativement au vrai mouvement du soleil ou de la terre; et particulièrement, l'aphélie est le point que les astronomes ont pris pour base de tous ces calculs. Lorsque la terre est dans son aphélie, son mouvement est le plus lent. A mesure qu'elle se rapproche du soleil, ou qu'elle s'éloigne de l'aphélie, son mouvement devient plus rapide. La distance de la terre à l'aphélie est donc l'argument du vrai mouvement du soleil, et par conséquent celui de la différence entre les longitudes vraie et moyenne, et de la longitude même. C'est par cette raison, que la distance de la terre à l'aphélie, ou du soleil à l'apogée, duquel dépendent les anomalies de la route solaire, a été appelée l'*anomalie* du soleil.

Dans les derniers tems on a abandonné cette manière de compter les anomalies, employée par tous les astronomes précédens; on a eu raison de le faire, parce qu'il y a dans notre système solaire un grand nombre de corps (les comètes) qui ne sont visibles que près de leur *périhélie*. Dans les tables publiées par le bureau de longitude de France, l'*anomalie* du soleil est sa distance au *périgée*, ainsi que l'anomalie des planètes est leur distance au périhélie.

§. 138. Cette hypothèse répand un grand jour sur la théorie du soleil, et l'on lui doit toute l'astronomie rationnelle: c'est donc proprement le passage de l'astronomie sphérique à la rationnelle. Suivant cette hypothèse, le soleil a la même vitesse à distance égale de l'apogée ou du périgée. Ayant donc trouvé deux fois dans l'année, le mouvement diurne du soleil de même grandeur, on sait que l'apogée aussi bien que le périgée est situé dans le milieu entre les deux lieux observés, l'un étant à l'opposite de l'autre:

ce qui est confirmé par la mesure du diamètre du soleil. L'apogée et le périgée sont donc éloignés l'un de l'autre de 180 degrés, ils sont sur une ligne droite menée par la terre ou par le soleil, qui est appelée *ligne des apsides*. Les observations de deux mouvemens diurnes égaux, serviront à déterminer la position de la ligne des apsides de plus en plus exactement, d'où résultera la loi, suivant laquelle le mouvement du soleil dépend de son anomalie. Si les calculs, fondés sur cette supposition, sont parfaitement d'accord avec les observations, l'hypothèse est prouvée. Toutes ces recherches seront développées dans l'astronomie rationnelle. Il suffit ici, d'avoir montré en général, comment la ligne des apsides peut être déterminée, et comment on peut trouver, par des observations journalières, la vitesse du soleil, et la différence entre les longitudes vraie et moyenne qui répond à chaque anomalie, sans connaître la véritable loi du mouvement. On sait maintenant, quel doit être l'objet des observations plus exactes, et de quelle manière il faut construire, sur ces observations, les tables astronomiques qui donneront pour chaque anomalie, la correction de la longitude moyenne, et par conséquent la longitude vraie.

§. 139. Quand on connaît la situation de la ligne des apsides, ou le lieu du périgée, celui du soleil est aussi complétement déterminé par son éloignement de ce point, ou son anomalie, que par sa distance au point vernal, ou sa longitude; il faut donc distinguer ici pareillement les anomalies *moyenne* et *vraie,* qui ne sont autre chose que les longitudes moyenne et vraie, moins le lieu de l'apogée ou du périgée. Comme c'est par le moyen de l'anomalie, que se trouve la longitude vraie, il faut arranger les tables ensorte que leur argument soit l'anomalie moyenne (Voy. §. 131.). L'anomalie moyenne, comme argument, donne dans les tables, ce qu'il faut ajouter à la longitude moyenne, ou ce qu'il faut en ôter, pour la convertir en longitude vraie; et cette correction s'appelle *équation du centre,* qui est la différence entre les longitudes moyenne et vraie, qui résulte de la nature de l'orbite, et non de l'action d'autres corps ou d'une autre cause quelconque: elle est renfermée dans la *Tab. V.* des tables du soleil, qu'on trouve dans l'*Astronomie de Lalande.* Cette table fait voir que l'équation du centre est nulle, lorsque l'anomalie est de 0° ou de 180°, c'est-à-dire dans l'apogée ou le périgée; parce que c'est de la ligne des apsides que l'on part, et que par conséquent il faut supposer que la longitude vraie y est égale à la moyenne. Une longitude observée dans les apsides est donc en même tems une longitude moyenne qui peut servir d'époque. Cette table nous apprend encore, que la plus grande équation du centre $= 1°55'26'',8$ répond aux anomalies de 91° et de 269°; qu'elle est négative depuis l'apogée jusqu'au périgée, et positive dans les six autres signes. Tout cela sera expliqué dans la suite de cet ouvrage.

Parmi les tables du soleil par M. Delambre, les *Tab. III. IV.* donnent la longitude du périgée, d'où se comptent les anomalies, pour chaque année, et la *Tab. VI.* pour les jours; car ce point a aussi son mouvement qui n'est sensible qu'au bout de quelques jours. Ainsi après avoir trouvé, à l'aide de ces tables, la longitude moyenne du soleil (§. 128.) et du périgée, la dernière ôtée de la première, donne l'anomalie moyenne du soleil, avec laquelle on trouve (*Tab. XII.*) l'équation du centre.

LIVRE III.

DE LA MESURE DU TEMS.

CHAPITRE I.

Tems sidéral.

§. 140. La notion du *tems* est une abstraction métaphysique, que nous ne pouvons définir autrement, que par la suite plus ou moins grande des changemens ou mouvemens qui ont succédé l'un à l'autre pendant ce tems; ainsi que nous ne pouvons nous faire une idée de *l'espace*, qu'au moyen des corps y renfermés. Mais de même que cette idée de l'espace suppose tous les corps d'une grandeur égale et déterminée, parce qu'autrement leur nombre ne déterminerait pas l'étendue de l'espace; de même la définition du tems suppose, que les mouvemens qui serviront de mesure du tems, ne se font pas brusquement ou par sauts, mais que conformément à la loi de continuité, ils sont proportionnels au tems, ensorte que des mouvemens égaux se fassent toujours en tems égaux; et c'est ce qu'on appelle mouvement *uniforme:* chaque mouvement non interrompu et uniforme peut donc servir à mesurer le tems. Le langage vulgaire confond souvent le tems avec les évènemens ou mouvemens qui sont arrivés dans ce tems, quoique ce soient deux choses hétérogènes: on se sert par ex. du terme *année* pour exprimer un certain tems, tandis que ce n'est, dans le fond, qu'une révolution que la terre a faite autour du soleil, ou le nombre de 365 ou 366 fois qu'elle a tourné sur son axe, et par conséquent un mouvement. Rigoureusement parlant, il est impossible de mesurer le tems par le mouvement, parce que ce sont deux quantités tout-à-fait hétérogènes; mais on peut comparer différens tems entre eux, par le moyen des mouvemens qui se sont faits dans ces tems, parce que les tems sont en raison directe des mouvemens uniformes. Connaissant donc, ou prenant pour unité, le tems qui s'est écoulé pendant qu'un certain mouvement uniforme s'est fait, chaque autre tems de même espèce donnera, par une simple proportion, le tems correspondant. On peut donc comparer les tems par le moyen du mouvement, et faire ainsi du tems un objet de l'organe de la vue. Ce que l'on trouve de cette manière, est le rapport d'un tems à un autre tems connu; mais la quantité absolue du tems est une idée vague. Il en est de même de toutes les autres parties des mathématiques: on ne peut mesurer que les rapports qui existent entre les quantités de même espèce; et pour fixer les idées, il est nécessaire, de prendre une de ces quantités pour unité qui servira à exprimer toutes les autres; le choix de cette unité est arbitraire, mais il n'est pas indifférent. Il est aisé de voir, que l'unité ou la *mesure du tems* doit satisfaire aux conditions suivantes. Il faut que la période ne soit pas trop grande, afin qu'un grand nombre de ses révolutions s'accomplisse dans le cours de la vie humaine, ensorte que l'expérience nous en donne une idée claire. Il faut qu'elle ait des limites bien déterminées, et perceptibles aux sens; il faut enfin qu'elle renferme une suite complète de nos occupations ordinaires; c'est-à-dire, cette mesure doit en même tems régler les occupations de la vie civile, afin que sa durée s'imprime plus vivement dans notre ame.

§. 141. Il n'y a aucune période astronomique qui puisse être comparée, sous ce rapport, à la révolution diurne de la sphère, ou la rotation de la terre: elle se renouvelle souvent, elle se fait d'un mouvement uniforme, elle fait une impression sensible sur nos organes, et elle a une influence importante sur les affaires de la vie civile. En conséquence, le *jour* a été employé, de tout tems, dans la vie civile et dans l'astronomie, pour mesurer le tems. La *rotation* des corps célestes en général, et de la terre en particulier, est de tous les mouvemens célestes que nous connaissons, le seul qui soit parfaitement uniforme. Elle est donc jusqu'à présent la mesure fondamentale, à laquelle il faut finalement revenir, si l'on veut se former une idée juste des vibrations de la pendule, ou du mouvement de notre système solaire. L'équateur et les parallèles passent par un cercle horaire quelconque avec une vitesse uniforme: depuis la culmination d'une étoile, ou de tel autre point fixe de la sphère, jusqu'à la suivante, il s'écoule chaque fois le même tems qu'on appelle *jour sidéral,* et qui est très-propre a servir d'unité pour la mesure du tems. Le jour sidéral est partagé, de la manière ordinaire, en 24 *heures,* les heures en *minutes, secondes,* etc. Un tems, exprimé par le jour sidéral et ses parties, s'appelle *tems sidéral* ou *tems du premier mobile,* selon qu'on prend pour mesure du tems, le mouvement diurne d'une étoile fixe ou d'un point de l'équateur.

§. 142. On pourrait donc mesurer le tems de la manière suivante. La culmination d'une étoile ou d'un point de l'équateur marque le commencement du jour, et son angle horaire dans un autre instant quelconque détermine la portion du jour, qui s'est écoulée jusqu'au moment d'une observation, et que l'on trouve par une simple proportion. Pour connaître le tems d'une observation, il faudrait donc observer en même tems l'angle horaire de cette étoile ou sa hauteur, pour en calculer l'angle horaire et le tems. Mais on voit aisément les difficultés qu'on aurait à surmonter: il serait pénible de faire deux observations au lieu d'une, il faudrait deux observateurs au lieu d'un, il serait presqu'impossible de prendre les hauteurs avec assés de précision, et dans le même instant où l'autre observation est faite. Cependant avant l'invention des pendules, les astronomes étaient obligés de se borner à cette méthode pénible et peu sure, pour déterminer le tems de leurs observations. Ils sentaient bien cet inconvénient, et des plus anciens tems on songea à effectuer un autre mouvement uniforme par le moyen des machines. Les plus parfaites sont nos *pendules,* auxquelles l'astronomie moderne doit une grande partie des progrès qu'elle a faits. La propriété la plus essentielle de ces machines est l'uniformité de leur marche; il est assés indifférent, si elle est plus ou moins vite, pourvu qu'elle soit uniforme, mais il est plus commode, si sa révolution convient avec celle du mouvement diurne. Les *pendules sidérales* sont arrangées de manière, à faire un ou deux tours pendant une révolution diurne: elles font donc 24 heures, pendant que 360 degrés de l'équateur passent par le méridien. Le point de l'équateur, dont la culmination marque l'origine des heures de la pendule, est arbitraire; mais on a choisi à bonne raison le point vernal o ♈, de sorte que les heures de la pendule et les degrés de l'équateur commencent dans le même instant. Ainsi le tems indiqué par la pendule, et multiplié par 15 (§. 108.), donne l'angle horaire occidental du point zéro de l'équateur, ou ce qui revient au même, le point qui se trouve dans cet instant au méridien (*l'ascension droite du milieu du ciel*).

§. 143. La précession des équinoxes fait qu'une étoile, ainsi que le soleil, emploie plus de tems pour revenir au méridien, qu'un point de l'équateur. La précession annuelle en longitude est $= 50'',1$ (§. 90.), et celle en ascension droite est à peu près la même, à l'exception des étoiles circonpolaires dont on ne se sert pas pour vérifier le mouvement des pendules. Cet arc de $50''$, converti en tems, donne 3, 3 secondes dont l'étoile passera au méridien plus tard au bout d'un an, ce qui étant distribué sur toute l'année, est insensible. Mais les étoiles ont d'autres mouvemens, connus sous les noms d'aberration et de nutation, qui s'ajoutent à la précession. Ainsi, pour déterminer le tems avec une précision convenable à l'astronomie moderne, il faut tenir compte du mouvement des étoiles. On verra plus bas, de quelle manière on trouve, pour un tems quelconque, l'ascension droite ρ d'une étoile, qui donne le tems que la pendule doit marquer dans l'instant de la culmination de cette étoile; ce qui servira à vérifier son mouvement. Si l'on a trouvé par ex. $ρ = 27° 43' 15''$, le tems sidéral de la culmination de cette étoile est $= 1$ heure 50 min. 53 sec.

CHAPITRE II.

Tems solaire moyen.

§. 144. Le tems sidéral est une mesure du tems, qui, par son uniformité et la simplicité du calcul, satisfait à tous les besoins de l'astronome; et il serait à désirer, que l'on en fît un usage plus fréquent dans l'astronomie pratique. Mais relativement aux besoins ordinaires de la vie, le jour sidéral n'est pas assés marquant: la culmination des étoiles n'est d'aucune importance pour les occupations civiles, et elle est invisible pendant la plus grande partie de l'année. Le mouvement propre du soleil fait que le commencement du jour sidéral arrive tantôt de jour, tantôt de nuit: la confusion serait donc inévitable, si l'on voulait régler le tems et les affaires civiles sur le mouvement des étoiles. La nature elle-même paraît avoir destiné le jour au travail, la nuit au repos: car la plupart de nos occupations ont besoin de la lumière du jour. C'est pour cela qu'on a adopté pour mesure du tems, la révolution diurne du soleil, le *jour civil,* ou le tems qui s'écoule entre un passage du soleil par un certain cercle horaire et le suivant. Le plus grand nombre des nations a choisi pour ce cercle horaire, la moitié septentrionale du méridien, ensorte que le commencement et la fin du jour civil est minuit. Les astronomes, qui se servent de la même mesure, commencent le jour, suivant l'exemple de Ptolémée ou plutôt d'Hipparque, dans l'instant de la culmination du soleil, en comptant 24 heures d'un midi à l'autre. Il en résulte que le matin, les astronomes sont en arrière d'un jour, et en avant de douze heures: ils comptent par ex. le 11 Décembre 20 heures, lorsque dans la société on compte le 12 Décembre 8 heures avant midi.

21

§. 145: Le jour civil est donc réglé sur le *vrai* mouvement du soleil: il est midi ou 12 heures, lorsque le soleil passe au méridien, etc. Le tems civil est donc proprement compté d'après un cadran solaire, et il a toutes les irrégularités du mouvement du soleil, et encore davantage. Ce tems irrégulier, qui se détermine par le vrai mouvement du soleil, est appelé par les astronomes tems *vrai* ou *apparent*: chaque lieu de la terre compte midi ou 0 heures, quand le soleil est dans le méridien de ce lieu; il est 3 heures ou 17 h. tems vrai, lorsque l'angle horaire vrai du soleil est de 45° à l'occident, ou de 105° à l'orient. Or comme le soleil emploie tantôt plus, tantôt moins de tems, à achever sa révolution diurne, ou à revenir au même cercle horaire; que d'ailleurs le soleil change de vitesse, non seulement à midi, mais durant toute la journée, d'où il suit qu'il décrit des angles horaires égaux d'un même jour en différens tems: les *jours,* ainsi que les *heures* du tems solaire vrai, sont inégaux. A la rigueur il ne faudrait donc pas parler des heures solaires vraies, parce qu'elles n'ont pas une grandeur constante; mais néanmoins on emploie ce terme de la manière suivante. Ayant noté à la pendule, à l'aide de la lunette méridienne ou des hauteurs correspondantes, deux midis vrais consécutifs, on suppose le mouvement du soleil uniforme pendant cet intervalle, et conformément à cette supposition on partage le tems noté sur la pendule en 24 portions égales, que l'on appelle heures solaires, relativement à ce jour. Ainsi, les 24 heures d'un jour solaire vrai sont égales entre elles, mais non à celles d'un autre jour.

§. 146. Cette mesure du tems n'étant pas uniforme, elle n'est pas commode pour l'usage des astronomes. Les pendules qui indiqueraient le tems vrai, et par conséquent suivraient toutes les irrégularités du soleil, ne pourraient être que fort compliquées sans aucune utilité. Il vaut donc mieux arranger les pendules ensorte, que leur marche soit uniforme, et qu'elles puissent en même tems servir à l'usage de la société de compter par jours solaires. Pour cet effet il est nécessaire, que les pendules ne s'écartent pas trop du tems vrai, que leurs écarts, au lieu de s'accumuler, se compensent au bout d'une certaine période, quand les pendules seront de nouveau d'accord avec le tems vrai. Il est naturel, de prendre l'année pour cette période,

vu que toutes les irrégularités du soleil, au moins les plus sensibles, ont la
période d'un an. Il faut donc, pour ainsi dire, régler les pendules sur le
mouvement d'un autre soleil, qui parcourt sa route entière dans le tems
d'une année, comme le soleil vrai; mais d'un mouvement uniforme, ensorte
que les angles horaires pendant toute l'année, sont décrits dans des tems
proportionnels aux angles, et que par conséquent, tous les jours, toutes les heures, etc. sont égaux: en un mot, il faut régler ces pendules sur
le mouvement *moyen* du soleil: c'est ce qu'on appelle *tems solaire moyen.*

§. 147. Il est aisé maintenant, de se former une idée nette de ces
trois espèces de tems. Les jours, les heures, les minutes, etc. du tems
sidéral, du tems solaire *moyen* et *vrai,* sont les tems, qu'emploie une *étoile
fixe,* ou le *soleil* par son mouvement *moyen* ou *vrai,* à parcourir un angle
horaire de 360°, de 15°, de 15′, etc. Le tems moyen est le plus usité dans
l'astronomie, et toutes les tables sont construites d'après ce tems. Comme
le mouvement des corps célestes est la grande horloge, à l'aide de laquelle
nous devons finalement mesurer le tems, on peut imaginer aussi un corps
céleste, dont le mouvement indique le tems moyen, comme l'aiguille d'une
pendule; nous l'appellerons le soleil *moyen* ou *fictif.* L'équateur et tous les parallèles tournent uniformément, mais il n'en est pas de même de l'écliptique; c'est-à-dire, dans le même tems il passe toujours le même arc d'ascension droite, mais non pas de longitude. Il faut donc supposer le mouvement propre du soleil fictif, tel, que son ascension droite change uniformément, ou que son mouvement relativement à l'équateur soit uniforme, et
égal au moyen mouvement du soleil en longitude (§. 126.). Ceci nous conduit à la comparaison du tems sidéral avec le tems moyen solaire.

§. 148. La longueur de l'année tropique nous a donné (§. 126.) le
moyen mouvement diurne du soleil $= 59'8'',33$; et le mouvement horaire
$= 2'27'',85$. La première question est, de quelle espéce de tems sont ces
jours et ces heures. Pour la décider, on n'a qu'à se rappeler la manière
dont la durée de l'année a été déterminée (§. 123.). Le soleil avait fait
1880 révolutions, dans 1880 années Juliennes moins 14 jours etc.; et pour
trouver le nombre des jours, et des heures, etc. nous avons multiplié le

nombre d'années par $365\frac{1}{4}$, parce qu'une année Julienne est égale à $365\frac{1}{4}$ jours. Les jours, dont on s'est servi dans ce calcul, sont donc des jours solaires civils ou vrais; mais comme ils courent par toute l'année, 365 jours vrais sont égaux à 365 jours-moyens. Lorsqu'on en a conclu le moyen mouvement du soleil par la division, on a supposé égaux les jours et les heures, etc. pendant toute l'année: par conséquent le tems, pour lequel on a trouvé le mouvement moyen, est le tems moyen solaire. Or le tems moyen étant uniforme, aussi bien que le tems sidéral, on peut comparer entre elles ces deux espéces de tems, dès que l'on connait le rapport de deux portions analogues. Dans un jour solaire moyen, c'est-à-dire, d'une culmination du soleil fictif à l'autre, son ascension droite et longitude moyenne s'est accrue de 5y′ 8″, 33 : en conséquence, 360° 5y′ 8″, 33 de l'équateur passent au méridien en 24 heures solaires moyennes. Le tems sidéral qui répond à cet arc, est de 24 h. 3 m. 56 s. 33, 3 t. (§. 142.): donc 24 heures solaires moyennes sont égales à 24 h. 3 m. 56, 55 s. tems sidéral; et 24 heures sidérales sont égales à 23 h. 56 m. 4,0907 sec. tems moyen, ou à 24 heures moins 3 min. 55,9093 sec. Ce tems de 3 min. 55,9093 sec. est appelé *accélération des étoiles fixes* en tems moyen; et le tems précédent de 3 min. 56,555 sec. est le *retardement du soleil* en tems sidéral.

En nommant H, M, S, T, les heures, minutes, secondes, tierces, du tems solaire moyen, et h, m, s, t, celles du tems sidéral; on a l'équation,

$$24\,H = 24\,h + 3\,m + 56\,s + 33, 3\,t;$$

d'où l'on tire, en divisant par 24,

$$H = h + 0\,m + 9\,s + 51, 4\,t;$$

et en divisant par 60,

$$M = m + 9,9\,t, \text{ et } S = s + 0,2\,t.$$

On trouvera de la même manière,

$$h = 59\,M + 50\,S + 10, 2\,T; \quad m = 59\,S + 50, 2\,T; \quad s = 59, 8\,T; \text{ et } t = T.$$

Maintenant, il est aisé de trouver l'arc de l'équateur qui passe par le méridien dans un certain tems moyen, et réciproquement. Dans le premier cas, on convertira le tems moyen donné en tems sidéral, à l'aide des équations précédentes, et on le multipliera par 15; dans le second cas, on divisera l'arc

donné par 15, ce qui donnera un tems sidéral qui sera converti en tems moyen. On trouvera de cette manière, qu'en une seconde de tems moyen un
arc de l'équateur de 15″2‴,5 passe par le méridien, en une minute 15′2″28‴,
en une heure 15°2′27″51‴; et qu'un degré de l'équateur emploie 3 min. 59 s. 20,8 t.
tems moyen, à passer par le méridien, 1′passera en 3 sec. 59, 3 t. et 1″ en 4 tierces.
En général, on trouvera l'arc de l'équateur a, qui passe par le méridien dans
le tems moyen t, en multipliant t par 15,041069; et le tems t qu'un arc
donné a emploie à passer par ie méridien, en multipliant a par 0,0664 466,
ou en divisant a par 15,041069.

§. 149. Maintenant on peut convertir le tems sidéral en tems moyen,
et réciproquement; mais on ne sait pas encore, comment il faut compter les
heures solaires moyennes, ou à quelle époque il faut fixer le commencement
du jour solaire moyen, ou la culmination du soleil fictif. Ordinairement
on s'y prend de cette manière: on règle sa montre de tems en tems sur un
cadran solaire ou d'après la culmination du soleil, donc sur le tems *vrai*; et
dans l'intervalle on se sert du tems, indiqué par la montre, comme du tems
moyen. Tel est le procédé vulgaire, qui est passablement exact pour les besoins ordinaires, mais qui ne peut servir d'aucune manière aux besoins de
l'astronomie. Une montre réglée de cette manière n'indique ni tems vrai ni
tems moyen; les montres, dans un même lieu, indiqueront différens tems,
selon le jour où elles ont été réglées; enfin, cette méthode est tout-à-fait vague. Il faut déterminer une époque, d'où le tems moyen est compté sans
interruption. Comme il est aisé de trouver le tems vrai par des observations,
tout se réduit à déterminer la différence entre le tems vrai et le tems moyen:
c'est l'objet du chapitre suivant.

CHAPITRE III.

Equation du tems.

§. 150. **L**e tems vrai est en avant ou en arrière sur le tems moyen, d'une quantité que l'on trouve en convertissant en tems la différence d'ascension droite entre le soleil vrai et le soleil fictif (§. 147.). L'un et l'autre font une révolution entière dans le tems d'une année tropique, mais le dernier seul la fait d'une manière uniforme. On fait partir les deux soleils en même tems d'un certain point de l'équateur, ensorte que tantôt l'un tantôt l'autre est en avant dans l'équateur, mais qu'au bout d'une année tropique, les deux ascensions droites sont derechef égales. Dans le cours de l'année la différence entre les deux ascensions droites sera plus ou moins grande, positive, ou négative, ou nulle; et étant convertie en tems, elle donne la différence entre le tems vrai et le tems moyen, parce que chaque lieu de la terre compte midi vrai ou midi moyen, lorsque le soleil vrai ou le soleil fictif est au méridien de ce lieu. Toute cette recherche se réduit donc aux deux problèmes suivans: 1) trouver la différence entre les deux ascensions droites pour un tems donné; 2) déterminer l'instant et le point de l'équateur, d'où les deux soleils sont censés partir en même tems, et d'où par conséquent le tems vrai et le tems moyen sont comptés sans interruption.

§. 151. Le premier problème, ou la différence des ascensions droites, se déduit de ces deux propositions: 1) le mouvement du soleil vrai en longitude n'est pas égal au mouvement moyen, mais plus ou moins grand, ensorte que le soleil vrai sera tantôt en avant tantôt en arrière, sur un soleil qui parcourrait l'écliptique d'un mouvement uniforme; 2) la longitude vraie dans l'écliptique, pour pouvoir servir de mesure du tems, doit être réduite à l'équateur, et par là elle sera encore plus irrégulière: car il est aisé de voir, que l'ascension droite du soleil ne changerait pas uniformément, quand même son mouvement dans l'écliptique serait uniforme. La différence entre le tems moyen et le tems vrai, qui est appelée *équation du tems,* est donc composée des deux précédentes, la différence entre les longitudes moyenne et vraie, ou l'équation du centre (§. 139.), et celle de la longitude vraie et de l'ascension droite vraie, ou la réduction à l'équateur, l'une et l'autre étant convertie en tems. La première dépend de la distance du soleil aux apsides, ou de son anomalie, et elle est donnée par les tables (§. 139.); la seconde est déterminée par la longitude vraie, d'où l'on conclut l'ascension droite, à l'aide de l'équation tang $\varrho = \cos \varepsilon$ tang λ (§. 76. I. 1.); auxquelles il faut ajouter les petites altérations de l'ascension droite du soleil, qui résultent des perturbations de la terre par les actions des planètes.

§. 152. En nommant α *l'équation du centre,* p la somme des *perturbations* des planètes, μ, ν, les accroissemens de la longitude et de l'ascension droite du soleil, qui résultent de la *nutation* (§. 85.), r la *réduction à l'équateur,* ou la différence entre la longitude et l'ascension droite, λ, λ', les longitudes moyenne et vraie du soleil, ϱ, ϱ', les ascensions droites moyenne et vraie; on aura

$$\lambda' = \lambda + \alpha + p + \mu, \quad \varrho = \lambda + \nu, \quad \varrho' = \lambda' + r = \lambda + \alpha + p + \mu + r, \quad \text{donc}$$
$$\varrho' - \varrho = \alpha + p + r + \mu - \nu.$$

Si l'ascension droite du soleil vrai (ϱ') est plus grande que celle du soleil moyen (ϱ), le premier passera au méridien plus tard que le dernier, de la différence ($\varrho' - \varrho$) convertie en tems, et le tems moyen est plus avancé que le tems vrai, de la quantité $\dfrac{\varrho' - \varrho}{15} = \dfrac{\alpha + p + r + \mu - \nu}{15} = x$, ce qui est *l'équation du tems,* qu'il faut ajouter au tems vrai, pour avoir le tems moyen. Si ϱ est plus grand que ϱ', x devient négatif, et il faut l'ôter du tems vrai.

On verra dans la suite de cet ouvrage, que $\nu = \mu \cos \varepsilon$, ε étant l'obliquité de l'écliptique, et $\mu = 19'' \sin \zeta$ (§. 85.), ζ étant un angle dépendant de la situation de l'orbite lunaire. Cela donne

$$x = \frac{\alpha + p + r + 19'' \sin \zeta (1 - \cos \varepsilon)}{15} = \frac{\alpha + p + r}{15} + \frac{38'' \sin \zeta}{15} (\sin 11^\circ 44')^2$$
$$= \frac{4}{60} (\alpha + p + r) + 0'', 10476 \sin \zeta.$$

La réduction (r) dépend de la longitude du soleil (λ) et de l'obliquité (ε); l'équation du centre ($\textit{æ}$) dépend de λ et du lieu du périgée (§. 139.); mais p dépend des différentes situations des planètes. Si la ligne des apsides et l'obliquité étaient invariables, $\textit{æ}$ et r dépendraient de λ seulement: pour une certaine époque, on peut donc renfermer $\textit{æ} + r$ dans une seule table qui n'aura pas d'autre argument que λ; mais si cette table doit être appliquée à des tems éloignés, elle exigera, à cause de la variation du périgée et de l'obliquité, une correction que l'on appelle *variation séculaire*. Les perturbations p ont besoin, pour chaque planète, d'une table particulière, auxquelles il faut encore ajouter une table pour $0'',10476.\sin\zeta$. Dans les tables de M. Delambre, la *Tab. VIII.* présente la valeur de $\dfrac{\textit{æ}+r}{15}$ pour l'an 1810, avec la variation pour cent ans, qui ne monte qu'à $15'',6$. La *Tab. IX.* renferme la somme $\dfrac{p}{15} + 0'',1.\sin\zeta$, savoir, la perturbation dûe à l'action de Vénus (C), celle de Mars (D), de Jupiter (E), de Saturne (F), et de la Lune (A); la dernière ligne (N) donne la nutation $= 0'',1.\sin\zeta$; toutes ces perturbations ensemble ne montent pas à 3 secondes, et le plus souvent leur somme est encore plus petite. Tel est le calcul de l'équation du tems, qui peut être expliqué en peu de mots de cette manière.

Pour un tems donné on trouve, à l'aide du mouvement moyen, la longitude du soleil moyen, laquelle, étant corrigée par la nutation en ascension droite, donne l'ascension droite moyenne: pour le même tems on cherchera l'anomalie, d'où l'on conclura la longitude vraie, qui doit être corrigée par la nutation en longitude et par les perturbations des planètes; après quoi elle sera convertie, à l'aide de la réduction à l'équateur, en ascension droite vraie. La différence entre ces deux ascensions droites, convertie en tems, est l'équation du tems. Sa plus grande valeur de $- 16' 16'',7$ arrive le 3 Novembre; son plus grand changement en 24 heures est de $30''$, le jour du solstice d'hiver, où l'équation, étant négative ($\varrho - \varrho'$) diminue de $30''$, ensorte que le jour vrai est alors plus long que le jour moyen de 30 secondes. Le plus grand changement de nature opposée a lieu dans le commencement de l'automne: alors l'équation négative ($\varrho - \varrho'$) augmente de $21''$ en 24 heures, donc le jour moyen est plus long que le jour vrai de 21 secondes:

il s'en suit, que le jour vrai au commencement de l'hiver est plus long que le jour vrai au commencement de l'automne, de 51 secondes; ce qui est la plus grande différence entre deux jours, qui soit possible dans toute l'année. Le changement diurne de l'équation est nul quatre fois par an, le 11 Février, le 15 May, le 27 Juillet, et le 3 Novembre: alors le jour vrai est égal au jour moyen.

§. 153. En nommant x l'équation du tems, Δx son accroissement en 24 heures, $\Delta \Delta x$ la variation de cet accroissement d'un jour à l'autre, ν le jour solaire vrai, m le jour moyen; on aura en général, $\nu - m = \Delta x$ ou $\nu = 24$ h. $+ \Delta x$. Il en suit, 1) que le jour vrai est plus ou moins grand que le jour moyen, selon que Δx est positif ou négatif: 2) qu'il est égal au jour moyen, lorsque $\Delta x = 0$: 3) que la longueur des jours augmente ou diminue, selon que $\Delta \Delta x$ a une valeur positive ou négative; 4) que cette longueur est un *maximum* ou *minimum*, lorsque $\Delta \Delta x = 0$. Cela posé, on n'a qu'à jetter un coup d'oeil sur les éphémérides, pour se convaincre des résultats suivans. 1) Les jours vrais sont égaux au jour moyen, le 11 Février, le 15 May, le 27 Juillet, et le 3 Novembre. Ils sont plus longs que le jour moyen, du 1 Janvier au 11 Février, du 16 May au 27 Juillet, et du 4 Novembre au 11 Février: ils sont plus courts, du 12 Février au 15 May, et du 28 Juillet au 3 Novembre. La longueur du jour augmente du 30 Mars au 20 Juin, et du 20 Septembre au 22 Décembre; elle diminue du 24 Juin au 14 Septembre, et du 24 Décembre jusqu'au 25 Mars: les plus longs jours sont le 20—23 Juin (24 h. 0 m. 13,1 s.) et le 22—24 Décembre (24 h. 0m. 30,1 s.); les plus courts le 25 — 30 Mars (23 h. 59 m. 41.5 s.) et le 15 — 19 Septembre (23 h. 59 m. 39 s.). Les plus longs jours arrivent donc aux solstices, et les plus courts aux équinoxes. Il faut observer, que les dates et les nombres employés ici, se rapportent à l'an 1819: dans d'autres années il peut y avoir une différence d'un jour et de quelques dixièmes de secondes.

§. 154. Passons maintenant au second problème (§. 150.), la détermination du point de l'équateur, d'où les deux soleils partiront dans un même instant. Il est vrai que, relativement au calcul, ce point est arbitraire, et que l'on pourrait même se dispenser de fixer un tel point. En supposant

par ex. que les deux soleils soient toujours éloignés l'un de l'autre de 180
degrés, la valeur moyenne de l'équation du tems sera de 12 heures. Mais
comme l'équation serait alors plus compliquée sans aucune utilité, il est naturel, de fixer un point de l'équateur, où les deux soleils se trouvent dans
un même instant: il faut donc que ce soit un point équinoxial, parce que
le soleil fictif marche dans l'équateur, et l'autre dans l'écliptique: le plus
naturel serait donc le point vernal, d'où l'on compte les longitudes et les
ascensions droites. Alors, en faisant abstraction de la nutation et des perturbations, l'ascension droite du soleil fictif sera toujours égale à la longitude
moyenne du soleil vrai, et l'équation du tems est dans ce cas simplement la
différence entre la longitude moyenne et l'ascension droite vraie, convertie en tems:
c'est la définition ordinaire que l'on en donne. Je ne connais aucun livre
d'astronomie, où cette matière soit développée avec la clarté et solidité
qu'elle mérite: il ne me paraît donc pas inutile de l'aprofondir.

On conçoit qu'il s'agit ici, de trouver un point où l'équation est nulle;
mais comme elle est composée de deux parties (§. 151.), en faisant abstraction de la nutation et des perturbations, elle sera nulle, non-seulement lorsque chacune de ses parties s'évanouit, mais encore lorsque ces deux parties
se détruisent l'une l'autre; ce qui peut arriver dans différens points de l'orbite, parce qu'une partie dépend de la ligne des apsides, et l'autre de la
situation de l'écliptique relativement à l'équateur, et que par conséquent, les
deux parties sont indépendantes l'une de l'autre. On trouvera dans les éphémérides, que l'équation est nulle, ses deux parties se détruisant mutuellement, quatre fois par an, environ 26 jours après l'équinoxe du printems,
6 jours avant le solstice d'été, 22 jours avant l'équinoxe d'automne, et 3 jours
après le solstice d'hiver. Si l'on ne faisait partir les deux soleils d'aucun de
ces quatre points, leurs ascensions droites ne seraient pas égales dans ces points.
Supposons que l'ascension droite vraie, au point d'où l'on part, soit plus petite
que l'ascension droite arbitraire du soleil fictif, d'un arc qui, converti en tems,
soit égal à ω. Alors il faudrait toujours ajouter au tems moyen, outre la véritable équation encore ω, pour avoir le tems vrai. Pour éviter cet inconvénient, on pourrait faire partir les deux soleils à la fois de ces quatre points.

En effèt on peut envisager les choses de cette manière, sans qu'il en résulte une erreur dans le calcul; et il est aisé de voir, que les tables sont réellement basées sur la supposition, que les deux soleils se rencontrent dans ces quatre points, parceque l'équation entière y est nulle, d'où il suit que les deux ascensions droites sont égales. Cependant il faut observer, que les deux soleils répondent seulement aux mêmes points de l'équateur, sans se rencontrer, parce que ce ne sont pas les points équinoxiaux. Mais quoique cette manière d'envisager cet objet ne produise aucune erreur dans le calcul de l'équation, elle n'est pas celle qui donne une idée claire et complète de cette matière. Le concours des deux soleils dans ces quatre points n'est qu'accidentel; ce n'est pas le soleil vrai lui-même, mais son lieu réduit à l'équateur, qui y rencontre le soleil moyen; ces quatre points sont trop vagues et trop peu marquans, pour servir de base à tout le calcul; l'inégalité des mouvemens des apsides et des points équinoxiaux fait qu'ils coïncident avec différens points de l'orbite d'un an à l'autre; il faudrait un calcul compliqué, pour les déterminer exactement: on aurait donc pris pour base de cette théorie, des points inconnus. Enfin, les deux parties de l'équation ne sont pas nulles dans ces points; elles se détruisent seulement, sans avoir une valeur déterminée: on commencerait ainsi le calcul par des nombres tout-à-fait indéterminés. Il est donc nécessaire de choisir un autre point.

§. 155. La nature des choses nous engage à choisir un point, où chacune des deux parties de l'équation est nulle. La première partie (§. 151.) est la différence entre les longitudes moyenne et vraie, ou l'équation du centre: comme elle ne s'évanouit que dans les apsides, le point cherché doit être l'apogée ou le périgée. La seconde partie est la différence entre la longitude et l'ascension droite, ou la réduction à l'équateur, qui ne devient nulle que dans les quatre points cardinaux de l'écliptique (§. 77.): il faut donc que le point cherché coïncide avec un point équinoxial ou solstitial, ou plutôt avec un des deux premiers, parce que dans les points solstitiaux ce n'est pas le soleil vrai lui-même, qui coïncide avec le soleil moyen, mais son lieu réduit à l'équateur. Il s'en suit qu'il faut prendre pour base de l'équation du tems, l'époque où la ligne des apsides coïncide avec celle des équinoxes, ou au moins avec celle des solstices. Il en résulte quatre époques, dont la plus naturelle et la plus simple est celle, où l'apogée ou le périgée, d'où l'on compte l'anomalie, coïncide avec le point vernal, d'où la longitude et l'ascension droite sont comptées. Il suit du mouvemént des apsides, dont il sera parlé dans la suite (II. §. 92.), et de celui des points équinoxiaux (§. 90.), que l'époque la moins éloignée a été l'an 1248, où l'apogée coïncida avec o ♋; mais qu'il coïncida avec o ♈, ou le périgée avec o ♎, l'an 3985 avant l'ère chrétienne, ou l'an 728 de la période Julienne. Cette époque, antérieure au tems actuel de 5805 ans, où l'apogée du soleil coïncida avec le point équinoxial du printems, est donc la véritable base de la théorie de l'équation du tems, si l'on veut traiter cette matière systématiquement, et en faisant abstraction de la nutation et des perturbations des planètes. Si l'on voulait en tenir compte, il faudrait chercher une époque, où non-seulement les apsides coïncidèrent avec les équinoxes, mais où les quatre planètes et la lune eurent chacune la situation, dans laquelle elles n'altèrent point la longitude du soleil, et où encore le plan de l'orbite lunaire fut tellement situé, que la nutation était nulle. L'époque que l'on trouverait par cette recherche inutile, serait antérieure à l'histoire de notre globe de plusieurs millions d'années.

§. 156. L'équation du tems n'étant autre chose que la différence entre les ascensions droites vraie et moyenne, convertie en tems, la question est maintenant, suivant quel rapport cette conversion doit se faire; la question, quoique facile à décider, n'est pas sans intérêt, parce que de grands astronomes se sont trompés là-dessus. Il est évident, que l'équation doit être exprimée en *tems solaire,* parce qu'elle est la différence entre deux tems solaires. Mais la question est, suivant quel rapport cela doit se faire.

Le tems vrai est l'angle horaire occidental du soleil, divisé par 15 (§. 145.): chaque lieu de la terre compte midi vrai, dans l'instant de la culmination du soleil; il compte 12 heures ou minuit, 6 heures du soir, etc. lorsque l'angle horaire du soleil vrai est de 180° ou de 90°, etc. Il en est de même du tems moyen, si l'on substitue le soleil moyen au soleil vrai: le tems moyen est l'angle horaire occidental du soleil fictif, divisé par 15, parce que 36o degrés font 24 heures. Il faut donc, que la différence des deux angles soit également divisée par 15, ou bien, l'équation du tems est la *différence entre les ascensions droites vraie et moyenne, divisée par* 15. En nommant γ, γ', les angles horaires occidentaux du soleil moyen et du soleil vrai, ϱ, ϱ', leurs ascensions droites; le tems vrai est $= \frac{\gamma'}{15}$, le tems moyen $= \frac{\gamma}{15}$, d'où l'on conclut le tems, duquel le tems moyen est plus grand que le tems vrai, ou l'équation du tems $G = \frac{\gamma}{15} - \frac{\gamma'}{15} = \frac{\gamma - \gamma'}{15}$; mais on a aussi $\gamma - \gamma' = \varrho' - \varrho$, donc $G = \frac{\varrho' - \varrho}{15}$, comme ci dessus (§. 151.).

On peut l'envisager encore sous un autre point de vue. Supposons le soleil vrai dans un méridien A, et le soleil moyen dans le méridien B, à l'orient de A d'un angle horaire a. L'équation est nulle, lorsque A et B coïncident, ou que $a = 0$: elle ne peut donc être autre chose que le tems moyen que le soleil moyen emploiera, ou que le soleil vrai a employé, à aller de B en A. Ces deux tems ne sont pas égaux, mais ils sont exprimés par le même nombre d'heures, de minutes, etc. parce que l'angle parcouru a est le même: on aura donc l'équation en tems *solaire,* en divisant par 15 l'angle horaire a, ou la différence des ascensions droites. Au premier regard on pourrait croire, que la division d'un arc de l'équateur par 15 donnera le tems *sidéral,* et non le tems *solaire.* Mais ce n'est pas ici un arc de l'équateur, qui passe par le méridien suivant le mouvement diurne: l'arc a s'accroît de l'arc que le soleil décrit par son mouvement propre, pendant que a passe par le méridien. En divisant par 15 l'arc a sans cet accroissement, on aura un tems solaire et non pas sidéral, aussi bien qu'en convertissant en tems l'arc a avec son accroissement, à raison de $15°2'27'',8$ par heure (§. 148.).

Il s'en suit encore, que la question, si le tems vrai ou le tems moyen doit être employé, ne peut plus avoir lieu: car l'un et l'autre donnent précisément le même nombre de secondes, comme nous venons de le voir. La plus grande différence entre les ascensions droites vraie et moyenne, est d'environ 4 degrés, ce qui étant converti en tems vrai, donne $15'57'',3$ ou $15'57'',5$, selon qu'on emploie le mouvement le plus vite ou le plus lent; le tems moyen est 15′57″.4 (§. 148.). La différence entre le tems vrai et le tems moyen serait donc tout au plus d'un dixième de seconde; mais elle est tout-à-fait nulle, quand on emploie le mouvement actuel du soleil à l'époque donnée, comme cela doit se faire.

§. 157. Toutes les tables astronomiques sont construites sur le tems moyen, qui ne peut pas être observé immédiatement. Si l'on pouvoit se fier entièrement sur la marche des pendules, on n'aurait besoin que de déterminer, par une seule observation, l'angle horaire vrai du soleil ou sa culmination, ce qui donnerait le tems vrai, et à l'aide de l'équation du tems, le tems moyen. Alors on n'aurait qu'à mettre la pendule à l'heure, pour qu'elle indiquât toujours le tems moyen. Mais nos meilleures pendules sont encore bien loin de cette exactitude. L'astronome est nécessité de vérifier, tous les jours, les pendules par des observations, donc par le tems vrai. Si l'on a calculé, d'après les tables, une observation qui aura lieu dans un certain tems, c'est le tems moyen qui doit être converti en tems vrai. Cela se fait par le moyen de l'équation, que l'on ne trouve pas sans connaître la longitude du soleil. Il faut donc tirer des tables, pour le tems moyen donné, la longitude et les autres argumens (§. 152.), et calculer avec ces argumens l'équation. Les signes des tables et des éphémérides (+ ou —) se rapportent au cas, où il s'agit de convertir le tems vrai en tems moyen: dans le cas présent, il faut employer les signes contraires.

§. 158. Si, au contraire, on a observé quelque phénomène et le tems correspondant, c'est le tems vrai; c'est encore le cas, quand on veut calculer des éphémérides, qui donnent les lieux des planètes pour midi vrai. Pour calculer ce phénomène à l'aide des tables, qui sont construites sur le tems moyen, il faut convertir le tems vrai en tems moyen. Mais comme on ne peut trouver l'équation du tems, sans connaître la longitude du soleil, il faut se servir d'une approximation. On commence par supposer le tems vrai égal au tems moyen des tables, et en tire la longitude et l'équation qui répondent à ce tems moyen. L'équation, appliquée au tems donné, donne le tems moyen. Ce premier résultat n'est pas exact; il le sera, si l'on réitère le calcul avec le tems moyen qu'on vient de trouver; mais cela est le plus souvent inutile. L'erreur qu'on a commise dans le premier calcul, est la différence de l'équation, qui résulte de ce qu'on a employé le tems vrai au lieu du tems moyen: elle est donc égale à la variation de l'équation, pendant un tems qui est égal à la différence entre les tems vrai et moyen, c'est-à-dire, à l'équation elle-même. L'erreur sera donc d'autant plus considérable, que l'équation et sa variation sont plus grandes: elle est nulle, si l'équation ou sa variation est nulle: l'un et l'autre arrive quatre fois par an, mais à différentes époques; le premier arrive (§. 153.) au milieu de l'Avril et du Juin, au commencement du Septembre, et vers la fin du Décembre; le second (§. 152.) a lieu le 11 Février, le 15 May, le 27 Juillet, et le 3 Novembre. Il y a donc, dans chaque année, huit époques où l'erreur est absolument nulle, et elle ne peut être sensible que dans les mois de Janvier, Mars, Septembre, Octobre et Décembre. Nommons cette erreur $= \xi$, l'équation $= x$, sa variation diurne $= \Delta x$; cela posé, $\xi = \dfrac{x . \Delta x}{24\,\mathrm{h.}}$ sera un *maximum* en même tems que le produit $x . \Delta x$: ceci arrive le 1 Décembre, x étant $= 11'$, $\Delta x = 23''$, donc $\dfrac{x}{24\,\mathrm{h.}} = 0,00708$, et $\xi = 0'',16$; dans tous les autres cas l'erreur sera beaucoup plus petite.

CHAPITRE IV.

Détermination du tems vrai par des observations.

§. 159. L'utilité d'une observation dépend non-seulement de la précision avec laquelle les angles sont mesurés, mais encore de la détermination exacte du tems où l'observation a été faite. C'est donc un objet très-important; et les grands progrès de l'astronomie moderne sont, pour la plupart, dûs à la facilité et la précision avec laquelle le tems vrai d'une observation se détermine actuellement. Il y a en général deux méthodes qui peuvent conduire à ce but. Le tems vrai est déterminé, ou par de nouvelles observations, ou par le moyen des pendules, dont la marche doit être vérifiée par des observations. La première méthode est fort incommode, parce qu'il faut faire chaque fois deux observations au lieu d'une, qu'elle demande deux observateurs et beaucoup de calculs, et qu'avec tout cela il est difficile, que les deux observations se fassent dans le même instant. Il est vrai que la vérification des pendules demande aussi des observations; mais un seul observateur suffit pour les faire, parce qu'il n'est pas nécessaire qu'elles soient faites dans le même tems que l'observation principale. L'usage des pendules est, par cette raison, généralement adopté; et la mécanique, la physique, et l'habileté des artistes, ont également contribué à donner à ces machines utiles le plus haut degré de perfection.

§. 160. Le moyen le plus simple pour déterminer le tems vrai, serait sans doute l'observation de l'angle horaire du soleil ou d'une étoile, à l'aide de la machine parallatique; car cela donnerait immédiatement le tems vrai solaire ou sidéral. Les cadrans solaires équatoriaux qui, dans le fond, sont une espèce de machine parallatique, conduiraient au même bût. Mais toutes ces machines sont bien loin de donner la précision nécessaire. Si l'on a observé l'azimut du soleil ou d'une étoile, à l'aide d'un quart-de-cercle azimutal, on peut calculer l'angle horaire, connaissant la hauteur du pole et la déclinaison. Mais cette méthode est encore plus incommode, à cause du calcul.

§. 161. L'usage des hauteurs du soleil ou des étoiles est plus fréquent; et il faut convenir, que cette méthode, inventée au milieu du quinzième siècle par Purbach et Muller (*Regiomontanus*), à qui nous devons le renouvellement de l'astronomie, a de grands avantages. Les observations sont simples, et susceptibles d'être multipliées dans une seule nuit, et sur plusieurs étoiles. Mais pour qu'une erreur, commise dans l'observation des hauteurs, ne produise pas une erreur trop considérable relativement à l'angle horaire, il faut choisir des étoiles dont la hauteur, dans le tems de l'observation, change le plus rapidement (§. 38). Ayant mesuré la hauteur η d'une étoile, sa déclinaison δ et la hauteur du pole β étant données, on trouve l'angle horaire γ, à l'aide de l'équation §. 34. III. 1.)

$$\sin \tfrac{1}{2}\gamma = \sqrt{\frac{\sin\left(45^\circ + \frac{\beta-\delta-\eta}{2}\right)\cdot\sin\left(45^\circ + \frac{\delta-\beta-\eta}{2}\right)}{\cos\beta\,\cos\delta}}.$$

L'angle γ donne immédiatement le tems sidéral. Pour le convertir en tems solaire, il faut connaître les ascensions droites du soleil et de l'étoile dans l'instant de l'observation, leur différence étant celle entre les deux tems. L'ascension droite de l'étoile se trouve dans les catalogues, à l'aide des corrections qui seront expliquées dans la suite; celle du soleil est tirée des tables ou des éphémérides; mais pour cela il est nécessaire de connaître la longitude du lieu B où l'observation est faite, à l'égard d'un autre lieu A, pour lequel les tables ou les éphémérides ont été calculées. Supposons que B soit à l'orient de A, d'un angle qui, étant exprimé en tems et divisé par 15, donne le tems n, de sorte que B aura déclinant plus tôt de n que A. Soit l'ascension droite de l'étoile $= R$, celle du soleil au midi de $A = a$, sa variation diurne $= x$; nommons encore l'ascension droite du soleil au midi de $B = a'$, et au moment de l'observation $= a''$, et supposons les angles horaires de l'étoile et du soleil à l'occident du méridien B; le premier est γ, nommons l'autre x. On aura d'abord $\varrho' = \varrho - \frac{n}{24\,\mathrm{h.}} \Delta \varrho$, et $\varrho'' = \varrho' + \frac{x}{360°} \Delta \varrho = \varrho - \frac{n}{24\,\mathrm{h.}} \varrho + \frac{x}{360°} \Delta \varrho$; mais la distance occidentale du point vernal au méridien B est $= \mathrm{R} + \gamma$, d'où il suit $x = \mathrm{R} + \gamma - \varrho''$. En y substituant la valeur de ϱ'', il viendra $x \left(1 + \frac{\Delta \varrho}{360} \right) = \mathrm{R} + \gamma - \varrho + \frac{n}{24\,\mathrm{h.}} \Delta \varrho$, donc

$$x = \frac{\mathrm{R} + \gamma - \varrho + \frac{n\,\Delta \varrho}{24\,\mathrm{h.}}}{1 + \frac{\Delta \varrho}{360°}}.$$

Les ascensions droites sont ordinairement données en tems. Nommant donc (R), (ϱ), $(\Delta \varrho)$, ces valeurs tirées des éphémérides, et (γ) l'angle horaire converti en tems, on aura $\mathrm{R} = \frac{(\mathrm{R})\,360°}{24\,\mathrm{h.}}$, etc. L'angle x converti en tems donne le tems vrai (t) de l'observation, de manière que $x = \frac{(t)\,360}{24\,\mathrm{h.}}$, d'où il suit

$$(x) = \frac{(\mathrm{R}) + (\gamma) - (\varrho) + \frac{n}{24\,\mathrm{h.}} (\Delta \varrho)}{1 + \frac{(\Delta \varrho)}{24\,\mathrm{h.}}}.$$

Si le lieu B est à l'occident du méridien A, n sera négatif; si l'angle horaire de l'étoile est oriental, γ devient négatif. Dans la *connaissance des tems,* chaque jour a une colonne sous le titre *Distance de l'équinoxe au soleil,* qui donne le supplément de l'ascension droite à 360°, ou 360° $- \varrho$.

§. 160. Quand on veut déterminer le tems par une hauteur du soleil, il faut connaître sa déclinaison dans l'instant de l'observation: elle est tirée des tables ou des éphémérides, par le moyen de la déclinaison à midi et de sa variation diurne, de la manière qui vient d'être expliquée. Comme la déclinaison change beaucoup moins vite que l'ascension droite, ensorte qu'elle est parfois invariable, et qu'elle change tout au plus de 1' en une heure, ce qui arrive au tems des équinoxes, on peut le plus souvent employer la déclinaison que le soleil avait à midi. On peut le faire même dans tous les cas, en employant la correction suivante. Après avoir calculé l'angle horaire du soleil γ, par le moyen de sa déclinaison à midi δ, et de sa hauteur observée η, la variation diurne donnera la déclinaison pour le tems qui répond à l'angle γ: supposons qu'elle soit plus grande que δ du petit angle $\partial\delta$, et cherchons la correction $\partial\gamma$ qui en résulte. En différentiant l'équation (§. 34. III. 1.) $\cos\beta \cos\gamma \cos\delta = \sin\eta - \sin\beta \sin\delta$, on trouvera $\partial\gamma \cos\delta = \frac{\partial\delta (\mathrm{tg}\,\beta \cos\delta - \cos\gamma \sin\delta)}{\sin\gamma} = \frac{\partial\delta}{\mathrm{tg}\,\zeta}$ (§. 34. I. 3.), donc $\partial\gamma = \frac{\partial\delta}{\cos\delta\,\mathrm{tg}\,\zeta}$: l'angle parallactique ζ est trouvé à l'aide de l'équation (§. 34. IV. 1.) $\sin\zeta = \frac{\cos\beta \sin\gamma}{\cos\delta}$. L'angle $\gamma + \partial\gamma$ donnera exactement le tems vrai.

§. 163. Toutes ces méthodes ne peuvent être comparées, relativement à la commodité et à la précision, aux horloges que l'on peut consulter à chaque instant. Mais pour cet effèt il est nécessaire que l'astronome connaisse parfaitement la marche de la pendule, et tous ses défauts, qui ne peuvent déranger les observations que lorsqu'ils sont inconnus. Les défauts d'une pendule sont de deux espèces, la marche non uniforme qui dépend de la construction même de la pendule, et son mouvement trop vite ou trop lent, auquel il est aisé de remédier. La marche d'une pendule est *uniforme*, lorsque toutes les heures, minutes, etc. qu'elle indique, sont de même durée, ensorte que dans chacune le même arc de l'équateur passe par le méridien, quand même l'arc qui passe dans une heure, ne serait pas précisément de 15 degrés. C'est la qualité la plus essentielle d'une bonne pendule, mais elle ne suffit pas. Si la pendule est destinée à indiquer le tems sidéral ou le tems solaire, et qu'elle ne fasse pas exactement 24 heures, d'une culmination d'une étoile ou du soleil moyen à l'autre, sa marche n'est pas juste, quoique parfaitement uniforme. Ainsi la marche d'une pendule, réglée sur le tems solaire, n'est pas juste, si on la considère comme une pendule sidérale. Mais cette erreur est sans conséquence, dès qu'on la connait: car alors la réduction du tems marqué par la pendule se fait de la même manière, que la conversion du tems sidéral en tems moyen. Mais de même que cette conversion se fonde sur l'uniformité des deux tems, de même la réduction de la pendule suppose que sa marche est parfaitement uniforme. Alors on a trois espèces de tems uniformes, le tems sidéral, le tems moyen, et celui de la pendule, et il est aisé de convertir l'un en l'autre. Cela se fait d'une manière très-simple, par l'observation des culminations d'une étoile à l'aide de la lunette méridienne: les tems marqués par la pendule lors de deux culminations consécutives de la même étoile, donnent le nombre des heures, minutes, etc. de la pendule, qui est équivalent à 24 heures de tems sidéral; ce qui suffit pour réduire en tems quelconque, marqué par la pendule, au tems sidéral.

Si l'on a observé deux culminations du soleil, il faut chercher le tems moyen, ou l'équation du tems qui répond à ces deux midis vrais. On le tire, par une simple proportion, des éphémérides qui donnent l'équation du tems, ou le tems moyen au midi vrai, pour chaque jour. La variation d'un jour à l'autre donnera donc le tems moyen à deux midis vrais consécutifs du lieu où l'observation est faite, de la manière qui a été ... (§. 161.); et la comparaison de ces tems moyens avec ceux marqués par la pendule lors des deux culminations, donnera la différence entre le tems moyen et celui de la pendule; ce qui suffit pour réduire l'un à l'autre, parce qu'ils sont supposés uniformes tous les deux.

§. 164. Si la marche de la pendule n'est pas uniforme, de manière que dans une seconde ou minute il ne passe pas par le méridien le même arc de l'équateur, que dans la seconde ou minute précédente ou suivante, il y a encore deux différens cas. L'arc qui passe par le méridien dans une minute, peut être plus ou moins grand que celui qui a passé dans la minute précédente: dans le premier cas la marche de la pendule est *retardée*, dans le second cas elle est *accélérée*. Mais le retardement, ainsi que l'accélération, peut être de deux espèces. L'arc qui passe par le méridien dans la seconde minute, peut être plus ou moins grand que celui de la première minute, d'autant ... est moins ou plus grand que celui de la troisième minute; ou il en est autrement. Dans le premier cas, les différences entre les arcs sont égales ... minute; les *premières différences* sont constantes, les *secondes* ... nulles; la marche de la pendule n'est pas uniforme, ... elle ... *retardée* ou *accélérée*. Dans le second cas la marche ne change pas uniformément, mais tantôt plus tantôt moins vite; elle peut même se ... de retardement en accélération. Dans un pareil cas même la pendule peut servir à l'astronome, quoique avec moins de commodité, pourvu que tous les changemens ne se fassent pas brusquement, mais par des nuances insensibles, conformément à la loi de continuité.

§. 163. Les observations de deux culminations consécutives donnent une équation de cette forme, $z = m$, m étant le tems moyen, et z celui marqué par la pendule, qui s'est écoulé entre les deux observations: de là on conclut le tems moyen z qui est égal à 24 heures de la pendule, savoir $z = \frac{m}{z} 24$ h. Mais cette valeur n'est exacte que pour ce jour, et dans la supposition que la marche de la pendule soit uniforme. Nommons donc $'z$, $''z$, etc. les valeurs que l'on a trouvées de cette manière pour le second jour, le troisième, le quatrième, etc. c'est-à-dire, le tems moyen qui s'est écoulé les jours suivans, pendant que la pendule a fait 24 heures; réduisons les tems moyens y de chaque jour au même tems x que la pendule a marqué le premier jour, et nommons x, $'x$, $''x$, $'''x$, etc. le tems que la pendule a marqué chaque jour, et y, $'y$, $''y$, $'''y$, etc. les tems moyens. Cela posé, on aura $'x = x + 24$ h; $''x = 'x + 24$ h. etc. $'y = y + z$, $''y = 'y + 'z$, etc. Soit $'y - y = \Delta y$, $''y - 'y = '\Delta y$, $'''y - ''y = ''\Delta y$, etc. $'\Delta y - \Delta y = \Delta^2 y$, $''\Delta y - '\Delta y = '\Delta^2 y$, etc. $'\Delta^2 y - \Delta^2 y = \Delta^3 y$, etc. $'x - x = \Delta x = 24$ h; $''x - 'x = '\Delta x = 24$ h. etc. $\Delta^2 x = 0$, etc. Maintenant il est aisé de voir, 1) que la marche de la pendule est uniforme, si $y = 'y = ''y$, etc. ou si les *premières différences* Δy, $'\Delta y$, etc. sont nulles, et qu'elle est trop lente ou trop vite, selon que y est plus ou moins grand que 24 heures; 2) que la marche change uniformément, si $\Delta y = '\Delta y = ''\Delta y$, etc. ou si les *secondes différences* $\Delta^2 y$, $'\Delta^2 y$, etc. sont nulles, et qu'elle est uniformément accélérée ou retardée, selon que les premières différences sont négatives ou positives; 3) que sa marche ne change pas d'une manière uniforme, si les secondes différences ne sont pas nulles. Or, si y est une fonction quelconque de x, et que l'on connaisse deux valeurs correspondantes des accroissemens Δx, Δy, que prennent ces deux quantités en même tems, il est prouvé dans la théorie des différences, que l'accroissement (Δy) que y prendra, lorsque x est augmenté d'une quantité quelconque $n\Delta x$, se trouve par le moyen de cette équation:

$$(\Delta y) = n\Delta y + n.\frac{n-1}{2}.\Delta^2 y + n.\frac{n-1}{2}.\frac{n-2}{3}.\Delta^3 y + \text{etc.}$$

Si l'on veut trouver par le moyen de cette formule, le tems moyen y qui répond à un tems x, marqué par la pendule, il faut se rappeler, que les valeurs de Δx sont constamment de 24 heures, et qu'il s'agit ici, de trouver le tems moyen $y + (\Delta y)$ qui répond au tems marqué par la pendule $x + a = x + n\Delta x$: y et x étant le tems moyen et celui de la pendule au premier midi. On a donc $n\Delta x = a$, ou $n = \dfrac{a}{\Delta x} = \dfrac{a}{24\,h.}$. Cela donne le tems moyen qui répond au tems de la pendule:

$$y + (\Delta y) = y + \frac{a}{24\,h.}\Delta y - \frac{a}{24\,h.}\cdot\left(1 - \frac{a}{24\,h.}\right)\frac{\Delta^2 y}{2} + \frac{a}{24\,h.}\left(1 - \frac{a}{24\,h.}\right)\left(2 - \frac{a}{24\,h.}\right)\cdot\frac{\Delta^3 y}{6} - \text{etc.}$$

Supposons que la pendule ait marqué à midi, le premier jour 11h. 40′25″, le second jour 11h. 40′45″, le troisième 11h. 41′8″, le quatrième 11h. 41′37″, le cinquième 11h. 42′10″, et que les tems moyens aient été 11h. 57′20″, 11h. 57′29″, 11h. 57′38″, 11h. 57′48″, 11h. 57′58″. Les valeurs de z et de m sont donc pour chaque jour, en faisant pour abréger, 24 heures $= A$, $z = A + 20''$, $'z = A + 23''$, $''z = A + 29''$, $'''z = A + 33''$, $m = A + 9''$, $'m = A + 9''$, $''m = A + 10''$, $'''m = A + 10''$; donc $t = \dfrac{m}{z}A = \dfrac{1 + \frac{9''}{A}}{1 + \frac{20''}{A}}A = \left(1 + \frac{9''}{A}\right)\left(1 - \frac{20''}{A}\right)A = \left(1 - \frac{11}{A}\right)A = A - 11''$, $'t = \dfrac{'m}{'z}A = A - 14''$, $''t = \dfrac{''m}{''z}A = A - 19''$, $'''t = \dfrac{'''m}{'''z}A = A - 23''$, d'où l'on tirera $y = $ 11h. 57′20″, $'y = y + t$, $''y = 'y + 't$, etc. x étant constamment $=$ 11h. 40′25″. La table suivante présente toutes les valeurs, dont on a besoin pour le calcul.

Jour	Tems moyen	Δy	$\Delta^2 y$	$\Delta^3 y$	$\Delta^4 y$
I	$y =$ 11h. 57′. 20″	$A - 11''$			
II	$'y =$ 11. 57. 9.	$A - 14''$	$-3''$		
III	$''y =$ 11. 56. 55.	$A - 19''$	-5	$-2''$	$+3''$
IV	$'''y =$ 11. 56. 36.	$A - 23''$	$-4''$	$+1''$	
V	$''''y =$ 11. 56. 13.				

Cherchons maintenant le tems moyen (y), lorsque la pendule a marqué 2h. 40′25″ $= x + a$. On a donc $a = 3$ heures, $n = \frac{1}{8}$, et $(y) = y + \dfrac{\Delta y}{8} - \dfrac{7\Delta^2 y}{128} + \dfrac{35\Delta^3 y}{1024} - \dfrac{805\Delta^4 y}{32768} = $ 11h. 57′20″ $+ (3h. - 1'',375) + 0'',164 - 0'',\ldots - 0'',074 = $ 2h. 57′20″ $- 1'',353$. Le tems moyen était donc 2h. 57′18″,65.

Il serait inutile de montrer comment ce calcul peut être abrégé. Les pendules astronomiques sont ordinairement assés régulières, pour qu'on puisse négliger les secondes différences et les suivantes. Alors le premier terme $\frac{a}{A} \Delta y$ reste seul, et l'on emploiera une simple proportion, comme nous l'avons fait, pour tirer des éphémérides la déclinaison et l'ascension droite du soleil (§. 161.). Mais relativement à la lune, et en plusieurs autres cas, il ne faut pas se contenter des premières différences, et l'équation précédente, ou la méthode des différences, est d'un grand usage dans toute l'astronomie pratique.

§. 166. Le premier objet est de voir, si la marche de la pendule est assés régulière, pour que l'on puisse se permettre de la supposer uniforme pendant un jour, avant que d'examiner, de combien elle diffère du tems moyen. Pour cela, le moyen le plus usité est l'observation journalière du soleil au méridien, qui sert en même tems à régler la pendule. Les observations des étoiles au méridien sont encore plus utiles, parce qu'elles peuvent être multipliées autant qu'on veut. Faute de lunette méridienne, on peut se servir d'un quart-de-cercle, fixé à une certaine hauteur. Les tems que la pendule marque d'un passage d'une même étoile à l'autre, doivent être égaux, si la marche de la pendule est uniforme; et ces observations étant continuées plusieurs jours de suite, on verra bientôt, si sa marche est uniforme, ou accélérée ou retardée.

§. 167. Quand l'astronome s'est assuré que la pendule est assés régulière, pour pouvoir lui être utile, il doit s'occuper des observations qui sont nécessaires, pour que le tems marqué par la pendule lui donne, dans chaque instant, le tems sidéral ou le tems moyen. Le moyen le plus simple est, d'observer à la lunette méridienne, les culminations du soleil et des étoiles. Si l'on n'a pas cet instrument à sa disposition, la meilleure méthode est celle des *hauteurs correspondantes*. Elle consiste à observer deux hauteurs égales du même astre, l'une à l'orient et l'autre à l'occident du méridien; le milieu ou la demi-somme des tems est le tems que marquait la pendule lorsque l'étoile était au méridien, en supposant que sa marche a été uniforme pendant ce tems, parce que les angles horaires des deux côtés du méridien sont égaux. Le résultat sera plus exact, si l'on choisit le tems où la hauteur de l'étoile change le plus rapidement (§. 38.), et si l'on répète l'observation plusieurs fois de suite, avant et après le passage, pour prendre le milieu de toutes les demi-sommes. Ce que l'on trouve de cette manière, c'est le tems de la culmination de l'étoile, ou le tems où son angle horaire γ était nul. Pour en déduire le tems solaire, on se servira de la règle donnée plus haut (§. 161.). en y substituant $\gamma = 0$.

Cette opération est fondée sur deux suppositions, 1) que les angles horaires ont été égaux dans les deux observations, que par conséquent la déclinaison est invariable pendant ce tems, 2) que l'astre se meut uniformément relativement à l'équateur, c'est-à-dire que le changement de son ascension droite est nul ou uniforme. L'un et l'autre a lieu pour les étoiles fixes, mais non pour le soleil, à cause de son mouvement propre. Cependant la seconde supposition est admissible, parce que son ascension droite croit assés uniformément dans 24 heures, et encore plus dans six heures, l'intervalle ordinaire entre les deux observations. Mais la variation de sa déclinaison nécessite une correction qui est assés considérable.

§. 163. L'équation (§. 34. III. 1.) $\cos\gamma = \dfrac{\sin\eta - \sin\beta\sin\delta}{\cos\beta\cos\delta}$ nous apprend que, si la déclinaison δ peut être regardée comme constante, les angles horaires γ qui répondent à la même hauteur η des deux côtés du méridien, sont égaux, $\mp\gamma$, mais chaque variation de la déclinaison changera aussi l'angle horaire, d'où il naît une correction qu'il faut appliquer à la demi-somme (§. 162.), et que l'on peut trouver de deux manières. En effet, connaissant les déclinaisons δ, δ', qui avaient lieu dans chacune des deux observations, on peut calculer chaque angle horaire; mais alors cette méthode ne serait pas différente de la précédente (§. 162.), et l'on perdrait tous les avantages qu'offre la méthode des hauteurs correspondantes §. 41. Puisque la déclinaison ne change pas beaucoup dans quelques heures, on peut, sans calculer exactement les angles horaires, trouver leur différence qui donnera la correction du midi. Nous avons déjà trouvé la différentielle de l'équation précédente (§. 162.)

$$\partial\gamma = \partial\delta\left(\frac{\tan\beta}{\tan\gamma} - \frac{\tan\delta}{\tan\gamma}\right).$$

C'est la quantité dont l'angle horaire occidental est plus grand que l'oriental, tant que $\partial\gamma$ a une valeur positive; le contraire aura lieu, si elle est négative. L'angle oriental étant γ, celui à l'occident sera $\gamma + \partial\gamma$; les

deux lieux du ciel où le soleil a été observé, comprennent donc l'angle $2\gamma + \partial\gamma$.
En nommant donc $2t$ le tems écoulé entre les deux observations, et τ le tems
qui, étant ajouté avec le tems T de la première observation, donne le *midi vrai*; on
aura $\tau = \dfrac{2\gamma t}{2\gamma + \partial\gamma}$, et le tems que la pendule a marqué au midi vrai
$= T + \dfrac{2\gamma t}{2\gamma + \partial\gamma}$. La demi-somme des deux tems observés est $\dfrac{T + (T + 2t)}{2} = T + t$,
ce qui est trop grand de $t - \dfrac{2\gamma t}{2\gamma + \partial\gamma} = \dfrac{t\,\partial\gamma}{2\gamma + \partial\gamma}$. La correction qu'il faut
ôter de la demi-somme, est donc $\dfrac{\partial\gamma}{2\gamma + \partial\gamma}\,t = x$. Cette expression devien-
dra plus simple, si l'on détermine une fois pour toutes, le rapport
$\dfrac{t}{2\gamma + \partial\gamma}$ qui ne peut changer sensiblement. En effet, $2t$ étant le tems dans
lequel l'angle $2\gamma + \partial\gamma$ est décrit, il sera toujours à très-peu prés,
$360° : 2\gamma + \partial\gamma :: 24\,\mathrm{h}. : 2t$, si la pendule est réglée sur le tems moyen,
comme nous le supposons; et le rapport $\dfrac{t}{2\gamma + \partial\gamma} = \dfrac{12\mathrm{h}}{360}$ ne peut changer
qu'en vertu de l'équation du tems et des irrégularités de la pendule, ce qui
est tout-à-fait insensible. En supposant donc que les tems et les arcs sont
toujours exprimés en parties analogues, en heures et degrés, ou en minutes,
ou en secondes, on aura $\dfrac{t}{2\gamma + \partial\gamma} = \dfrac{1}{30}$: d'où il suit la correction du midi,
qu'il faut ôter de la demi-somme des tems,
$$x = \frac{\partial\gamma}{30} = \frac{\partial\delta}{30}\left(\frac{\tan\beta}{\sin\gamma} - \frac{\tan\delta}{\tan\gamma}\right).$$
En substituant la valeur $t = \dfrac{2\gamma + \partial\gamma}{30}$, ce qui donne à très-peu près, $\gamma = 15t$,
on aura
$$x = \frac{\partial\delta}{30}\left(\frac{\tan\beta}{\sin 15t} - \frac{\tan\delta}{\mathrm{tg}\,15t}\right);$$
δ étant la déclinaison du soleil au midi vrai du lieu de l'observateur, et $\partial\delta$
sa variation dans le tems $2t$; l'une et l'autre se trouve à l'aide des éphémérides (§. 162.). En nommant d la 24.me partie de la différence entre les deux
déclinaisons que l'on trouve dans les éphémérides pour le jour de l'observation et pour le jour suivant ou précédent, et l la longitude du lieu à l'orient
du méridien des éphémérides, exprimée en heures, enfin D la déclinaison que
les éphémérides donnent pour le jour de l'observation, et exprimant t aussi
en heures, on aura $\delta = D - ld$, $\partial\delta = 2td$, et
$$x = \frac{td}{15}\left(\frac{\tan\beta}{\sin 15t} - \frac{\mathrm{tg}(D - ld)}{\mathrm{tg}\,15t}\right).$$

Il serait inutile d'observer que l devient négatif, si le lieu de l'observateur est à l'occident du méridien des éphémérides, que les déclinaisons australes D sont négatives, et que d est négatif, si le soleil se rapproche du pole austral, la hauteur du pole β étant supposée boréale; si elle était australe, il faudrait mettre *boréal* au lieu d'*austral* dans les deux dernières conditions. On observera encore, que tang 15 t sera négatif, si l'intervalle entre les deux observations est de plus de 12 heures.

§. 169. Il faut ôter x de la demi-somme des tems: ainsi la correction est $x = -\dfrac{\partial \delta}{30}\left(\dfrac{\tan\beta}{\sin 15 t} - \dfrac{\tan\delta}{\tan 15 t}\right)$. En printems δ et $\partial \delta$ sont positifs, en été δ est positif, $\partial \delta$ négatif, en automne δ et $\delta \partial$ sont négatifs, en hiver δ est négatif, $\partial \delta$ positif. La correction à ajouter à la demi-somme, sera donc, en faisant abstraction des signes de δ et $\partial \delta$,

$$\text{en } printems = \frac{\partial \delta}{30}\left(\frac{\tan\delta}{\tan 15 t} - \frac{\tan\beta}{\sin 15 t}\right),$$

$$\text{en } été = \frac{\partial \delta}{30}\left(\frac{\tan\beta}{\sin 15 t} - \frac{\tan\delta}{\tan 15 t}\right),$$

$$\text{en } automne = \frac{\partial \delta}{30}\left(\frac{\tan\beta}{\sin 15 t} + \frac{\tan\delta}{\tan 15 t}\right),$$

$$\text{en } hiver = -\frac{\partial \delta}{30}\left(\frac{\tan\beta}{\sin 15 t} + \frac{\tan\delta}{\tan 15 t}\right).$$

Il y a quatre cas où cette correction s'évanouit: 1) lorsque $\partial \delta = 0$, ce qui arrive au tems des solstices; 2) dans le printems et l'été, lorsque $\dfrac{\tan\beta}{\sin 15 t} = \dfrac{\tan\delta}{\tan 15 t}$; on tg $\beta = $ tg $\delta \cos\gamma$, et dans le reste de l'année, si tg $\beta = -$ tg $\delta \cos\gamma$, γ étant plus grand que l'angle droit: l'une et l'autre condition suppose que β est plus petit que δ, ou que le lieu est situé entre les tropiques; 3) lorsque $\beta = 0$ et $\delta = 0$, l'observation étant faite sous l'équateur le jour de l'équinoxe; 4) lorsque $\beta = 0$ et $\gamma = 90°$, c'est-à-dire, si le lieu est dans l'équateur et que le soleil ait été observé à l'horizon.

§. 170. Quand les nuages ou autres causes ont empêché de prendre après midi les mêmes hauteurs qu'avant midi, on peut en observer d'autres, pour les comparer avec les mêmes hauteurs qu'on aura observées le lendemain matin. Le milieu, ou la demi-somme donnera le *minuit* vrai non corrigé. Pour trouver la correction pour ce cas, on observera que l'angle horaire γ de la première observation, qui a été supposé oriental, est maintenant occidental, ou en l'envisageant toujours comme oriental, il est plus grand que 180°.

En nommant donc g l'angle horaire, compté depuis la moitié boréale du méridien, on aura $\gamma = 180° + g$, d'où l'on tirera la correction

$$x = + \frac{\partial \delta}{30} \left(\frac{\operatorname{tg} \beta}{\sin g} + \frac{\operatorname{tg} \delta}{\operatorname{tg} g} \right),$$

qui ne diffère de la première correction, que dans le premier terme.

§. 171. Pour faciliter l'usage que les astronomes, qui n'ont pas de lunette méridienne à leur disposition, font chaque jour de cette correction, on a calculé des tables qui la renferment, et qui peuvent être construites de deux manières, pour une certaine hauteur du pole, ou pour toutes les latitudes en général. Les premières sont plus utiles pour l'astronome qui observe sous cette latitude, parce que les tables générales demandent encore un autre calcul. Dans le premier cas, β ayant une valeur constante, on peut réunir les deux termes de la correction en un seul. Les quantités $\operatorname{tg} \delta$ et $\partial \delta$ dépendent non seulement de la déclinaison ou du lieu du soleil, mais aussi de la vitesse avec laquelle elle change; et cette vitesse dépend du lieu que le soleil occupe dans l'écliptique, et de la vitesse de son mouvement, laquelle dépend de l'anomalie du soleil : ainsi $\operatorname{tg} \delta$ et $\partial \delta$ sont fonctions de la longitude et de l'anomalie du soleil. En regardant la position des apsides comme invariable, on peut réunir ces deux argumens en un seul : il est vrai qu'à cause du mouvement des apsides, la table ainsi construite ne sera exacte que pour une certaine époque; mais comme ce mouvement est très-lent, elle servira longtems sans erreur sensible. On aura donc un seul argument pour les termes $\operatorname{tg} \delta$ et $\partial \delta$, savoir la longitude du soleil $= \lambda$. Les deux autres termes, $\sin \tfrac{1}{2} t$ et $\tang \tfrac{1}{2} t$, ont pour argument la moitié de l'intervalle t. La table sera donc à double entrée, ayant les deux argumens λ et t; et elle sera composée de deux parties, $\dfrac{\partial \delta}{30 \sin \tfrac{1}{2} t}$ et $\dfrac{\partial \delta \operatorname{tg} \delta}{30 \operatorname{tg} \tfrac{1}{2} t}$, la première devant être multipliée par $\tang \beta$. Si la latitude du lieu est de $45°$, cette multiplication n'a pas lieu; et dans les tables spéciales pour un certain lieu, le terme $\dfrac{\partial \delta}{30 \sin \tfrac{1}{2} t}$ est déjà multiplié par $\operatorname{tg} \beta$. Si l'on veut construire des tables pour l'argument λ, il faut éliminer δ et $\partial \delta$, à l'aide de l'équation $\sin \delta = \sin \varepsilon \sin \lambda$ §. 76. I. 2). Elle donne $\tang \delta = \dfrac{\sin \varepsilon \sin \lambda}{\sqrt{(1 - \sin^2 \varepsilon \sin^2 \lambda)}}$, et sa différentielle est $\partial \delta \cos \delta = \partial \lambda . \sin \varepsilon \cos \lambda$, ou $\partial \delta = \dfrac{\partial \lambda \sin \varepsilon \cos \lambda}{\sqrt{(1 - \sin^2 \varepsilon \sin^2 \lambda)}} = \partial \lambda . \dfrac{\operatorname{tg} \delta}{\operatorname{tg} \lambda}$. On calculera donc, pour chaque valeur de λ, la déclinaison à l'aide de l'équation $\sin \delta = \sin \varepsilon \sin \lambda$, d'où l'on conclura $\operatorname{tang} \delta$, et $\partial \delta = \dfrac{\partial \lambda \sin \varepsilon \cos \lambda \operatorname{tg} \delta}{\sin \delta}$. La vitesse $\partial \lambda$ dépendant de la loi générale, suivant laquelle la terre et les autres planètes décrivent leurs orbites, l'analyse de ce terme ne peut pas être donnée ici: mais on trouve parmi les tables astronomiques une qui donne la valeur de $\partial \lambda$, ou le mouvement horaire du soleil, pour chaque degré de son anomalie: elle est la XXIX. parmi les *tables du soleil par M. Delambre*. La *Tab. XXXI*. donne la correction du midi pour toutes les latitudes.

CHAPITRE V.

Longitude géographique.

§. 172. La *longitude géographique* des lieux, ou plutôt l'angle horaire au pole, compris par deux méridiens, est si intimément lié avec la mesure du tems, qu'il sera à propos d'expliquer ici, au moins en général, les méthodes qui servent à déterminer la longitude. Car, quoique cette matière semble plutôt appartenir à la géographie, elle n'est pas moins importante pour l'astronome. Sans connaitre la longitude du lieu où il fait ses observations, ou la différence des méridiens, il ne peut se servir des tables et des éphémérides, qui sont nécessairement calculées pour un certain méridien: il ne saurait comparer les observations avec celles qui ont été faites autre part, et par conséquent elles seraient perdues pour l'astronomie. La plupart de ces méthodes sont fondées sur une théorie qui sera développée dans le Tome suivant: ici je n'en puis donner qu'un aperçu général.

§. 173. Puisque tout se réduit à déterminer l'angle horaire compris par deux méridiens, il est clair que le problème sera résolu, aussitôt que l'on connait la différence entre les tems qui sont comptés sous les deux méridiens, et qu'il est indifférent, si l'on emploie le tems sidéral, ou le tems solaire, soit vrai soit moyen. On peut concevoir, outre les méridiens des deux lieux, A, B, un troisième C, dans lequel se trouve à une certaine époque, une étoile, le soleil vrai, ou le soleil moyen. Les tems qui sont comptés sous ces méridiens au même instant, donnent les angles horaires, compris par les méridiens A, C, et B, C, par conséquent leur différence, ou l'angle compris par les méridiens A, B, ou la différence des longitudes. Les astronomes emploient ordinairement, pour cet effet, le tems vrai qui est réduit au tems moyen. Dans l'instant où le soleil passe au méridien d'un lieu A, on y compte o heur. tems vrai, et lorsque le soleil est dans le méridien C, qui est de x degrés plus à l'occident que A, et de y degrés à l'occident de B, le tems compté en A est $t = \frac{x}{15}$ heures, et en B, $\tau = \frac{y}{15}$ h. Connaissant donc les tems t, τ, qui sont comptés au même instant en A et en B, on trouve l'angle $x - y$, dont B est à l'occident de A, savoir $x - y = 15 (t - \tau)$, les heures représentant des degrés, etc. Si y est plus grand que x, B est à l'orient de A, de l'angle $y - x$. Tout se réduit donc, à trouver par un moyen quelconque, le tems vrai qui est compté au même instant, d'après deux méridiens.

§. 174. Le chapitre précédent a expliqué les diverses méthodes, pour déterminer le tems vrai. Il ne nous reste donc qu'à chercher des phénomènes célestes qui seront vus des deux lieux en même tems et de la même manière, ou à conclure par le calcul la manière, dont une observation, faite dans un lieu, doit se présenter en même tems dans un autre. La première classe comprend tous les évènemens qui se passent dans les corps célestes eux-mêmes, tels que les *éclipses de lune* ou des *satellites de Jupiter*. Il importe d'observer dans chaque lieu le tems vrai du commencement ou de la fin de l'éclipse, de l'immersion dans l'ombre ou de l'émersion de quelques taches distinguées de la lune, les époques où la lune est totalement obscurcie et où elle commence à sortir de l'ombre, où les satellites de Jupiter disparaissent et reviennent à paraître, etc. Ces méthodes sont les plus simples, et ne demandent aucun calcul; mais elles ne sont pas exactes. Il est extrèmement difficile, d'observer exactement les limites de l'ombre dans une éclipse lunaire, et une vue perçante et une bonne lunette font voir les satellites, lorsqu'ils ont déjà disparu à des organes moins parfaits; l'état de l'atmosphère même a une influence sur l'apparence de ces phénomènes. Les méthodes suivantes sont beaucoup plus exactes.

§. 175. Il y a d'autres phénomènes remarquables, qui ne sont pas vus partout dans le même instant: mais la différence peut être calculée, sans qu'on ait besoin de connaître la longitude, au moins exactement; et dans le dernier cas, ces observations serviront à déterminer avec plus de précision, la longitude trouvée par la première méthode (§. 174.). Ce sont principalement les *éclipses de soleil*, les *passages de Vénus et de Mercure sur le soleil*, et les *occultations* des astres par la lune ou par des planètes. L'essentiel de cette méthode consiste à déduire, des phénomènes apparens qu'on a observés, les vrais phénomènes, c'est-à-dire, ceux qu'on aurait vus en même tems du centre de la terre: cette réduction se fait par le moyen du calcul des parallaxes, qui sera expliqué plus bas. Le même calcul ayant été fait relativement aux observations faites dans un autre lieu, on a les tems du même phénomène géocentrique ou du même instant, d'après ces deux méridiens. Les momens les plus importans sont ici de même, le commencement et la fin de l'éclipse en général et de l'obscurcissement total, l'immersion des taches du soleil dans l'ombre, les différentes phases ou distances des cornes, c'est-à-dire, les cordes entre les deux points d'intersection des disques du soleil et de la lune, etc. dans les passages, le contact extérieur ou intérieur des bords du soleil et de la planète, les diverses distances de leurs centres, etc. dans les occultations, la disparition et l'apparition de l'étoile derrière la lune, etc.

§. 176. Ces deux méthodes sont impraticables ou inutiles sur mer; la première (§. 174.), parce qu'il est difficile de fixer la lunette dans sa direction vers l'objet qu'on se propose d'observer; la seconde (§. 175.), parce qu'elle demande des calculs compliqués, et qu'elle suppose des observations faites dans un autre lieu; l'une et l'autre, parce que ces phénomènes sont trop rares, et que par conséquent le navigateur ne peut pas les consulter, quand il lui importe le plus. Les nations dont la prospérité est fondée sur la navigation, se sont occupées depuis longtems du fameux problème, de trouver les *longitudes en mer*. Parmi une foule de projets il n'y a de praticables et d'utiles que les deux méthodes suivantes. Il est aisé de trouver l'heure qu'il est sur un vaisseau, par une des méthodes précédentes. Cela posé, il ne faudrait au navigateur qu'une montre qui, ayant été mise à l'heure du lieu du départ, marcherait assés régulièrement, pour marquer toujours à peu près l'heure qu'il est au lieu du départ, durant tout le voyage; alors la comparaison de cette heure avec celle qu'il a trouvée par l'observation, lui donnera la différence entre les deux tems et les deux longitudes. Ces montres marines sont nécessaires au navigateur, non seulement pour lui donner le tems du lieu du départ, mais aussi pour ses propres observations; et la navigation leur doit une grande partie des progrès qu'elle a faits. L'anglais Harrison en est le premier inventeur (*Harrison's time-keeper*); mais depuis son tems, ces machines que l'on appelle ordinairement *Chronomètres*, ont été portées à une grande perfection.

§. 177. Il n'y a aucun corps céleste, dont la situation, et la distance au soleil et aux étoiles, change aussi vite que la lune qui, par cette raison, peut servir d'horloge. Dans les éphémérides, telles que la *Connaissance des tems* ou le *Nautical Almanac*, on trouve les distances de la lune au soleil et à plusieurs étoiles, calculées de trois en trois heures pour le centre de la terre. On a choisi avec raison les étoiles les plus brillantes qui sont situées à peu près dans le plan de l'orbite lunaire, ou près de l'écliptique, parce que c'est relativement à elles que les distances de la lune changent le plus rapidement. Si le navigateur a observé une distance, il la convertira en distance géocentrique, par le calcul parallactique, et il cherchera dans les éphémérides le tems où cette distance doit avoir eu lieu: la comparaison de ce tems avec celui de son observation, lui donnera la différence entre le méridien de Paris ou de Londres et le sien. Mais comme la conversion de la distance observée en distance géocentrique se fait par le moyen des réfractions et des parallaxes, qui dépendent de la hauteur, il faut observer en même tems les hauteurs des deux astres, que l'on convertit en hauteurs vraies. Alors on aura une distance apparente, deux hauteurs vraies et apparentes; et ces cinq angles suffisent pour trouver la vraie distance. Soit (*Fig.* 30.) Z le zénit, S le soleil ou une étoile qui sera élevée en s par la réfraction, et L la lune que la parallaxe abaisse de L en l; on connaît dans les triangles SZL, sZl, auxquels l'angle Z est commun, les distances zénitales apparentes et vraies, sZ, lZ, SZ, LZ, et la distance apparente sl. Les trois parties sZ, lZ, sl, du triangle sZl, donnent l'angle Z, à l'aide duquel et des côtés qui le comprennent, SZ, LZ, on trouvera dans le triangle SZL, la vraie distance SL.

Le calcul des distances vraies pour les éphémérides se fait de cette manière. Soit b la vraie latitude de la lune, β celle de l'étoile, l la différence entre leurs longitudes, e la distance que l'on cherche, et Z le pole de l'écliptique. On aura dans le triangle SZL, $Z = l$, $SZ = 90° - \beta$, $LZ = 90° - b$, $SL = e$; d'où il suit $\cos e = \sin b \sin \beta + \cos l \cos b \cos \beta$: on cherchera donc l'angle subsidiare Φ, par l'équation $\tang \Phi = \dfrac{\cos l}{\tang b}$; après quoi on aura $\cos e = \dfrac{\sin b \sin (\beta + \Phi)}{\cos \Phi}$. Si S est le soleil, β est nul, et l'on a simplement $\cos e = \cos l \cos b$.

CHAPITRE VI.

Lever et coucher des astres.

§. 178. Un des problèmes les plus fréquens dans l'astronomie pratique, c'est de calculer le tems où un astre sera dans le méridien ou dans l'horison. Le dernier tems suppose le premier: en effèt, ayant calculé la culmination, la déclinaison donne l'arc semidiurne, et par conséquent le tems du lever et du coucher. Le tems solaire de la culmination se trouve indépendamment de la déclinaison, par les ascensions droites du soleil et de l'étoile: celle-ci est invariable; la première varie d'une manière sensiblement uniforme, elle est donc trouvée par une simple proportion, pour un tems du jour quelconque, si elle est connue pour les deux midis qui sont les plus proches; ce qui est donné par les éphémérides (§. 161.). Supposons que le lieu B, pour lequel on fait ce calcul, soit à l'occident du méridien des éphémérides d'un angle horaire γ, et nommons ϱ, ϱ', les ascensions droites du soleil, indiquées dans les éphémérides pour les deux midis, la variation diurne $\varrho' - \varrho = \omega$: cela posé, on sait que l'ascension droite change de ω, pendant que le soleil décrit un angle horaire de 360°; elle sera donc à midi du lieu $B = \varrho + \dfrac{\gamma\,\omega}{360°}$, et pour un tems t après midi, $\varrho + \omega\left(\dfrac{\gamma}{360°} + \dfrac{t}{24\,\mathrm{h}}\right)$.

Le problème, de trouver le tems vrai de la culmination d'une étoile, ou ce qui revient au même, l'angle horaire occidental du soleil dans l'instant de la culmination, sera maintenant facile à résoudre. L'ascension droite de l'étoile α ne changeant pas sensiblement, il est visible qu'à midi vrai du lieu B, l'étoile était à l'orient du méridien d'un arc de l'équateur $= \alpha - \varrho - \dfrac{\gamma\,\omega}{360°}$. Or dans 24 heures tems solaire vrai il passe par le méridien un arc de l'équateur $= 360° + \omega$. En conséquence le tems t qui s'écoule entre les culminations du soleil et de l'étoile, ou le tems vrai de la

culmination de l'étoile est $t = \dfrac{24\left(\alpha - \varrho - \dfrac{\gamma\omega}{360^\circ}\right)}{360^\circ + \omega}$ heures.

L'exemple suivant est tiré de l'*Astronomie par Lalande*, §. 994 — 996. On y trouve $\alpha = 277^\circ 12' 17''$, $\varrho = 39^\circ 2' 15''$, $\omega = 57' 15''$, et $\gamma = 0$, parce que la culmination est calculée pour le méridien des éphémérides ou de Paris. Notre formule donnera donc $t = \dfrac{238^\circ 10' 2''}{360^\circ 57' 15''}\, 24$ heures $= 15,83584$ heures $= 15$ h. 50 m. 9s. Lalande trouve par la première approximation 15 h. 52'40'', par la seconde 15 h. 50', et par la troisième 15 h. 50'9''.

§. 179. Pour les planètes, dont l'ascension droite n'est pas invariable, on emploie ordinairement une approximation: on regarde d'abord l'ascension droite α comme constante, d'où l'on conclut le tems de la culmination t par la méthode précédente (§. 178.); alors on cherche, à l'aide de la variation diurne, l'ascension droite α' pour le tems t, et l'on répète le calcul, en substituant α' au lieu de α. Mais il est aisé de trouver une formule directe pour ce cas. Nommant ϱ, α, les ascensions droites du soleil et de la planète à midi, ω, ψ, leurs variations diurnes, et t le tems de la culmination; il est clair que, dans l'instant de la culmination de la planète, l'ascension droite du soleil est $= \varrho + \dfrac{t\omega}{24\,\text{h.}}$, et celle de la planète $= \alpha + \dfrac{t\psi}{24\,\text{h.}}$. Or, la dernière moins la première est l'angle horaire occidental du soleil, lequel, étant converti en tems ou multiplié par $\dfrac{24\,\text{h.}}{360^\circ}$, donne le tems $t = \dfrac{\alpha - \varrho}{360^\circ} 24\,\text{h.} + \dfrac{\psi - \omega}{360^\circ} t$, d'où l'on tire

$$t = \frac{24(\alpha - \varrho)}{360^\circ + \omega - \psi}\ \text{heures.}$$

On serait parvenu immédiatement à la même équation, en attribuant au soleil, au lieu de son propre mouvement, le mouvement relatif à la planète, c'est-à-dire, en substituant $\omega - \psi$ au lieu de ω dans la formule précédente (§. 178.).

Les inégalités du mouvement de la lune sont si considérables que, pour plus d'exactitude, il faut tenir compte des secondes différences, ce qui se fera aisément par la méthode du §. 165. Mais il est bien rare, que l'astronome ait besoin de cette précision.

§. 180. Après avoir trouvé le tems vrai de la culmination t (§. 178. 179.), on n'a qu'à calculer l'arc semi-diurne γ, le convertir en tems solaire, et l'ajouter avec t, pour avoir le tems vrai du coucher $= \dfrac{24\,(\alpha - \varrho + \gamma)}{360^\circ + \omega}$ heures, celui du lever $= \dfrac{24\,(\alpha - \varrho - \gamma)}{360^\circ + \omega}$ heures; ϱ et α étant les ascensions droites à midi du lieu B.

Si c'est une planète, dont la déclinaison change insensiblement en 24 heures, ce qui est presque toujours le cas, on aura le tems vrai du lever et du coucher $= \dfrac{24\,(\alpha - \varrho \mp \gamma)}{360^\circ + \omega - \psi}$ heures.

La variation diurne de la déclinaison de la lune est trop considérable, pour pouvoir être négligée: nommons δ sa déclinaison à midi, d sa variation diurne. Ayant donc trouvé le tems t' du lever ou du coucher, à l'aide de la formule précédente, la déclinaison dans cet instant sera $= \delta + \dfrac{t'd}{24^h}$: elle donnera un autre arc semi-diurne γ', avec lequel on répètera le calcul, et l'on trouvera le tems corrigé du lever et du coucher de la lune, $t'' = \dfrac{24\,(\alpha - \varrho \mp \gamma')}{360^\circ + \omega - \psi}$ heures.

§. 181. Un autre problème d'un usage fréquent dans l'astronomie pratique, appliquée à la navigation, est de trouver l'azimut d'un astre au moment de son lever ou coucher. Dans l'un et l'autre cas la hauteur η est nulle: en substituant donc $\eta = 0$, l'équation III. 2. (§. 34.) donnera $\cos\alpha = -\dfrac{\sin\delta}{\cos\beta}$, α étant l'azimut compté du méridien ou du Sud; le signe négatif indique que cet azimut est plus grand que 90°, tant que β et δ sont de même espèce, c'est à dire, que le point du lever ou du coucher tombe entre Nord et Est ou Ouest. L'azimut, compté du vrai point Est ou Ouest, est appelé *amplitude ortive* ou *occase*. En la nommant a, on aura $a = \alpha - 90°$, donc $\sin a = -\cos\alpha = \dfrac{\sin\delta}{\cos\beta}$. Le point du lever et du coucher tombe vers le Nord ou vers le Sud, selon que β, δ, sont de même espèce ou de nature opposée.

§. 182. Le point de l'équateur, qui se lève avec une étoile en même tems, est appelé son *ascension oblique*, pour la distinguer de l'ascension *droite* qui est le point de l'équateur, qui passe au méridien avec l'étoile; celle-ci étant déterminée par un cercle horaire, perpendiculaire à l'horison, la première par un cercle horaire, oblique à l'horison. La différence entre les deux ascensions s'appelle *différence ascensionelle*. Soit (*Fig.* 31.) L E le parallèle de l'étoile L, ensorte qu'elle se lève avec le point Q de l'équateur, Q étant son ascension oblique et M son ascension droite: conséquemment la différence ascensionelle est l'arc QM, dont l'ascension droite est plus avancée que l'oblique. Dans le triangle QML, rectangle en M, on connaît $ML = \delta$, et $MQL = 90° - \beta$, d'où l'on tire

$$\sin QM = \frac{\operatorname{tang} ML}{\operatorname{tang} Q} = \operatorname{tang} \beta \operatorname{tang} \delta.$$

En ajoutant l'arc QM avec $AQ = 90°$, si β et δ sont de même espèce, ou en l'ôtant dans le cas contraire, on aura l'arc semi-diurne $AM = APL$. On s'en servait autrefois, pour calculer le lever ou le coucher des astres.

LIVRE IV.

CHAPITRE   I.

Figure de la terre.

§. 183. Dans toutes les matières, exposées jusqu'ici, on n'a pas eu besoin de connaître la figure de la terre. La distance des étoiles fixes et du soleil même est si immense, qu'on parvient aux mêmes résultats, soit que les observations soient faites dans un lieu de la terre ou dans un autre, soit qu'on prenne un lieu ou l'autre pour le centre des mouvemens diurne et annuel. Mais comme nous allons maintenant tourner notre attention au détail du système solaire, et à des phénomènes où il n'est plus indifférent, s'ils sont vus d'un point de la terre ou d'un autre, il est nécessaire avant tout, d'examiner l'altération qu'un phénomène éprouvera, s'il est vu d'une autre station , et d'exposer le calcul qui la fait connaître. Pour que les observations, faites en différens lieux de la terre, soient utiles à l'astronomie, il faut qu'on puisse les comparer entre elles: et cette comparaison deviendra plus simple, si l'on convient, une fois pour toutes, d'un certain point de la terre auquel toutes les observations seront réduites. Le plus naturel est sans doute, de choisir un point qui est également éloigné de tous les points de la surface de la terre, ou dont la situation est la même relativement à tous ces points: ce sera donc le centre, si la terre est tellement formée, qu'il y a dans son intérieur un point qu'on peut regarder comme son centre. Il faut ajouter à cela, qu'il est impossible de se former une idée juste et distincte du mouvement de la terre, sans connaître celui de son centre, ni des mouvemens d'autres corps célestes autour de la terre, sans connaître leur apparence, lorsqu'ils sont vus du centre. La base de tout ce calcul est donc la recherche de la *figure de la terre*.

§. 184. Dès que le genre humain fut délivré des plus crasses préjugés de son enfance, il était aisé de prévoir, qu'il se développerait des idées moins absurdes relativement à la figure de la terre. Toutes les formes que l'imagination peut attribuer à la terre, sont de trois espèces: ou la terre est un plan, c'est à dire, un solide dont une seule face est habitable ou accessible; ou elle est composée de plusieurs plans qui se coupent sous différens angles; ou elle est terminée par une surface courbe. Le dernier cas est compris dans le second, quand on suppose un nombre infini de plans, dont la direction change suivant la loi de continuité, ensorte que l'inclinaison relative de deux plans contigus est partout un angle infiniment petit.

Dans le premier cas, le plan habité serait l'horison de tous les habitans de la terre; il faudrait que la hauteur du pole, et la plus grande ou la plus petite hauteur des astres, fût la même sur toute la terre; il faudrait que, sur mer ou dans un lieu libre, les objets les plus éloignés ne devinssent invisibles, que lorsque leur angle visuel est insensible, et jusqu'à ce point, les parties inférieures des objets se présenteraient aussi distinctement que les parties les plus élevées; enfin il serait impossible de faire le tour du monde. L'expérience seule suffit donc, pour détruire cette hypothèse.

Dans le second cas, la surface de la terre étant composée de plusieurs plans, dont les inclinaisons relatives sont d'une grandeur finie, les voyageurs qui ont parcouru la surface dans tous les sens, seraient parvenus à un pareil angle d'inclinaison; et dans ce lieu, il faudrait que la direction de la pesanteur, la situation de l'horison, la hauteur du pole, la hauteur méridienne des étoiles, les saisons et le climat, etc. changeassent brusquement d'un angle sensible; les objets peu éloignés disparaîtraient tout d'un coup, etc. Tout cela est démenti par les expériences les plus connues.

§. 185. Il ne reste donc que le troisième cas: la surface de la terre est courbée et arrondie dans tous les sens: des expériences, connues de tout le monde, mettent cette vérité hors de doute. Les navigateurs modernes ont fait le tour du monde dans tous les sens; en suivant toujours la même direction, ils sont revenus au lieu du départ, sans s'être aperçus que l'horison ou le pole changent brusquement de position. En approchant du pole, on aperçoit que la hauteur du pole ou la hauteur méridienne des astres change uniformément, et par des nuances insensibles, jamais brusquement. En s'éloignant d'un objet sur mer ou sur un autre plan, on voit disparaître successivement les parties inférieures jusqu'à la plus élevée; on distingue encore le haut du mât, quand le corps beaucoup plus volumineux du vaisseau a disparu depuis long-tems. Les sommets des montagnes sont encore dorés par les rayons du soleil, lorsque la plaine qui les environne, est dans l'obscurité. Tout cela prouve, que la surface de la terre change de direction d'une manière non-interrompue et insensible, ou qu'elle a une courbure uniforme. Les éclipses de lune en donnent une preuve encore plus sensible. On sait qu'elles sont produites par l'ombre de la terre: or la projection de cette ombre sur le disque de la lune est toujours circulaire, quoique la terre, et pendant une seule éclipse, et dans différentes éclipses, prenne toutes les situations possibles relativement au soleil, vu qu'elles arrivent à toute heure du jour; d'où il suit que la terre, suivant chaque direction, jette une ombre cylindrique ou conique, et que par conséquent, sa forme est sphérique, ou à fort peu près. Ayant observé, à l'aide des lunettes, que tous les corps célestes, ceux même qui tournent successivement à la terre tous leurs côtés, ont la même forme circulaire ou sphérique, on pouvait d'autant moins douter que celle de la terre ne fût sphérique (1).

(1) Les anciens astronomes avaient des idées très-justes de la rondeur de la terre. Ptolémée en donne la preuve suivante: deux lieux qui ne sont pas situés sous le même méridien, voyent une éclipse lunaire à différentes heures; et la différence entre ces heures est proportionnelle à la distance d'un lieu à l'autre. s'ils se trouvent sous le même parallèle. Cet astronome fait voir que la surface de la terre n'est pas *concave,* parce qu'alors les habitans

§. 186. Si l'on approche du pole, sans s'écarter du méridien, la hauteur du pole augmente constamment dans le même rapport. Si, en allant vers le nord dans le méridien H Z P (*Fig.* 31.) 25 lieues de Z à z, la hauteur du pole a changé d'un degré, 25 autres lieues de z à ζ la feront encore changer d'un degré. Les degrés du méridien Z z, z ζ, sont donc de même grandeur. Soit (*Fig.* 32.) A B P le méridien, P p l'axe, B V, b v, deux lignes verticales très-près l'une de l'autre: étant perpendiculaires à la surface de la terre en B et b, elles se rencontreront dans l'intérieur de la terre en un point quelconque C, parce que la hauteur du pole augmente de B en b. Or la hauteur de l'équateur en B est égale à l'angle V cp, compris entre la ligne verticale et l'axe, donc la hauteur du pole est $= 90° - $ V cp (§. 33.): conséquemment la différence entre les hauteurs du pole en b et en B est $=$ V $cp - v\gamma p =$ BC b. Or les lignes B C, bc, étant perpendiculaires à la courbe B b, sont les rayons de courbure, et l'on a B $b =$ B C . B C b, ou B C $= \dfrac{B b}{B C b}$. Donc la différence entre les hauteurs du pole, BC b, étant toujours la même pour des arcs égaux B b, par hypothèse, le rapport $\dfrac{B b}{B C b}$, et par conséquent aussi le rayon B C est constant. Mais une courbe, dont les rayons de courbure sont constans, ne peut être que le cercle: donc les méridiens terrestres sont des cercles. Comme on doit dire la même chose de tous les méridiens, on peut regarder la terre comme un solide produit par la révolution d'un cercle autour de son diamètre, qui est l'axe; c'est-à-dire, la terre est une *sphère*, au centre de laquelle toutes les lignes verticales viennent se rencontrer.

On trouve le même résultat par la distance de deux lieux, qui est mesurée par l'arc d'un grand cercle, compris par ces lieux. Soient (*Fig.* 8.) Z, S, deux lieux sur la terre, P le pole; en nommant b, β, leurs latitudes, λ la diffé-

---

des pays occidentaux verraient le lever d'un astre plutôt que les orientaux; qu'elle n'est pas *oblate*, parce qu'alors on verrait le lever et le coucher d'un astre dans tous les pays en même tems; qu'elle n'est pas *composée de plusieurs plans*, parce que dans ce cas, au moins tous les habitans d'un même plan, verraient les phénomènes en même tems; qu'elle n'est pas un *cylindre*, ayant pour axe celui du monde, attendu que cela est en contradiction avec l'expérience généralement connue, que plus loin on va vers le nord, plus les étoiles boréales s'élèvent sur l'horison, tandis que les australes disparaissent successivement, etc. *Ptolem. Almag. Lib. I. Cap.* 4.). Ce passage est remarquable, parce qu'il nous apprend les différentes opinions du peuple, ou des philosophes de ce tems, relativement à la figure de la terre.

rence entre leurs longitudes, e leur distance, on aura $PZ = 90^\circ - b$, $PS = 90^\circ - \beta$, $ZPS = \lambda$, $ZS = e$: donc (§. 177.) $\cos e = \sin b \sin \beta + \cos b \cos \beta \cos \lambda$. Ayant donc déterminé les latitudes et les longitudes de deux lieux par des observations astronomiques, et mesuré leur distance par des opérations géodésiques, la terre sera une sphère, si cette équation a toujours lieu. En effet, toutes les observations donnent ce résultat; au moins, on n'avait aperçu pendant longtems, aucune exception de cette règle: il est donc sûr, que la terre ne s'écarte pas sensiblement de la figure sphérique.

§. 187. Vers la fin du dix-septième siècle, des considérations physiques firent soupçonner aux astronomes, que la terre n'était pas exactement sphérique, mais plus élevée sous l'équateur, et aplatie vers les poles. Newton prouva le premier, qu'en supposant que la terre tourne sur un axe, et qu'elle ait été originairement un corps homogène et fluide ou mou, les forces centrifuges résultant de la rotation lui ont nécessairement donné la forme d'un sphéroide aplati vers les poles, et que l'équilibre entre les différentes parties de la terre n'a pu être rétabli, que lorsque les méridiens avaient pris la forme d'*ellipses*, dont le grand axe (le diamètre de l'équateur) était au petit (l'axe de rotation) comme 230 à 229. On trouvera dans l'astronomie physique la démonstration de cette proposition: nous la regarderons ici comme une hypothèse qui doit être vérifiée par les observations; et pour cela on peut se servir de la longueur du pendule à secondes, ou des degrés de latitude. La première méthode sera réservée à l'astronomie physique; nous allons développer l'autre.

§. 188. Comme il est visible que les latitudes doivent nécessairement changer suivant une autre loi dans le méridien elliptique, que dans le cercle, les observations suffisent pour décider, si le changement de la hauteur du pole, ou ce qui revient au même, si la longueur des degrés de latitude est conforme à l'hypothèse de l'ellipse. Il faut donc déterminer le rapport des degrés de latitude, qui a lieu dans l'ellipse. Soit (*Fig. 33.*) AMP un *quadrans* de l'ellipse, son centre et celui de la terre en C, P le pole, CP le demi-axe, CA le demi-diamètre de l'équateur, M un lieu de la terre, MV sa ligne verticale qui est perpendiculaire à l'arc elliptique en M, et qui rencontre l'axe non pas en C, mais dans un point E. Soient MN, mn, deux ordonnées infiniment peu éloignées l'une de l'autre, et nommons $CN = x$, $NM = y$, $CA = a$, $CP = na$, et la latitude du lieu $M = \beta$: cela posé on aura

$$y^2 = n^2 (a^2 - x^2).$$

Mais on a aussi $NMD = VEP = 90° - \beta$, donc $\mathrm{tang}\,\beta = \dfrac{NM}{ND}$. Or la sous-normale est $ND = \dfrac{y\,\partial y}{\partial x} = -n^2 x$, d'où l'on tire $\mathrm{tang}\,\beta = \dfrac{y}{n^2 x}$, et

$$y^2 = n^2 (a^2 - x^2) = n^4 x^2 \,\mathrm{tg}^2\,\beta, \quad \text{donc } x = \frac{a}{\sqrt{(1 + n^2\,\mathrm{tg}^2\,\beta)}}, \quad \text{d'où il viendra}$$

$$\partial x = \frac{- n^2 a\,\partial\beta\,\mathrm{tg}\,\beta}{\cos^2\beta\,(1 + n^2\,\mathrm{tg}^2\,\beta)^{\frac{3}{2}}}.$$

Nommant donc l'arc $PM = s$, on aura dans le triangle $Mm\mu$, $Mm = \partial s = \dfrac{m\mu}{\sin m\,M\mu}$, ou à cause de $mM\mu = 90° - NMD = \beta$, $\partial s = \dfrac{\partial x}{\sin\beta} = \dfrac{n^2 a\,\partial\beta}{(\cos^2\beta + n^2\sin^2\beta)^{\frac{3}{2}}}$. Comme n est à peu près $= 1$, en faisant $n^2 = 1 - m^2$, m sera un très-petit nombre, dont les puissances supérieures peuvent être négligées. Cela donne

$$\partial s = n^2 a\,\partial\beta\,(1 - m^2\sin^2\beta)^{-\frac{3}{2}} = n^2 a\,\partial\beta\left(1 + \tfrac{3}{2}m^2\sin^2\beta\right) = a\,\partial\beta\left(1 - m^2(1 - \tfrac{3}{2}\sin^2\beta)\right), \text{ ou}$$

$$\partial s = a\,\partial\beta\left(1 - \frac{m^2}{4}(1 + 3\cos 2\beta)\right).$$

§. 189. Il s'agit donc de déterminer par des observations astronomiques, la différence entre les latitudes de deux lieux, situés dans le même méridien à peu de distance, $(\partial\beta)$, et de mesurer par des opérations géodésiques, leur distance (∂s); alors on verra si l'équation $\partial s = \dfrac{n^2 a\,\partial\beta}{1 - \tfrac{3}{2}m^2\sin^2\beta}$ a toujours lieu, quelle que soit la latitude β. Suivant l'hypothèse de Newton (§. 187.) n est $= \dfrac{229}{230}$, donc $(1 + n)(1 - n) = m^2 = \dfrac{459}{230^2} = 0{,}00867675$. Si l'on ne veut se fier qu'aux observations, il faut changer la valeur de n, jusqu'à ce qu'elle satisfasse dans tous les cas, à l'équation précédente: alors il est certain que les méridiens sont des ellipses, et l'on connaît en même tems le rapport des deux diamètres n. Mais sans connaître ce rapport, on peut examiner en général, si la terre est aplatie vers les poles. L'équation précédente nous apprend que, $\partial\beta$ conservant la même valeur, ∂s croîtra avec β, c'est-à-dire, que *les degrés de latitude augmentent, à mesure qu'on approche du pole*, ce qui est d'ailleurs évident, parce que l'ellipse est moins courbée vers le petit axe. Ayant donc mesuré un degré vers le pole, et un autre auprès de l'équateur, on verra, si le premier est plus grand; et dans ce cas, il est prouvé que la terre est aplatie vers les poles.

§. 190. L'équation $\partial s = \dfrac{n^2\, a\, \partial \beta}{1 - \frac{3}{2} m^2 \sin^2 \beta}$ suffirait pour déterminer n par la mesure d'un seul degré, si a était connu. Mais comme le diamètre de la terre n'est trouvé que par la longueur d'un grand cercle, il faut connaître au moins la longueur de deux degrés ∂s, $\partial s'$, sous les latitudes β, β'. En faisant donc $\partial \beta = \partial \beta' = 1°$, l'équation précédente donnera $\partial s : \partial s' :: 1 - \frac{3}{2} m^2 \sin^2 \beta' : 1 - \frac{3}{2} m^2 \sin^2 \beta$, d'où il suit $m^2 = \dfrac{\frac{2}{3}(\partial s - \partial s')}{\partial s \sin^2 \beta - \partial s' \sin^2 \beta'}$. Or, n étant à peu près $= 1$, et $1 + n = 2$, on aura $m^2 = (1 + n)(1 - n) = 2(1 - n)$, d'où l'on tire

$$1 - n = \frac{\partial s - \partial s'}{3\,(\partial s \sin^2 \beta - \partial s' \sin^2 \beta')}.$$

C'est la différence entre le demi-diamètre de l'équateur et le demi-axe, divisée par le premier, $\dfrac{a - n\,a}{a}$, ou *l'aplatissement* de la terre. Il est aisé de voir que la valeur de $1 - n$ sera plus exacte, si les degrés mésurés sont, l'un prés du pole, l'autre près de l'équateur. Si $\partial s'$ est sous l'équateur même, on a $\beta' = 0$, et $1 - n = \dfrac{\partial s - \partial s'}{3\,\partial s \sin^2 \beta'}$, ou $\partial s - \partial s' = 3(1 - n)\,\partial s \sin^2 \beta$. La dernière équation nous apprend que, dans l'hypothèse de l'ellipse, les *degrés de latitude croissent à peu près comme les carrés des sinus de la latitude*. Si l'autre degré ∂s est mesuré sous le pole même, on a $1 - n = \dfrac{\partial s - \partial s'}{3\,\partial s}$: d'où il suit que l'aplatissement est à peu près la troisième partie de la différence entre les deux degrés extrèmes, divisée par la longueur d'un degré.

§. 191. Pour décider la question importante de la figure de la terre, l'Académie des sciences de Paris fit mesurer, dans les années 1736 à 1741, plusieurs degrés, sous l'équateur, le cercle polaire, et dans la zone tempérée, dont je choisirai les trois suivans, pour expliquer ce calcul.

Lieu d'observation	Latitude moyenne	Longueur d'un degré en toises
I. Pérou	0°. 0'.	56753 $= \partial s$
II. Paris	49. 23.	57069 $= \partial s'$
III. Tanonie	66. 20.	57442 $= \partial s''$

Cette table fait voir évidemment l'accroissement des degrés vers le pole, ce qui forme une démonstration complète de l'aplatissement. Les différences sont, $\partial s' - \partial s = 316$ et $\partial s'' - \partial s = 689$. Si les méridiens étaient des ellipses (§. 190), il devrait être $316 : 689 = (\sin 49° 23')^2 : (\sin 66° 20')^2$; mais on trouve $(\sin 49° 23')^2 : (\sin 66° 20')^2 = 316 : 460$, ce qui est bien loin du rapport qui a lieu dans l'ellipse. En employant les *quatrièmes* puissances des sinus au lieu des carrés, on trouvera $(\sin 49° 23')^4 : (\sin 66° 20')^4 :: 316 : 669.7$; ce qui est parfaitement d'accord avec les mesures. Cette hypothèse, imaginée par Bouguer, que les *accroissemens des degrés de latitude sont en raison des quatrièmes puissances des sinus des latitudes*, est assés bien d'accord avec d'autres mesures: le calcul des parallaxes, suivant cette hypothèse, sera développé plus bas.

§. 192. Si l'on emploie ces trois degrés, pour déterminer l'aplatissement suivant l'hypothèse de l'ellipse (§. 190.), I et II donneront

$$1 - n = \frac{316 : 3}{57069 (\sin 49° 23')^2} = 0,0032032 = \frac{1}{312},$$

et I et III, $1 - n = \dfrac{669 : 3}{57422 (\sin 66° 20')^2} = 0,0046195 = \dfrac{1}{216}.$

Ces degrés ne sont donc point conformes à l'ellipse, et d'autres mesures le sont encore moins.

La mesure d'un arc du méridien, qui a été faite vers la fin du siècle passé, sous la direction de M. Delambre, est relativement à la perfection des instrumens, à l'habilité et l'application des observateurs, et à la grandeur de l'arc mesuré, la plus importante entreprise dans ce genre. Elle embrasse l'étendue du méridien de Paris depuis Dunquerque jusqu'à Barcellone; elle fut ensuite prolongée, d'un côté à Greenwich, de l'autre à l'isle de Formentéra, ce qui fait treize degrés de latitude. Cependant, les deux extrémités de cet arc étant éloignées de 39 degrés du pole et de l'équateur, on pouvait prévoir que l'aplatissement, ou la différence entre les degrés sous le pole et sous l'équateur, ne serait pas exactement déterminé par cette mesure. Ce travail pénible a donné les résultats suivans: 1) on avait partagé l'arc entier en cinq portions qui prouvent en général l'accroissement des degrés vers le pole, ou l'aplatissement de la terre; 2) la comparaison de l'arc entier avec celui de l'éron donne l'aplatissement $= \frac{1}{309}$; 3) la comparaison des cinq portions entre elles donne l'aplatissement $= \frac{1}{200}$ ou $\frac{1}{180}$, ce qui est d'accord avec l'hypothèse de Bouguer, qui donne $\frac{1}{179}$.

La théorie de Newton, qui donne l'aplatissement $= \frac{1}{230}$, suppose la masse entière de la terre parfaitement homogène; mais cette hypothèse est contredite par la loi, suivant laquelle la pesanteur augmente vers les poles, conformément à la longueur du pendule à secondes sous différentes latitudes. Il est d'ailleurs plus vraisemblable, que la masse de la terre est plus solide vers le centre: cela posé, la rotation de la terre, et l'ellipticité des méridiens. donnent l'aplatissement $= \frac{1}{352}$. De plus, M. le Marquis de Laplace a trouvé, par la théorie de l'attraction, deux irrégularités de la lune, dépendantes de la figure aplatie de la terre, qui toutes les deux donnent l'aplatissement $= \frac{1}{305}$. Tous ces différens résultats prouvent qu'à la vérité la terre est aplatie vers les poles par sa rotation, mais que sa masse n'est pas homogène, et que sa figure n'est pas elliptique ni même régulière, ce qui est d'ailleurs prouvé par l'inegalité de sa surface et de la profondeur des mers. Les mesures, faites au Cap de Bonne Espérance, prouvent même, à ce qui paraît, que l'accroissement des degrés y suit une autre loi, ou que les hémisphères austral et boréal ne sont pas formés de la même manière.

Il suit de tout cela, que cet objet est encore sujet à beaucoup d'incertitude et d'obscurité, et qu'il le sera apparemment toujours. Les recherches qu'on a faites jusqu'à aujourdh'ui, donnent pour l'aplatissement les limites $\frac{1}{150}$ et $\frac{1}{352}$, et il est remarquable que le rapport que donne la théorie de Newton, est à très-peu près le milieu entre ces deux extrèmes: on ne se trompera donc pas beaucoup, en l'adoptant. Le moyen le plus sûr, pour examiner les irrégularités de la terre, serait la mesure d'un grand arc du parallèle, ou plutôt du grand cercle, perpendiculaire au méridien mesuré en France, comparée avec les azimuts et les latitudes de ses différens points.

Nous allons maintenant exposer le calcul des parallaxes, pour le cercle, pour l'ellipse, et suivant l'hypothèse de Bouguer.

CHAPITRE II.

Calcul des parallaxes dans la sphère.

§. 193. Puisque l'aplatissement de la terre, suivant la théorie et les observations, est très-petit, on peut, dans tous les cas où il ne s'agit pas de la lune, regarder la terre comme parfaitement sphérique, ce qui simplifie singulièrement le calcul des parallaxes.

Quand un astre est si éloigné de la terre, que toutes les lignes droites qu'on peut mener de cet astre à un point quelconque de la terre, ou les deux tangentes opposées de la terre, sont sensiblement parallèles, il est indifférent si cet astre est observé d'un point de la terre ou d'un autre : partout il sera vu suivant la même direction, tous les observateurs trouveront la même déclinaison, ascension droite, etc. que s'ils l'avaient vu du centre de la terre. Mais si la distance d'un astre est moins grande, si les tangentes menées de l'astre à deux points opposés de la terre forment un angle sensible; cet astre, vu de différens lieux de la terre aura une autre déclinaison, ascension droite, etc. Le changement qu'éprouve le lieu apparent d'un astre, lorsqu'il est vu de différentes stations, est en général appelé sa *parallaxe*, et spécialement la parallaxe *diurne* ou *annuelle*, selon qu'il est vu de différens points de la surface ou de l'orbite de la terre. Pour éviter toute confusion, il sera bon de réduire constamment le lieu des astres au centre de la terre (§. 183.): alors l'objet du calcul des parallaxes sera la solution de ce problème: le lieu *vrai* ou *géocentrique* étant donné, trouver le lieu *apparent* pour un point quelconque de la surface de la terre, et réciproquement. Pour juger, si un astre a été déplacé de son vrai lieu, il est nécessaire de le comparer avec des points fixes dans le ciel, qui ne sont pas sujets à la parallaxe: c'est donc un grand avantage pour l'astronomie, que l'immensité de la distance des étoiles fixes, qui fait coïncider toutes les lignes menées d'une étoile à la terre (§. 19.), ensorte que *les étoiles fixes n'ont aucune parallaxe*. Une planète dont le lieu est altéré par la parallaxe, étant vue de deux points de la terre en même tems, paraîtra avoir différentes distances à la même étoile, différentes ascensions droites, déclinaisons, etc. Il en résulte différentes méthodes, pour déterminer les parallaxes par des observations.

C'est sans doute Hipparque qui eut le premier des idées justes de la parallaxe. La manière dont Ptolémée, apparemment suivant Hipparque, explique la parallaxe de la lune (¹), est à l'égard de la géométrie et de l'astronomie, si solide, exacte, et claire, qu'on ne saurait rien y ajouter. »Comme »la terre«, dit-il, »n'est pas comme un point par rapport à la distance de »la lune, il faut tenir compte des parallaxes de la lune, qui donneront le »moyen de se servir des mouvemens vrais rapportés au centre de la terre, »pour déterminer ceux qui sont apparens, c'est-à-dire qui sont vus de quel-»que point de la surface de la terre, et réciproquement. Mais comme il »est impossible d'assigner les quantités des parallaxes, sans connaître le rap-»port de la distance, ni réciproquement; on ne peut pas avoir le rapport de »la distance des astres qui n'ont pas de parallaxe sensible, c'est à-dire à l'é-»gard desquels la terre n'est qu'un point. Quant à ceux qui ont une paral-»laxe sensible, comme la lune, il ne s'agit que de trouver le rapport de la »distance par le moyen d'une parallaxe connue, attendu qu'on peut observer »immédiatement la parallaxe, mais non pas la distance.« Après avoir critiqué la méthode d'Hipparque qui avait voulu deduire la parallaxe de la lune de celle du soleil, tout-à-fait inconnue, il expose sa méthode, et l'instrument qu'il avait construit, pour observer exactement la parallaxe de la lune pour chaque distance au zénit. Cet instrument est un dioptre par lequel, à l'aide d'un fil-à-plomb, la distance de la lune au zénit, ou sa hauteur est mesurée (²).

---

(1) *Almag. Lib. V. C.* 11. Περὶ τῶν τῆς σελήνης παραλλάξεων.

(2) *Almag. Lib. V. C.* 12. Περὶ κατασκεύης ὀργάνου παραλλάκτικα.

§. 194. Soit (*Fig.* 34.) A D B un *quadrans* d'un méridien terrestre, supposé circulaire, dans le plan duquel se trouvent les lieux B, D, et l'astre S; soient B L, D M, parallèles à l'équateur, ou la commune section de l'équateur avec le méridien A D B, vue de B et de D: les lignes B L, D M, seront aussi parallèles entre elles, parce que la position des cercles de la sphère est déterminée par les étoiles fixes qui sont vues de tous les lieux de la terre suivant des directions parallèles (§. 193.). L'observateur en B trouvera donc la déclinaison de l'astre $S = SBL$, tandis qu'en D elle paraîtra $= SDM = SEL$: la différence BSD est la parallaxe de déclinaison de l'astre S pour ces deux lieux. Il en sera de même, si l'on substitue à l'équateur tout autre cercle de la sphère.

Le point C est le centre de la terre, la tangente B L représente l'horison du lieu B, CBV est sa ligne verticale, $VBL = 90°$. et SBL est la hauteur *apparente* de l'astre S, ou VBS sa distance apparente au zénit de B; tandis que la distance *vraie* ou *géocentrique* est VCS, et la vraie hauteur SCA. La différence entre les hauteurs vraie et apparente, ou la *parallaxe* est $SCA — SBL = SEL — SBL = BSC$: donc généralement, la parallaxe d'un astre est l'angle compris par deux lignes qui sont menées de l'astre au centre de la terre, et à quelque point de sa surface. C'est encore une idée vague, parce que le point de la surface n'est pas déterminé, ou que l'angle BSC dépend de la situation de l'astre relativement à l'horison de B. Il est aisé de voir, que BSC aura sa plus grande valeur, lorsque SB touche la surface de la terre, c'est-à-dire lorsque $VBS = 90°$, et que par conséquent S est dans l'horison de B; il est aussi évident, que BSC est nul, lorsque B et D coïncident, c'est-à-dire lorsque S est au zénit de B. La parallaxe dépend donc de la hauteur de l'astre, suivant une loi que nous allons déterminer.

§. 195. Dans le triangle BSC on a $\sin BSC = \dfrac{BC . \sin VBS}{CS}$. En nommant donc la hauteur apparente $SBL = \eta$, le demi-diamètre de la terre $CB = a$, la distance de l'astre au centre de la terre $CS = r$, et la parallaxe inconnue $BSC = h$, on a $\sin h = \dfrac{a}{r} \cos \eta$. La parallaxe des planètes n'est jamais plus grande que $30''$. et celle de la lune, la plus grande de toutes, n'est que d'un degré: or le sinus d'un degré n'étant différent de son arc que de 0,00000089 ou de $0'',18$; on peut supposer dans tous les cas $\sin h = h$, ce qui donne

$$ h = \frac{a}{r} \cos \eta. $$

Les parallaxes des astres sont donc comme les cosinus des hauteurs apparentes, et celles de différens astres à la même hauteur sont en raison inverse des distances. Les parallaxes sont nulles au zénit, elles ont la plus grande valeur à l'horison, où $h = \frac{a}{r}$: c'est ce qu'on appelle *parallaxe horisontale.* Nous la désignerons constamment par H, et la *parallaxe de hauteur* par h, ensorte que $H = \frac{a}{r}$ et $h = H \cos \eta$: la dernière formule suffit pour trouver la parallaxe h pour chaque hauteur η, la parallaxe horisontale H étant connue. Il est visible que la hauteur apparente SBL (*Fig. 34.*) est toujours moindre que la vraie SEL, ou que la parallaxe abaisse les astres. Ayant donc observé une hauteur η, on en conclura la vraie hauteur $\eta' = \eta + H \cos \eta$, ou $\eta' = \eta + \sin H \cos \eta$. Si l'on veut porter la précision jusqu'à la troisième puissance des parallaxes, on a $\sin h = \sin H \cos \eta = \cos \eta \left(H - \frac{H^3}{6} \right)$, $\sin^3 h = H^3 \cos^3 \eta$, donc $h = \sin h + \frac{\sin^3 h}{6} = H \cos \eta - \frac{H^3}{6} \cos \eta \sin^2 \eta = H \cos \eta - \frac{H^3}{12} \sin \eta \sin 2 \eta$, ou $h = H \cos \eta \quad \frac{H^3}{24} (\cos \eta - \cos 3 \eta)$. On verra dans le §. suivant, que même pour la lune, $\frac{H^3}{24}$ est $= 0'',04$: on peut donc, dans tous les cas, faire sans erreur sensible,

$$ h = H \cos \eta. $$

§. 196. La hauteur qu'on aura calculée par une des méthodes précédentes, est celle que l'on verrait du centre de la terre, pour lequel toutes les tables sont construites: on connaît donc η', d'où l'on conclura la hauteur apparente $\eta = \eta' - h = \eta' - \sin H \cos \eta$. Mais la hauteur η étant inconnue, il faut l'éliminer du dernier terme, ou il faut exprimer h par $ACS = \eta'$. Pour cet effet, on a $\tan BSC = \dfrac{BC . \sin BCS}{CS - BC \cos BCS}$, ou

$$ \tan h = \frac{a \cos \eta'}{r - a \sin \eta'} = \frac{\sin H \cos \eta'}{1 - \sin H \sin \eta'}. $$

Or H n'étant pas plus grand que $1°$, H^4 sera tout au plus $= 0'',02$: développons donc l'expression précédente jusqu'à la troisième puissance de H inclusivement. On trouvera tang $h = \sin H \cos\eta'(1 + \sin H \sin\eta' + \sin^2 H \sin^2\eta')$, donc $h = tg\,h - \frac{tg^3 h}{3} = \sin H \cos\eta' + \frac{1}{2}\sin^2 H . \sin 2\eta' + \frac{1}{3}\sin^3 H (3\cos\eta'\sin^2\eta' - \cos^3\eta')$, le dernier terme étant $= -\frac{1}{3}\sin^3 H \cos 3\eta'$. On aura donc pour la lune,

$$h = \sin H \cos\eta' + \frac{\sin^2 H}{2}\sin 2\eta' - \frac{\sin^3 H}{3}\cos 3\eta',$$

et pour toutes les autres planètes, $h = \sin H \cos\eta'$, ensorte qu'on peut employer ici indifféremment la hauteur vraie ou apparente, pour calculer les parallaxes. Si l'on veut introduire H au lieu de sin H, on a $\sin H = H - \frac{H^3}{6}$, $\sin^2 H = H^2$, $\sin^3 H = H^3$, donc

$$h = H\cos\eta' + \frac{H^2}{2}\sin 2\eta' - \frac{H^3}{6}(\cos\eta' + 2\cos 3\eta').$$

La valeur moyenne de la parallaxe horisontale de la lune est $= 57'$, ce qui donne $H^3 = 0'',94$: on peut donc substituer $\frac{H^3}{6} = 0'',157$, et $\frac{H^3}{24} = 0'',04$. Comme H est ordinairement donné en secondes, on aura également en secondes,

$$h = H\left\{\cos\eta' + \frac{H\sin 1''}{2}\sin 2\eta' - \frac{(H\sin 1'')^2}{6}(\cos\eta' + 2\cos 3\eta')\right\}.$$

On peut se servir aussi de la méthode suivante, pour conclure h de η'. Connaissant dans le triangle BCS (*Fig.* 34.) les deux côtés $CB = a$, $CS = r$, et l'angle compris $BCS = 90° - \eta'$, la trigonométrie donne cette équation, $\tan\frac{B+S}{2} = \frac{r+a}{r-a}\tan\frac{B-S}{2}$. B étant $= 180° - (C+S)$. Cela donne

$$\tan\left(90° - \frac{C}{2}\right) = \frac{1 + \frac{a}{r}}{1 - \frac{a}{r}}\tan(90° - \tfrac{1}{2}C - S), \quad \cot\frac{C}{2} = \frac{1+\sin H}{1-\sin H}\cot\left(S + \frac{C}{2}\right),$$

ou $\tan\left(S + \frac{C}{2}\right) = \frac{1+\sin H}{1-\sin H}\tan\frac{C}{2}$. Mais $\frac{1+\sin H}{1-\sin H} = \tan^2\left(45° + \frac{H}{2}\right)$, $C = 90° - \eta'$, et $S = h$. En faisant donc $45° - \frac{\eta'}{2} = \frac{C}{2} = \theta$, on aura

$$\tan(\theta + h) = \tan\theta.\tan^2\left(45° + \frac{H}{2}\right), \quad \text{et}\quad h = (\theta + h) - \theta.$$

L'équation $h = H\cos\eta$ (§. 195.) nous apprend que, pour les mêmes hauteurs et abaissemens au dessus et au dessous de l'horison, la parallaxe a la même valeur, et qu'elle devient un *maximum*, lorsque l'astre paraît dans l'horison, $\eta = 0$. Alors la vraie hauteur sera $\eta' = \eta + H$ ou $\eta' = H$. On trouve le même résultat par la différentiation de l'équation $\tan h = \frac{a\cos\eta'}{r - a\sin\eta'}$: elle donne pour le maximum, $0 = (a\sin\eta' - r)\sin\eta' + a\cos^2\eta' = a - r\sin\eta'$, donc $\sin\eta' = \frac{a}{r} = \sin H$, et $\eta' = H$, d'où il viendra $\tan h = \dfrac{\sin H \cos \eta'}{1 - \sin H \sin \eta'} = \dfrac{\sin H}{\cos H} = \tan H$, donc $h = H$, et $\eta = \eta' - h = \eta' - H = 0$, comme ci-dessus. En faisant $\eta' = 0$, on trouvera $\tan h = \dfrac{a}{r} = \sin H$, d'où il suit que h est plus petit que la parallaxe horisontale.

§. 197. Ayant mené du centre d'une planète, deux lignes qui touchent la surface de la terre en deux points opposés, l'inclinaison de ces lignes est le double de la parallaxe horisontale de la planète ; mais elle est aussi le diamètre apparent de la terre, vu de la planète : conséquemment *la parallaxe horisontale d'une planète est égale au demi-diamètre apparent de la terre à la distance de la planète.* On en conclura la *vraie grandeur* de la planète, quand on a mesuré sa grandeur *apparente*, c'est-à-dire l'angle optique sous lequel son diamètre paraît, vu de la terre. En nommant ω cet angle, et D le véritable diamètre de la planète, l'angle $\dfrac{\omega}{2}$ est compris par deux lignes menées de la terre, dont l'une est dirigée vers le centre de la planète, et l'autre est sa tangente : on a donc $\frac{1}{2} D = r \tan \dfrac{\omega}{2}$ ou $r \sin \dfrac{\omega}{2}$, selon que la distance r est la ligne menée de la terre au point du contact ou au centre de la planète. On a donc dans tous les cas, sans erreur sensible, $D = r\omega$; d'où l'on tire $\dfrac{D}{a} = \dfrac{\omega}{\sin H}$, ce qui donne le rapport entre les vrais diamètres de la planète et de la terre $\dfrac{D}{r a} = \dfrac{\omega}{2 \sin H}$. Il s'en suit encore que $\dfrac{\omega}{H}$ ou le rapport entre la parallaxe d'une planète et son diamètre apparent est constant. Ayant donc mesuré en même tems la parallaxe horisontale H d'une planète, et son diamètre apparent ω, on connaît le rapport constant $\dfrac{\omega}{H} = \dfrac{D}{a} = A$, d'où il est aisé de trouver pour un tems quelconque, sa parallaxe horisontale H', en mesurant son diamètre ω' : en effet on a $\dfrac{H'}{\omega'} = \dfrac{H}{\omega} = \dfrac{1}{A}$, donc $H' = \dfrac{\omega'}{A}$.

L'équation $\sin H = \dfrac{a}{r}$ donne $\dfrac{r}{a} = \dfrac{1}{\sin H}$; par là on trouve au moyen de la parallaxe horisontale d'une planète, sa distance au centre de la terre par rapport au demi-diamètre de la terre. Ainsi les parallaxes donnent le rapport des distances de toutes les planètes à la terre, et par conséquent de leurs distances entre elles et au soleil, ce qui donnera l'échelle de tout le système solaire, quand on aura déterminé le demi-diamètre de la terre par la mesure d'un degré de sa surface. On voit donc, de quelle importance est la théorie des parallaxes pour le système entier de l'astronomie.

§. 198. Le plan **C S B**, dans lequel sont situées les lignes **C S**, **B S**, c'est-à-dire, les lieux vrai et apparent de l'astre, est le plan vertical par S: l'effet entier de la parallaxe consiste donc à diminuer la hauteur d'un astre dans son cercle vertical, sans le faire paraître hors de ce cercle, c'est-à-dire sans changer son azimut. Il s'en suit que, l'astre ayant été observé au méridien, la parallaxe changera sa déclinaison, mais non pas son ascension droite, parce que le méridien est à la fois cercle horaire et vertical; il s'en suit encore, que la latitude aussi bien que la longitude est changée par la parallaxe, vu que l'écliptique n'est pas coupée perpendiculairement par le méridien. Pour trouver tous ces changemens, on n'a qu'à corriger la hauteur par la parallaxe suivant les formules précédentes. Cette hauteur corrigée donnera la déclinaison corrigée, laquelle, étant combinée avec l'ascension droite observée, servira à calculer la vraie latitude et longitude. Mais si la planète a été observée hors du méridien, on doit avoir observé en même tems son azimut ou son angle horaire: dans le premier cas on a l'azimut vrai, et la parallaxe donne la hauteur vraie. Dans le second cas, l'angle horaire est ordinairement trouvé par le tems que la planète emploie à parvenir au méridien: donc, le mouvement diurne étant uniforme autour du centre de la terre, et non autour du lieu de l'observateur, la pendule donne toujours le véritable angle horaire. Ayant donc corrigé la hauteur par la parallaxe, on s'en servira pour calculer, par une des méthodes précédentes, la situation de la planète relativement à l'équateur et à l'écliptique. Réciproquement, pour calculer le lieu apparent par le lieu géocentrique, après avoir trouvé la hauteur vraie, et l'azimut ou l'angle horaire vrai, on corrigera la hauteur seule (§. 196.), et l'on se servira de ces élémens, pour calculer la déclinaison, latitude, et longitude apparentes.

CHAPITRE III.

Calcul des parallaxes dans le sphéroide elliptique.

§. 199. Si la terre n'est pas supposéé sphérique, le calcul des paral·
laxes devient plus compliqué par deux raisons. Les formules pour la sphére
(§. 195. 196.) sont extrèmement simples, parce que le rayon de la terre a
est constant, et que la ligne verticale B V passe toujours par le centre de la
terre; ni l'une ni l'autre de ces suppositions n'a lieu dans le sphéroide elliptique. Dans ce cas la quantité a elle-même est variable, et il faut la déterminer
par un calcul particulier, pour chaque point de la terre; de plus, la direction
de la pesanteur qui est perpendiculaire à la surface, ou la ligne verticale
qui sert à déterminer la latitude du lieu et toutes les hauteurs, à l'aide du
fil-à-plomb, ne passe point par le centre de la terre, mais elle fait avec le
diamètre de la terre différens angles, VBC, qui ne sont égaux à 180 degrés,
comme dans la sphére, que dans deux cas. Nous allons donc déterminer ces
deux élémens qui sont la base de tout le calcul elliptique.

§. 200. Soit (*Fig.* 35.) A M P un *quadrans* du méridien elliptique, C
le centre, P le pole, A l'équateur. La ligne V M E qui est perpendiculaire à
l'arc elliptique en M, détermine ce qu'on peut appeler zénit *apparent* V (*vertex*)
du lieu M, au lieu que le rayon de la terre C M indique le zenit *vrai* Z
(§. 25.). Les deux objets qu'on cherche ici, sont donc le rayon $CM = z$, et
la différence entre le zénit vrai et apparent, ou l'angle $VMZ = \omega$. En nommant,
a le rayon de l'équateur C A, $\frac{n}{m} a$ le demi-axe C P, β la hauteur du pole
du lieu $M = 90° -$ V E P, et x, y, les coordonnées C N, N M, on aura

$$y^2 = \frac{n^2}{m^2} (a^2 - x^2), \quad \text{et} \quad x^2 = \frac{a^2}{1 + \frac{n^2}{m^2} \tang^2\beta} \quad (\S. 188.).$$

Il s'en suit $z^2 = x^2 + y^2 = \dfrac{n^2}{m^2} a^2 + \left(1 - \dfrac{n^2}{m^2}\right) x^2 = \dfrac{1 + \dfrac{n^4}{m^4} \operatorname{tg}^2 \beta}{1 + \dfrac{n^2}{m^2} \operatorname{tg}^2 \beta} a^2$, ou en

multipliant en haut et en bas par $m^4 \cos^2 \beta$,

$$z^2 = \frac{m^4 - (m^4 - n^4) \sin^2 \beta}{m^4 - m^2 (m^2 - n^2) \sin^2 \beta} a^2.$$

On indique ordinairement le rapport des deux diamètres de la terre de manière que les nombres m et n ne diffèrent que de l'unité: ainsi on a $n = m - 1$, donc $m^4 - n^4 = 4 m^3 - 6 m^2 + 4 m - 1$, et $m^2 - n^2 = 2 m - 1$. En substituant ces valeurs dans la dernière équation, il viendra

$$\frac{z^2}{a^2} = \frac{m^4 - (4 m^3 - 6 m^2 + 4 m - 1) \sin^2 \beta}{m^4 - m^2 (2 m - 1) \sin^2 \beta}.$$

Suivant les hypothèses précédentes (§. 191.) la plus petite valeur de m est 180, d'où il vient $\dfrac{1}{m^3} = 0,00000017$. Il suffira donc de développer l'expression précédente jusqu'aux termes de l'ordre $\dfrac{1}{m^2}$, ce qui donnera

$$\frac{z^2}{a^2} = \frac{1 - \left(\dfrac{4}{m} - \dfrac{6}{m^2}\right) \sin^2 \beta}{1 - \left(\dfrac{2}{m} - \dfrac{1}{m^2}\right) \sin^2 \beta} = \left\{ 1 - \left(\dfrac{4}{m} - \dfrac{6}{m^2}\right) \sin^2 \beta \right\} \left\{ 1 + \left(\dfrac{2}{m} - \dfrac{1}{m^2}\right) \sin^2 \beta + \dfrac{4}{m^2} \sin^4 \beta \right\}$$

$$= 1 - \frac{2}{m} \sin^2 \beta + \frac{\sin^2 \beta}{m^2} (5 - 4 \sin^2 \beta), \text{ dont la racine est}$$

$$\frac{z}{a} = 1 - \frac{\sin^2 \beta}{m} + \frac{5 \sin^2 \beta \cos^2 \beta}{2 m^2} = 1 - \frac{(\sin \beta)^2}{m} + \frac{5 (\sin^2 \beta)^2}{8 m^2}, \text{ conséquemment}$$

$$a - z = \frac{a}{m} \left((\sin \beta)^2 - \frac{5 (\sin 2 \beta)^2}{8 m} \right).$$

C'est la quantité qu'il faut ôter du rayon de l'équateur a, pour avoir le rayon de la terre z sous la latitude β. Le dernier terme ne peut jamais aller au delà de $a. \, 0,000019$, et le plus souvent il est beaucoup moindre, de sorte qu'on pourrait le négliger tout-à-fait. Alors on aura

$$a - z = \frac{a}{m} \sin^2 \beta = \frac{a}{2 m} (1 - \cos 2 \beta).$$

Cette expression est très-commode pour calculer, suivant l'ellipse ou la valeur de m que l'on choisira, des tables qui renferment pour chaque latitude β, ce qu'il faut ôter du rayon de l'équateur a, pour avoir le rayon z sous cette *latitude*: nous pouvons donc maintenant regarder z comme une quantité donnée.

§. 201. Le petit angle $\omega = \mathrm{V\,M\,Z} = \mathrm{C\,M\,D}$ est donné par la *sous-normale* $\mathrm{N\,D} = \dfrac{n^2}{m^2}\,x$ (§. 188.). Comme elle est toujours plus petite que $x = \mathrm{N\,C}$, à cause de $n < m$, D tombe nécessairement entre C et N, et le zénit apparent V entre le pole et le zénit vrai Z: *le zénit vrai est plus loin du pole que le zénit apparent.* On a donc $\omega = \mathrm{C\,M\,D} = \mathrm{M\,D\,N} - \mathrm{M\,C\,N}$, M D N étant la latitude β, et $\tan \mathrm{M\,C\,N} = \dfrac{y}{x} = \dfrac{n^2}{m^2}\,\tan\beta$ (§. 188.). Il s'en suit

$$\tan\omega = \frac{(m^2 - n^2)\tan\beta}{m^2 + n^2 \tan^2\beta} = \frac{(2m-1)\sin\beta\cos\beta}{m^2 - (2m-1)\sin^2\beta} = \frac{\sin 2\beta}{2m}\left(2 - \frac{1}{m}\right)\left(1 + \frac{2}{m}\sin^2\beta\right) =$$

$$\frac{\sin 2\beta}{m}\left(1 + \frac{1 - 2\cos 2\beta}{2m}\right) = \frac{\sin 2\beta}{m} + \frac{\sin 2\beta - \sin 4\beta}{2m^2} = \frac{\sin 2\beta}{m} - \frac{\sin\beta\cos 3\beta}{m^2}.$$

La valeur de cette formule devient un *maximum*, lorsque $\beta = 45°$: alors on a $\tan\omega = \dfrac{1}{m} + \dfrac{1}{2m^2}$, ce qui donne, en faisant suivant l'hypothèse de Newton $\dfrac{1}{m} = \dfrac{1}{230}$, $\omega = 14'58'',7$: le dernier terme n'allant jamais à $2''$, on a à très-peu près, $\omega = \dfrac{\sin 2\beta}{m}$, dont la plus grande valeur est $\dfrac{1}{m} = \dfrac{1}{230} = 14'56'',8$. Cet angle est donc proportionnel au sinus de deux fois la latitude; et il est aisé de construire des tables qui donnent cet angle pour chaque latitude β, en multipliant $\dfrac{1}{m}$ par $\sin 2\beta$.

L'angle M D N est la latitude qui est trouvée par les observations avec le fil-à-plomb; on pourrait l'appeler *latitude apparente:* l'angle M C N est la distance géocentrique du lieu M à l'équateur; désignons cette *latitude géocentrique* par β'. On a donc $\omega = \beta - \beta'$, ou $\beta' = \beta - \omega$, et $\tan\beta' = \dfrac{n^2}{m^2}\,\tan\beta$: le moyen le plus simple, pour construire des tables, est donc, de calculer pour chaque latitude β, la valeur de β' au moyen de l'équation $\tan\beta' = \dfrac{n^2}{m^2}\,\tan\beta$; alors on aura $\omega = \beta - \beta'$, et on trouvera en même tems une expression plus simple de z. En substituant $n^2\tan\beta = m^2\tan\beta'$ dans l'équation $\dfrac{z^2}{a^2} = \dfrac{m^4 + n^4 \tan^2\beta}{m^2(m^2 + n^2\tan^2\beta)}$ (§. 200.), on aura $\dfrac{z^2}{a^2} = \dfrac{n^2\sec^2\beta'}{n^2 + m^2\tan^2\beta'} = \dfrac{n^2}{n^2\cos^2\beta' + m^2\sin^2\beta'}$. Or $\sin\beta = \tan\beta\cos\beta = \dfrac{m^2}{n^2}\,\tan\beta'\cos\beta$, d'où l'on tire $\cos(\beta - \beta') = \cos\omega = \cos\beta\left(\cos\beta' + \dfrac{m^2}{n^2}\,\tan\beta'\sin\beta'\right) = \dfrac{\cos\beta}{n^2\cos\beta'}\,(n^2\cos^2\beta' + m^2\sin^2\beta')$, d'où il viendra $\dfrac{z^2}{a^2} = \dfrac{\cos\beta}{\cos\beta'\cos\omega}$, ou $\dfrac{z}{a} = \sqrt{\dfrac{\cos(\beta' + \omega)}{\cos\beta'\cos\omega}}$, expression qui est exacte.

§. 202. L'astre S est vu de M suivant la ligne MS. et du centre de la terre suivant CS: conséquemment les deux lieux de l'astre, l'apparent et le lieu vrai ou géocentrique, sont situés dans le plan MCS ou ZCS, et leur différence ou la parallaxe est l'angle MSC. Puisque le plan vertical n'est pas déterminé par ZM mais par VM, et que les points Z, V, sont dans le plan du méridien, il en suit, que le plan des parallaxes n'est vertical que lorsque l'astre se trouve dans le méridien: dans tous les autres cas, les lieux vrai et apparent ne seront pas dans le même cercle vertical, et par conséquent l'azimut sera aussi altéré par la parallaxe. C'est une circonstance très-importante qui distingue le calcul elliptique du calcul sphérique (§. 198).

§. 203. Employons maintenant le vrai zénit Z au lieu de l'apparent V, et nommons la distance apparente au zénit vrai $ZMS = 90° - \theta$, la distance vraie $ZCS = 90° - \theta'$, la distance de l'astre à la terre $CS = r$, et la parallaxe de hauteur $MSC = h$. On aura de la même manière que ci-dessus (§. 195. 196.), les équations $\sin h = \frac{z}{r} \cos\theta$, $\theta' = \theta + h$, $\tang h = \frac{z}{r} \cos\theta' + \frac{z^2}{2 r^2} \sin 2\theta'$, et $\theta = \theta' - h$. Ces équations sont absolument semblables à celles que nous avons trouvées pour la sphère, avec cette différence, que θ, θ', ne sont pas les hauteurs η, η', mais les élévations au-dessus du grand cercle dont le pole est le zénit vrai Z, et que z doit être calculé particulièrement pour chaque lieu de la terre (§. 200.): elles sont la base de tout le calcul des parallaxes, et suffisent pour trouver la vraie distance au zénit par la distance apparente, et réciproquement. Ce que nous avons appelé la parallaxe horizontale H, ou la fraction $\frac{z}{r}$, est ici une quantité variable. On voit donc qu'ici $\frac{z}{r} = H$ n'est pas la parallaxe à l'horizon, mais à 90 degrés du zénit vrai, dans un plan qu'on pourroit nommer *l'horizon du zénit vrai*, et qui coupe *l'horizon du zénit apparent*, ou le plan horizontal auquel la direction de la pesanteur est perpendiculaire, sous un angle égal à $VMZ = \omega$. Cependant l'usage est de désigner $H = \frac{z}{r}$ aussi par le nom de *parallaxe horizontale* sous la latitude, à laquelle appartient le rayon de la terre z. Elle a pour chaque parallèle une valeur constante, tant que la distance de l'astre r ne change pas: elle croit et décroit avec z, elle a donc la plus petite valeur sous les poles, et la plus grande sous l'équateur. Cette dernière qui a été appelée *parallaxe équatoriale*, sera désignée ici par α: en faisant $z = a$, on trouve $\alpha = \frac{a}{r}$, et pour chaque latitude, $H = \frac{z}{r} = \frac{z}{a} \alpha =$

$$\alpha \left(1 - \frac{\sin^2 \beta}{m} \right) = \alpha' \left(1 - \frac{1}{2\,m} + \frac{\cos 2\beta}{2\,m} \right)$$ (§. 200.): par le moyen de cette formule on trouvera la parallaxe horizontale pour chaque latitude, celle sous l'équateur étant donnée.

§. 204. La condition qui, dans le calcul elliptique, fait dépendre la parallaxe de la distance au zénit vrai, n'a aucune difficulté, quand la distance vraie ou ϑ' est donnée, et qu'il s'agit de trouver la parallaxe h et la distance apparente ϑ. La hauteur du pole β donne l'angle $PEV = 90° = \beta$, d'où l'on conclura $PCZ = PEV + CME = 90° - \beta + \omega$, au lieu qu'on a dans la sphère $PCZ = 90° - \beta$. En substituant donc $\beta - \omega$ au lieu de β, dans toutes les formules qui servent à calculer la hauteur apparente, V se changera en Z, c'est-à-dire on trouvera la vraie distance au zénit vrai, $90° - \vartheta'$, au lieu de la distance au zénit apparent, $90° - \eta'$; et au moyen de ϑ' on calculera la parallaxe comme dans la sphère (§. 203.). Le calcul est plus compliqué, lorsqu'il s'agit de conclure la hauteur vraie η' d'une hauteur observée η. Les observations donnent l'angle $VMS = 90° - \eta$, tandis que l'angle ZMS est $= 90° - \vartheta$. Si l'astre est dans le méridien, le plan de V et Z, on a $ZMS = VMS - VMZ$, ou $90° - \vartheta = 90° - \eta - \omega$, c'est-à-dire, $\vartheta = \eta + \omega$, si l'astre passe au méridien entre le zénit et l'équateur, et $\vartheta = \eta - \omega$, s'il culmine entre le zénit et le pole. Il y a encore un troisième cas: l'astre peut passer entre Z et V, ensorte que $ZMS = ZMV - VMS$, $\vartheta - 90° = \omega - 90° + \eta$, donc $\vartheta = \eta + \omega$. Comme tout ce calcul est seulement nécessaire pour la lune, cela ne peut avoir lieu que sous des latitudes au dessous de 30 degrés. On voit par ce qui précède, que le calcul est très-simple, si l'astre a été observé dans le méridien; mais dans tous les autres cas l'azimut est aussi changé (§. 202.), ce qui demande un calcul plus compliqué.

§. 205. Quand il s'agit de conclure du lieu observé d'une planète, son lieu géocentrique, ou sa déclinaison et son ascension droite vraies, soit (*Fig.* 36.) P le pole, V le zénit apparent, Z le zénit vrai, S le lieu géocentrique de la planète, qui est abaissé par la parallaxe dans le grand cercle ZS (§. 202.) de la quantité $Ss = h$ qui est la parallaxe de hauteur. Si l'on a observé, outre la hauteur, l'angle horaire ZPs, par le moyen du tems écoulé depuis s jusqu'au méridien, cet angle sera égal à l'angle horaire vrai ZPS (§. 198.); mais si c'est l'azimut que l'on a observé, il a besoin d'une correction. Ayant donc observé la hauteur $= \eta$, et l'azimut $= \alpha$, on aura $Vs = 90° - \eta$, $ZVs = \alpha$, et l'on connaît la hauteur de l'équateur $PV = 90° - \beta$, qui donne z et $\omega = VZ$ (§. 200. 201.). Or $Zs = 90° - \theta$, $ZS = 90° - \theta'$, et le triangle ZsV fournit l'équation, $\cos Zs$ ou

$$\sin \theta = \cos \omega \sin \eta + \sin \omega \cos \eta \cos \alpha.$$

L'angle θ donne $Ss = h = \frac{z}{r} \cos \theta = \frac{z}{a} a' \cos \theta$ (§. 203.), et $ZS = Zs - h$, ou $\theta' = \theta + h$. Dans le même triangle ZsV on peut calculer l'angle VZs, lequel, avec les deux côtés qui le comprennent, $ZV = \omega$ et $ZS = 90° - \theta - h$, donnera dans le triangle VZS, l'angle $ZVS = \alpha'$ qui est l'azimut vrai, et la distance vraie au zénit apparent $VS = 90° - \eta'$. Au moyen de ces trois parties, VS, PV, $PVS = 180° - \alpha'$, on trouvera à l'aide des formules connues (§. 34. II. 1. 2.) PS et ZPS, qui donnent la déclinaison et l'ascension droite vraies de la planète.

Ce calcul est exact, mais il est un peu long: on peut l'abréger de la manière suivante. Comme ω est tout au plus un quart de degré (§. 201.), on peut faire $\cos \omega = 1$ et $\sin \omega = \omega$, d'où il viendra $\sin \theta = \sin \eta + \omega \cos \eta \cos \alpha$. En faisant donc $\omega \cos \alpha = \psi$, on peut à plus forte raison, supposer $1 = \cos \psi$ et $\psi = \sin \psi$, ce qui donne $\sin \theta = \sin \eta \cos \psi + \cos \eta \sin \psi = \sin (\eta + \psi)$. On a donc immédiatement $\theta = \eta + \omega \cos \alpha$, et $h = H \cos (\eta + \omega \cos \alpha)$. Après cela, on aura dans le triangle ZsV, $\sin ZsV = \dfrac{\sin ZV \sin ZVs}{\sin Zs}$, ou à cause de la petitesse de ZV, et par conséquent aussi de ZsV, si l'astre n'est pas près du zénit, $ZsV = \dfrac{\omega \sin \alpha}{\cos \theta}$. Cela donne $\tan SVs = \dfrac{\sin Ss \sin ZsV}{\cos Ss \sin Vs - \sin Ss \cos Zs V \cos Vs}$, et à cause de la petitesse de Ss, ZsV et SVs,

$$SVs \frac{Ss \cdot ZsV}{\cos Ss \sin Vs - \sin Ss \cos Vs} = \frac{h \omega \sin \alpha : \cos \theta}{\sin (Vs - Ss)} = \frac{H \omega \sin \alpha}{\sin (90° - \eta - h)},$$

d'où l'on tire l'azimut vrai

$$ZVS = \alpha' = \alpha - \frac{H \omega \sin \alpha}{\cos (\eta + h)} = \alpha - \frac{H \omega \sin \alpha}{\cos (\eta + H \cos \theta)} = \alpha - \frac{H \omega \sin \alpha}{\cos (\eta + H \cos (\eta + \omega \cos \alpha))}.$$

La distance vraie au zénit apparent se trouve par l'équation

$$\cos VS = \cos Ss \cos Vs + \sin Ss \sin Vs \cos ZsV = \cos (Vs - Ss),$$

c'est-à-dire $VS = 90° - \eta - h = 90° - \eta'$, donc $\eta' = \eta + h$.

Le changement de la hauteur η dans le cercle vertical est donc sensiblement égal à la parallaxe de hauteur h, ou au changement de l'arc θ dans

*

le cercle qui passe par le zénit vrai. On a donc trouvé l'azimut vrai α', ou $PVS = 180° - \alpha'$, la distance vraie au zénit apparent $VS = 90° - \eta'$, et l'on connaît la hauteur du pôle, ou $PV = 90° - \beta$; et ces trois parties donneront dans le triangle PVS, PS et ZPS, ou la déclinaison et l'ascension vraies, et par conséquent aussi la longitude et la latitude vraies.

Nous avons déjà observé, que ces formules ne sont plus exactes, si l'astre est très-près du zénit, et l'on pourrait croire que cette méthode était par-là limitée. Mais on verra que près du zénit, les parallaxes sont si petites, qu'il serait inutile d'y appliquer ces formules, parce qu'on peut alors, sans erreur sensible, employer celles qui ont été trouvées pour la sphère.

Si l'angle horaire $ZPS = \gamma$ a été mesuré par le tems, l'arc $Vs = 90° - \eta$ observé, et $PV = 90° - \beta$ donné, le procédé suivant paraît le plus court. Pour calculer la petite correction $\omega \cos \alpha$, il n'est pas nécessaire qu'on connaisse α bien exactement: on peut faire sans erreur sensible, $\theta = \eta$, $h = H \cos \eta$, d'où il viendra $\theta' = \eta + H \cos \eta$, $ZS = 90° - \theta'$. Par le moyen des deux côtés, ZS, $ZP = 90° - \beta + \omega$, et de l'angle $ZPS = \gamma$, on calculera l'azimut α (§. 34. IV. 3.), ce qui donnera $\omega \cos \alpha$, et les valeurs corrigées $\theta = \eta + \omega \cos \alpha$, $\theta' = \theta + H \cos \theta$, et $ZS = 90° = \theta'$. Maintenant, les mêmes trois parties du triangle ZPS, ZS, ZP, et ZPS, serviront à calculer SP, ou la déclinaison vraie δ (§. 34. IV. 2.): l'ascension droite **vraie est** donnée par l'observation de l'angle γ.

§. 206. Dans le problème inverse la déclinaison et l'ascension droite sont données, d'où l'on conclut la hauteur et l'azimut apparens, η et α, de la manière suivante. Après avoir trouvé l'angle ω qui convient à la hauteur du pôle β (§. 201.), et conclu l'angle horaire γ du tems donné et de l'ascension droite, on connaît dans le triangle VPS, les côtés $PV = 90° - \beta$, $PS = 90° - \delta$, et l'angle compris $ZPS = \gamma$, d'où l'on tirera, à l'aide des formules 1. 2. (§. 34.), $VS = 90° - \eta'$ et $ZVs = \alpha'$, ce qui donnera (§. 205.) $\theta' = \eta' + \omega \cos \alpha' = 90° - ZS$. On a donc (§. 203.) $h = H \cos \theta' + \frac{1}{2} H^2 \sin 2\theta'$, et $\theta = \theta' - h = 90° - Zs$; d'où il viendra (§. 205.) $ZsV = \dfrac{\omega \sin \alpha'}{\cos \theta}$, parce qu'on peut substituer ZVS à ZVs sans erreur sensible, et $Vs = VS + h = 90° - \eta' + h$, donc $SVs = \dfrac{b \sin \alpha'}{\cos \theta \cos \eta'}$ (§. 205.), ou à très-peu près, $SVs = \dfrac{b \sin \alpha'}{\cos^2 \eta'}$. Cela donne la hauteur apparente $\eta = \eta' - h$, et l'azimut apparent $ZVs = \alpha = \alpha' + \dfrac{b\,\omega\sin\alpha'}{\cos^2\eta'}$. En mettant $\beta - \omega$ au lieu de β dans les formules I. 1. 2. (§. 34.), on trouvera immédiatement, dans le triangle ZPS, $ZS = 90^\circ - \theta'$ et $AZS = \alpha'$, d'où l'on conclura pareillement, $h = H\cos\theta' + \tfrac{1}{2}H^2\sin 2\theta'$. $\theta = \theta' - h$, et $\eta = \theta - \omega\cos\alpha$ (§. 205.), ou sans erreur sensible, $\eta = \theta - \omega\cos\alpha'$. On trouvera plus exactement la hauteur apparente η, à l'aide du triangle ZVs, dans lequel on connait les côtés $ZV = \omega$, $Zs = 90^\circ - \theta$, et l'angle compris $VZs = 180^\circ - \alpha'$: cela donne $\cos Vs = \sin\eta = \cos\omega\sin\theta - \sin\omega\cos\theta\cos\alpha' = \sin\theta - \omega\cos\theta\cos\alpha'$. L'azimut apparent $AVs = \alpha$ est trouvé par l'équation.

$$\operatorname{tang}\alpha = \frac{\sin\alpha'}{\sin\omega\operatorname{tg}\theta + \cos\omega\cos\alpha'} = \frac{\sin\alpha'}{\omega\operatorname{tg}\theta + \cos\alpha'}.$$

§. 207. Les équations précédentes suffisent pour résoudre tous les problèmes qui pourront être proposés dans le calcul des parallaxes. La parallaxe de hauteur $Ss = h$ est la même, soit qu'on la prenne dans le cercle vertical, ou dans celui qui passe par le zénit vrai (§. 205.): les distances au zénit vrai, et au zénit apparent, éprouvent le même changement. On conclut h de la distance au zénit apparente ou vraie, θ ou θ', par le moyen des équations $h = H\cos\theta$, et $h = H\cos\theta' + \tfrac{1}{2}H^2\sin 2\theta'$ (§. 203.). Les angles θ, θ', sont déduits de la hauteur et de l'azimut, vrais ou apparens, η' et α', ou η et α, au moyen des équations $\theta = \eta + \omega\cos\alpha$ (§. 205.) et $\theta' = \eta' + \omega\cos\alpha'$ (§. 206.). La hauteur est toujours diminuée par la parallaxe, ensorte que la hauteur vraie est $\eta' = \eta + h$. La *parallaxe d'azimut* $= v$ se trouve par l'azimut vrai α', et la hauteur vraie η', au moyen de l'équation $v = \dfrac{b\,\omega\sin\alpha'}{\cos^2\eta'}$ (§. 206.), ou par l'azimut apparent α et la hauteur apparente η, à l'aide de l'équation $v = \dfrac{H\,\omega\sin\alpha}{\cos(\eta + v)}$ (§. 205.). L'effet de la parallaxe consiste dans tous les cas, à augmenter l'azimut, attendu que ZVs est plus grand que ZVS, d'où il suit que l'azimut vrai est $\alpha' = \alpha - v$. La parallaxe d'azimut s'évanouit au méridien, elle a sa plus grande valeur, lorsque $\alpha = 90^\circ$. Les azimuts étant égaux, le rapport de la parallaxe d'azimut à celle de hauteur croît et décroît avec la hauteur.

Le lieu d'un astre étant entièrement déterminé par sa position relativement à l'horizon pour un tems donné, de sorte qu'on peut en déduire sa position relativement à l'équateur et à l'écliptique, toute la théorie des parallaxes, conforme à l'hypothèse des méridiens elliptiques, est maintenant épuisée. Quand il s'agit de conclure des observations la déclinaison et l'ascension droite d'une planète, la méthode exposée ici est la plus courte: après avoir corrigé par la parallaxe, la hauteur et l'azimut, donnés par les observations, ou la hauteur seule, si l'angle horaire a été mesuré par la pendule, on en conclura la vraie position de la planète relativement à l'équateur. Mais si l'on se propose de tirer la position apparente relativement à l'équateur, de la position vraie qu'on a prise dans les tables, on peut abréger le calcul, en cherchant immédiatement les changemens de la déclinaison et de l'ascension droite, qui résultent de la parallaxe.

§. 208. En nommant δ et ϱ la déclinaison et l'ascension droite vraies de la planète, δ' et ϱ' les mêmes élémens altérés par la parallaxe, $\Delta\delta$ et $\Delta\varrho$ les parallaxes de déclinaison et d'ascension droite, β la hauteur du pole, t et t' le vrai tems sidéral et solaire de l'observation, γ l'angle horaire *oriental*, M l'ascension droite du milieu du ciel (§. 142.); β donnera ω et H (§. 201. 203.), donc la hauteur du pole corrigée $\beta' = \beta - \omega$ (§. 204.), et l'on aura

$$M = 15\,t = 15\,t' + \text{asc. droite du soleil}, \quad \varrho' = \varrho + \Delta\varrho, \quad \delta' = \delta + \Delta\delta,$$
$$\gamma = \varrho - M, \quad \text{donc} \quad \Delta\varrho = \Delta\gamma + \Delta M.$$

Comme l'ascension droite du point culminant M n'est pas altérée par la parallaxe, ΔM n'est pas l'effet de la parallaxe, mais du mouvement diurne qui augmente M en raison du tems. Or l'angle γ diminuant dans le même rapport, ces deux variations se détruisent réciproquement, et il reste

$$\Delta\varrho = \Delta\gamma,$$

$\Delta\gamma$ étant l'accroissement de l'angle horaire, produit par la parallaxe. En employant les mêmes désignations θ, θ', h, que ci-dessus, on a dans les triangles ZPS, ZPs, SPs (*Fig.* 36.), $ZP = 90° - \beta'$, $PS = 90° - \delta$, $Ps = 90° - \delta'$, $ZPS = \gamma$, $ZPs = \gamma' = \gamma + \Delta\gamma$, $SPs = \Delta\gamma$, $ZS = 90° - \theta'$, $Zs = 90° - \theta$, $Ss = h$. On a donc dans le triangle SPs, $\sin\Delta\gamma = \dfrac{\sin h \sin ZsP}{\cos\delta}$, et dans le triangle ZPs, $\sin ZsP = \dfrac{\cos\beta' \sin\gamma'}{\cos\theta}$, d'où il suit $\sin\Delta\gamma = \dfrac{\sin h \cos\beta' \sin\gamma'}{\cos\delta \cos\theta}$, ou en substituant $\sin h = \sin H \cos\theta$ (§. 203.),

$$(A)\dots\sin\Delta\gamma = \frac{\sin H \cos\beta'\sin\gamma'}{\cos\delta}.$$

En substituant $\gamma + \Delta\gamma$ au lieu de γ', et divisant par $\cos\Delta\gamma$, on aura $\operatorname{tg}\Delta\gamma\cos\delta = \sin H\cos\beta'(\sin\gamma + \cos\gamma\operatorname{tg}\Delta\gamma)$, partant

$$(B)\dots\operatorname{tang}\Delta\gamma = \frac{\sin H\cos\beta'\sin\gamma}{\cos\delta - \sin H\cos\beta'\cos\gamma} = x;\quad \text{et } \varrho' = \varrho + \Delta\gamma.$$

L'équation (A) nous apprend, que $\Delta\gamma$ ne peut avoir une valeur négative, que lorsque γ' est négatif, c'est-à-dire, occidental: dans ce cas on a $\varrho' = \varrho - \Delta\gamma$. L'équation (B) donne le même résultat, mais elle nous apprend en même tems, que $\operatorname{tang}\Delta\gamma$ devient aussi négatif, lorsque $\cos\delta$ est plus petit que $\sin H\cos\beta'\cos\gamma$, la déclinaison étant presque égale à $90°$, ce qui ne peut arriver à aucune planète; et dans ce cas même, $\Delta\gamma$ ne serait pas négative, mais plus grande que $90°$, parce que $\operatorname{tang}\Delta\gamma$ a passé par l'infini, pour devenir négatif. Il suit de tout cela, que l'ascension droite apparente est toujours, à l'orient du méridien plus grande, et à l'occident plus petite que l'ascension droite vraie.

Quoique la formule (B) soit exacte, cependant en calculant suivant elle on trouvera parfois un résultat fautif de quelques secondes: on obtiendra plus de précision, en cherchant une approximation par une série suivant les puissances de $\sin H$. En faisant pour abréger, $\frac{\sin H\cos\beta'}{\cos\delta} = m$, l'équation (B) donnera

$x = m\sin\gamma(1 + m\cos\gamma + m^2\cos^2\gamma + \text{etc.})$, et $\Delta\gamma$ ou $\Delta\varrho = x - \frac{x^3}{3} + \text{etc.}$ Comme il est inutile de porter le développement au delà de $\sin^3 H$ (§. 196.), on trouvera $\Delta\varrho = m\sin\gamma\left\{1 + m\cos\gamma + m^2\left(\cos^2\gamma - \frac{\sin^2\gamma}{3}\right)\right\}$; ou en substituant $\sin\gamma\cos\gamma = \frac{1}{2}\sin 2\gamma$, $\sin\gamma\left(\cos^2\gamma - \frac{\sin^2\gamma}{3}\right) = \frac{\sin\gamma}{3}(1 + 2\cos 2\gamma) = \frac{\sin 3\gamma}{3}$, on aura en secondes d'un degré,

$$(C)\dots\Delta\varrho = \left(\frac{\sin H\cos\beta'}{\cos\delta}\right)\frac{\sin\gamma}{\sin 1''} + \left(\frac{\sin H\cos\beta'}{\cos\delta}\right)^2\frac{\sin 2\gamma}{\sin 2''} + \left(\frac{\sin H\cos\beta'}{\cos\delta}\right)^3\frac{\sin 3\gamma}{\sin 3''}.$$

Pour le soleil et les planètes le premier terme suffit, de sorte que

$$\Delta\varrho = \frac{H\cos\beta'\sin\gamma}{\cos\delta},$$

§. 209. Les triangles ZPS et ZP's donnent les équations

$$\sin Z = \frac{\cos\delta\sin\gamma}{\cos\delta'} = \frac{\cos\delta'\sin\gamma'}{\cos\delta}, \text{ donc } (e)\dots\frac{\cos\theta}{\cos\theta'} = \frac{\cos\delta'\sin\gamma'}{\cos\delta\sin\gamma}, \text{ et}$$

$$\cos Z = \frac{\sin\delta - \sin\beta'\sin\theta'}{\cos\beta'\cos\theta'} = \frac{\sin\delta' - \sin\beta'\sin\theta}{\cos\beta'\cos\theta}, \text{ partant}$$

$\sin \delta \cos \theta - \sin \delta' \cos \theta' = \sin \beta' \sin (\theta' - \theta) = \sin \beta' \sin h = \sin \beta' \sin H \cos \theta$;
d'où l'on tire $\sin \delta' = \dfrac{\cos \theta}{\cos \theta'} (\sin \delta - \sin H \sin \beta')$, et en substituant (a),

$$(D) \ldots \ \text{tang } \delta' = \frac{\sin \gamma' (\sin \delta - \sin H \sin \beta')}{\cos \theta \sin \gamma}.$$

Comme on a déjà trouvé $\Delta \gamma$, et par conséquent $\gamma' = \gamma + \Delta \gamma$, à l'aide des formules (B) ou (C), on connaît maintenant $\delta' = \delta + \Delta \delta$, et $\Delta \delta = \delta' - \delta$. Si l'on veut exprimer $\text{tang } \delta'$ par $\Delta \gamma$, on n'a qu'à substituer $\dfrac{\sin \Delta \gamma \cos \delta}{\sin H \cos \beta'}$ au lieu de $\sin \gamma'$ (§. 208. (A)), d'où il viendra

$$(E) \ldots \ \text{tang } \delta' = \frac{\sin \Delta \gamma (\sin \delta - \sin H \sin \beta')}{\sin H \cos \beta' \sin \gamma}.$$

Il faut faire ici la même remarque que ci-dessus. La formule (E), quoique exacte, n'est pas commode pour le calcul; et il est plus sûr en général, de chercher la différence entre deux quantités presque égales, δ, δ', que de les chercher elles-mêmes. On tirera aisément de l'équation (D)

$$(b) \ldots \ \text{tang } \delta' - \text{tang } \delta = \frac{\text{tg } \delta (\sin \gamma' - \sin \gamma)}{\sin \gamma} - \frac{\sin H \sin \beta' \sin \gamma'}{\cos \delta \sin \gamma}:$$

en substituant donc $\dfrac{\sin \gamma'}{\sin \gamma} = \dfrac{\sin (\gamma + \Delta \gamma)}{\sin \gamma} = \cos \Delta \gamma + \sin \Delta \gamma \cot \gamma$, et (§. 208. (B))

$\sin H = \dfrac{x \cos \delta}{\cos \beta' (\sin \gamma + x \cos \gamma)}$, ou $\dfrac{\sin H \sin \beta'}{\cos \delta} = \dfrac{x \text{ tang } \beta'}{\sin \gamma (1 + x \cot \gamma)}$, il viendra

$$\text{tang } \delta' - \text{tang } \delta = \text{tang } \delta \{ \sin \Delta \gamma \cot \gamma - (1 - \cos \Delta \gamma) \}$$
$$- \frac{x \text{ tg } \beta'}{\sin \gamma} (1 - x \cot \gamma + x^2 \cot^2 \gamma) (\cos \Delta \gamma + \sin \Delta \gamma \cot \gamma).$$

Or on a $\Delta \gamma = x - \dfrac{x^3}{3}$, $\sin \Delta \gamma = \Delta \gamma - \dfrac{\Delta \gamma^3}{6} = x - \dfrac{x^3}{2}$, et $\cos \Delta \gamma = 1 - \dfrac{\Delta \gamma^2}{2} = 1 - \dfrac{x^2}{2}$. La substitution de ces valeurs donnera à l'équation précédente cette forme,

$$\text{tang } \delta' - \text{tang } \delta = \text{tang } \delta \left\{ x \left(1 - \frac{x^2}{2} \right) \cot \gamma - \frac{x^2}{2} \right\}$$
$$- \frac{x \text{ tg } \beta'}{\sin \gamma} \left(1 - \frac{x^2}{2} \right) (1 + x \cot \gamma) (1 - x \cot \gamma + x^2 \cot^2 \gamma) =$$
$$\frac{x}{\sin \gamma} \left(1 - \frac{x^2}{2} \right) (\text{tg } \delta \cos \gamma - \text{tg } \beta') - \frac{x^2}{2} \text{ tang } \delta.$$

On trouvera une formule plus commode pour les logarithmes, en cherchant un angle subsidiaire Φ par l'équation

$$(c) \ldots \ \text{tang } \Phi = \text{tg } \delta \cos \gamma;$$

alors on aura $\text{tang } \delta \cos \gamma - \text{tang } \beta' = \dfrac{\sin (\Phi - \beta')}{\cos \Phi \cos \beta'}$, donc

$$(F) \ldots \ \text{tang } \delta' - \text{tang } \delta = \frac{x (1 - \frac{1}{2} x^2) \sin (\Phi - \beta')}{\cos \beta' \sin \gamma \cos \Phi} - \frac{x^2}{2} \text{ tang } \delta.$$

L'angle Φ est toujours plus petit que δ ou que $30°$, parce que la déclinaison de la lune, le seul astre auquel ce calcul est appliqué, ne va jamais à

$30°$: dans tous les pays au delà du parallèle de 30 ou 29 degrés, $\sin(\Phi - \rho')$ est donc négatif, et $\tang\,\delta' < \tang\,\delta$, ce qui veut dire que les déclinaisons boréales sont diminuées, les australes augmentées par la parallaxe, parce que x et $\sin\gamma$ sont toujours de même espèce (§. 208. (B)). Les équations (C) (F) donnent avec une grande précision, ce qu'il faut ôter de $\tang\,\delta$, pour avoir $\tang\,\delta'$; on connaît donc δ', et $\Delta\,\delta = \delta - \delta'$.

On peut trouver $\Delta\,\delta$ immédiatement par une série encore plus commode. Les équations (b) (E) donnent $\dfrac{\tg\,\delta' - \tg\,\delta}{1 + \tg\,\delta'\,\tg\,\delta} = \tg\,\delta' - \tg\,\delta = \tang\,\Delta\,\delta =$

$$\frac{[\sin\delta(\sin\gamma' - \sin\gamma) - \sin H\sin\beta'\sin\gamma']\sin H\cos\beta'}{\cos\delta[\sin H\cos\beta'\sin\gamma + \sin\Delta\gamma\,\tg\,\delta(\sin\delta - \sin H\sin\beta')]},$$

et en substituant au lieu de $\sin\Delta\gamma$ sa valeur (A §. 208.),

$$\tang\,\Delta\,\delta = \frac{\sin\delta(\sin\gamma' - \sin\gamma) - \sin H\sin\beta'\sin\gamma'}{\cos\delta\sin\gamma + \sin\delta\,\tg\,\delta\sin\gamma' - \sin H\sin\beta'\,\tg\,\delta\sin\gamma'}.$$

En faisant pour abréger, $\dfrac{\Delta\gamma}{2} = \eta$, $\cos(\gamma + \eta) = c$, et substituant $\sin\gamma' - \sin\gamma =$ $2\sin\dfrac{\gamma' - \gamma}{2}.\cos\dfrac{\gamma' + \gamma}{2} = 2c\sin\eta$, $\sin\gamma' = \dfrac{\cos\delta\sin 2\eta}{\sin H\cos\beta'}$ (A) $= \dfrac{2\sin\eta\cos\eta\cos\delta}{\sin H\cos\beta'}$,

et $\sin\gamma = \sin\gamma' - 2c\sin\eta$, la dernière équation prendra la forme,

$$\tang\,\Delta\,\delta = \frac{\sin H(c.\cos\beta'\sin\delta - \sin\beta'\cos\delta\cos\eta)}{\cos\eta - c\sin H\cos\beta'\cos\delta - \sin H\sin\beta'\sin\delta\cos\eta}.$$

Pour rendre cette formule plus propre à l'usage des logarithmes, on calculera un angle auxiliaire ψ par l'équation $\tang\,\psi = \dfrac{c.\cot\beta'}{\cos\eta}$, et l'on trouvera

$$\tang\,\Delta\delta = \frac{\sin H(\cos\beta'\sin\delta - \cos\beta'\cos\delta\cot\psi)}{\cot\beta'\cot\psi - \sin H\cos\beta'\cos\delta - \sin H\cos\beta'\sin\delta\cot\psi} = -\frac{\sin H\sin\beta'\cos(\delta + \psi)}{\cos\psi - \sin H\sin\beta'\sin(\delta + \psi)},$$

ou en faisant $\dfrac{\sin H\sin\beta'}{\cos\psi} = n$, $\tang\,\Delta\delta = -n\cos(\delta + \psi)\left\{1 + n\sin(\delta + \psi) + n^2\sin^2(\delta + \psi)\right\}$.

Mais $\Delta\,\delta = \tg\,\Delta\,\delta - \dfrac{\tg^3\,\Delta\,\delta}{3}$: on aura donc

$$\Delta\,\delta = -n\cos(\delta + \psi)\left\{1 + n\sin(\delta + \psi) + n^2\left(\sin^2(\delta + \psi) - \frac{\cos^2(\delta + \psi)}{3}\right)\right\},$$

et en développant le dernier terme, on trouvera en secondes,

$$(G)\quad \Delta\delta = -\left(\frac{\sin H\sin\beta'}{\cos\psi}\right)\frac{\cos(\delta + \psi)}{\sin 1''}\left(\frac{\sin H\sin\beta'}{\cos\psi}\right)^2\frac{\sin(\delta + \psi)}{\sin 2''} + \left(\frac{\sin H\sin\beta'}{\cos\psi}\right)^3.\frac{\cos 3(\delta + \psi)}{\sin 3''},$$

ψ étant trouvé par l'équation

$$(d)\quad \tang\,\psi = \frac{\cos(\gamma + \frac{1}{2}\Delta\rho)}{\tang\,\beta'\cos\frac{1}{2}\Delta\rho},$$

et $\Delta\rho$ étant donné par l'équation (C) (§. 208.).

Ces formules ne sont nécessaires que pour la lune; pour toutes les autres planètes on peut se borner à la première puissance de $\Delta\rho$ et de $\sin H$, ce qui donne

$$\operatorname{tg}\psi = \frac{\cos\gamma}{\operatorname{tg}\beta'}, \quad \frac{\cos(\delta+\psi)}{\cos\psi} = \cos\delta - \frac{\sin\delta\cos\gamma}{\operatorname{tg}\beta'}, \text{ donc}$$

$$\Delta\delta = -\sin H(\sin\beta'\cos\delta - \cos\beta'\sin\delta\cos\gamma) = -\sin H\sin\beta'\cos\delta - \sin\vartheta\,\operatorname{tang}\delta + \sin\beta'\sin\delta\,\operatorname{tg}\delta)$$

$$(\S.\ 34.\ \mathrm{I.}\ 1.) = -\frac{\sin H(\sin\beta' - \sin\vartheta\sin\delta)}{\cos\delta} = -\frac{b(\sin\beta' - \sin\vartheta\sin\delta)}{\cos\vartheta\cos\delta},$$

et en substituant la valeur de $\cos\zeta$ ($\S.\ 34.\ \mathrm{III.}\ 3.$),

$$(\mathrm{H}) \quad \Delta\delta = -h\cos\zeta.$$

Par la substitution de $\sin\zeta$ $\S.\ 34.\mathrm{IV.}\ 1.$), l'équation ($\S.\ 208.$)

$$\Delta\varrho = \frac{H\cos\beta'\sin\gamma}{\cos\delta} = \frac{b\cos\beta'\sin\gamma}{\cos\vartheta\cos\delta} \text{ prendra la forme}$$

$$(\mathrm{K}) \quad \Delta\varrho = \frac{b\sin\zeta}{\cos\delta}.$$

§. 210. Si P (*Fig.* 36.) représente le pole de l'écliptique, on trouvera les parallaxes de longitude et de latitude par des formules tout-à-fait semblables. Mais comme le pole de l'écliptique participe à la rotation de la sphère autour du pole de l'équateur, l'arc PZ varie d'un moment à l'autre, et l'angle Z P S n'est pas aussi facile à trouver que l'angle horaire; mais l'arc P S est invariable. La *Fig.* 37. représente le ciel oriental, Z le zénit vrai ou géocentrique, P le pole de l'équateur, PZM le méridien, M l'ascension droite du milieu du ciel, H R l'horizon de Z, S une planète qui est abaissée de S en s par la parallaxe $Ss = h$; que le pole de l'écliptique ♑ J soit en E au moment de l'observation, et qu'on mène les cercles de latitude par le pole de l'équateur ou par les points sollitiaux ♋ E ♑, et par les points équinoxiaux ♈ E ♎. La parallaxe de longitude est l'angle SE*s*, celle de latitude est la différence entre les arcs ES et E*s*: l'une et l'autre se trouve comme ci-dessus §. 208. 209. , dans les triangles ZES, ZE*s*, par les côtés EZ et ES ou E*s*, et l'angle compris ZES ou ZE*s*; ES étant le complément de la latitude, il ne s'agit que de chercher ZES et EZ. L'ascension droite du pole de l'écliptique est mesurée par l'arc de l'équateur ♈♋♎♑, elle est donc de 270°. Nommant ε l'obliquité de l'écliptique, $\beta' = \beta - \omega$ la hauteur du pole corrigée, l et b la longitude et la latitude de la planète, $M = 15\,t = 15\,t'$ + asc. droite du soleil ($\S.\ 208.$) l'ascension droite du milieu du ciel $= ♈♋ M$, on aura dans le triangle EPZ,

$$\cos EZ = \cos PE\cos PZ + \sin PE\sin PZ\cos ZPE, \text{ et } \operatorname{t.}PEZ = \frac{\sin ZPE}{\cot PZ\sin PE - \cos PE\cos ZPE},$$

ou à cause de $PE = \varepsilon$, $PZ = 90° - \beta'$, $ZPE = 270° - M$,

$$\cos EZ = \cos \varepsilon \sin \beta' - \sin \varepsilon \cos \beta' \sin M, \quad \operatorname{tg} PEZ = -\frac{\cos M}{\sin \varepsilon \operatorname{tg} \beta' + \cos \varepsilon \sin M}.$$

Depuis les plus anciens tems les astronomes sont accoutumés à désigner la situation du pole de l'écliptique relativement à un lieu de la terre dans un instant quelconque, par la longitude et la hauteur du point N de l'écliptique, qui se trouve dans le cercle de latitude EZ passant par le zénit, et qui a été appelé le *Nonagésime*. En nommant donc N la longitude du nonagésime, et K sa hauteur au dessus de l'horison de Z, on aura $EZ = 90° - ZN = K$, et $PEZ = \Upsilon EN - \Upsilon EP = N - 90°$. Les équations précédentes prendront donc cette forme:

$$(L) \dots \cos K = \cos \varepsilon \sin \beta' - \sin \varepsilon \cos \beta' \sin M, \quad (M) \dots \operatorname{tg} N = \frac{\sin \varepsilon \operatorname{tg} \beta' + \cos \varepsilon \sin M}{\cos M}.$$

Pour les rendre plus commodes, on cherchera un angle auxiliaire Φ par l'équation $\operatorname{tang} \Phi = \frac{\sin M}{\operatorname{tg} \beta'}$, et l'on aura $\cos K = \frac{\sin \beta' \cos (\varepsilon + \Phi)}{\cos \Phi}$, $\operatorname{tang} N = \frac{\operatorname{tg} M \sin (\varepsilon + \Phi)}{\sin \Phi}$, $ZES = \Upsilon ES - \Upsilon EZ = l - N$, et $EZ = K$.

Après avoir calculé K et N, on n'a qu'à substituer dans les formules des §. 208. 209. EZ, ES, et ZES, au lieu de PZ, PS, et ZPS, c'est-à-dire K, $90° - b$, $l - N$, au lieu de $90° - \beta'$, $90° - \delta$, γ, ou enfin $90° - K$ au lieu de β', b au lieu de δ, et $l - N$ au lieu de γ: alors $\Delta \delta$ se transformera en Δb, et $\Delta \gamma$ ou $\Delta \varrho$ en Δl. On trouvera donc par le moyen des formules (B) (C) (E) (c) (d) (F) (G) (§. 208. 209.),

$$(N) \dots \operatorname{tang} \Delta l = \frac{\sin H \sin K \sin (l - N)}{\cos b - \sin H \sin K \cos (l - N)} = y,$$

$$(O) \dots \Delta l = \left(\frac{\sin H \sin K}{\cos b}\right)\frac{\sin (l-N)}{\sin 1''} + \left(\frac{\sin H \sin K}{\cos b}\right)^2 \frac{\sin 2(l-N)}{\sin 2''} + \left(\frac{\sin H \sin K}{\cos b}\right)^3 \frac{\sin 3(l-N)}{\sin 3''},$$

$$(P) \dots \operatorname{tang} (b + \Delta b) = \frac{\sin \Delta l (\sin b - \sin H \cos K)}{\sin H \sin K \sin (l - N)} = \operatorname{tang} b',$$

$$(f) \dots \operatorname{tang} \varkappa = \operatorname{tg} b \cos (l - N),$$

$$(g) \dots \operatorname{tg} \xi = \frac{\operatorname{tg} K \cos \left(l - N + \frac{\Delta l}{2}\right)}{\cos \frac{\Delta l}{2}},$$

$$(Q) \dots \operatorname{tang} b - \operatorname{tang} b' = \frac{y \left(1 - \frac{y^2}{2}\right) \cos (K + \varkappa)}{\sin K \sin (l - N) \cos \varkappa} + \frac{y^2}{2} \operatorname{tang} b,$$

$$(R) \dots \Delta b = -\left(\frac{\sin H \cos K}{\cos \xi}\right)\frac{\cos (b + \xi)}{\sin 1''} - \left(\frac{\sin H \cos K}{\cos \xi}\right)^2 \frac{\sin 2(b + \xi)}{\sin 2''} + \left(\frac{\sin H \cos K}{\cos \xi}\right)^3 \frac{\cos 3(b + \xi)}{\sin 3''},$$

Pour toutes les planètes, excepté la lune, on aura

*

$$(h \ldots \tang \xi = \tang K \cos (l - N)),$$

$$(S) \ldots \Delta l = \frac{\Gamma \sin K \sin (l - N)}{\cos b},$$

$$(T) \ldots \Delta b = - \frac{H \cos K \cos (b + \xi)}{\cos \xi}.$$

La longitude apparente, $l' = l + \Delta l$, est plus ou moins grande que la longitude vraie, l, selon que l est plus ou moins grand que N. (Voy. (O)).

L'équation (Q) nous apprend que, y étant toujours de même espèce que $\sin (l - N)$ (par l'équation (N)), b est plus ou moins grand que b', selon que $\frac{\cos (\lambda + \varkappa)}{\cos \varkappa}$ est positif ou négatif. Or $\varkappa$ étant plus petit que b (par l'équation (f)), et b n'étant jamais plus grand que $7°$, si l'on excepte les quatre nouvelles planètes, il en suit que $b > b'$, tant que $K + 7° < 90°$, ou tant que $K = EZ$ est plus petit que $8,°$, et par conséquent $PZ < 60°$ ou $\beta > 30°$, comme ci-dessus (§. 209). Au delà du parallèle de $30°$, les latitudes boréales, ainsi que les déclinaisons, sont toujours diminuées par la parallaxe, les latitudes australes étant au contraire augmentées.

Si $l - N$ est entre $90°$ et $270°$, $\varkappa$ devient négatif, mais $\cos \varkappa$, et par conséquent $\tang b - \tang b'$, reste positif. Si $l = N$, y est nul: la parallaxe de longitude est nulle, et celle de latitude, $\Delta b = - H \cos (b + K)$, parce que $\xi = K$ (Voy. (g)). Or, la planète se trouvant alors dans le cercle de latitude EZN quelque part en S', on aura $b = NS'$, $K = EZ$, donc $b + K = 90° - ZS' = \theta$, et $\Delta b = - H \cos \theta = - h$.

CHAPITRE IV.

Calcul des parallaxes suivant l'hypothèse de Bouguer.

§. 211. On se rapellera que, dans le chapitre précédent, on n'a tenu compte de la nature de l'ellipse, que pour déterminer le rayon z et l'arc ω entre le zénit vrai et le zénit apparent. Aussitôt qu'on avait déterminé, pour chaque latitude β, ces deux quantités, z, ω, qui dépendent de la nature de la courbe que l'on adopte pour le méridien, le reste du calcul des parallaxes a été fait par le seul moyen des relations trigonométriques qui ont lieu dans les triangles ZVS, ZVs, (*Fig. 36.*), et il était tout-à-fait indifférent, si le méridien était une ellipse ou une autre courbe. Le calcul se fera donc de la même manière, suivant une hypothèse quelconque, avec cette différence, que z et ω seront déterminés par d'autres équations. Si l'on choisit une autre ellipse, il n'y aura rien de changé que le coefficient $\frac{n}{m}$ (§. 200. 201.); mais si l'on adopte une autre courbe, les équations elles-mêmes, qui donnent z et ω, seront changées; mais tout le reste, les formules qui donnent la parallaxe en fonction de z et ω, seront les mêmes, quelque hypothèse qu'on adopte, même celle de la sphère, où l'on mettrait $\frac{n}{m} = 1$, partant $z = a$ et $\omega = 0$. Le seul objet de ce chapitre est donc, de déterminer les quantités z et ω, conformément à l'hypothèse de Bouguer.

§. 212. Soient ∂s, $\partial s'$, les longueurs des degrés du méridien sous les latitudes β, β', et $\partial s''$ la longueur d'un degré sous l'équateur: on aura suivant l'hypothèse de Bouguer (§. 191.), $\partial s - \partial s'' : \partial s' - \partial s'' :: \sin^4 \beta : \sin^4 \beta'$. En faisant donc $\beta' = 90°$, $\partial s'$ sera la longueur d'un degré sous le pole, et il viendra

$$\partial s - \partial s'' : \partial s' - \partial s'' :: \sin^4 \beta : 1, \text{ donc (1)} \dots \partial s' = \partial s'' + \frac{\partial s - \partial s''}{\sin^4 \beta}.$$

Connaissant donc la longueur d'un degré sous l'équateur, $\partial s''$, il suffit de mesurer un degré ∂s sous une latitude quelconque β, pour trouver le degré au pole même, $\partial s'$. Quand ce degré polaire, $\partial s'$, a été ainsi déterminé, on aura les degrés, ∂s, sous chaque latitude β, par le moyen de l'équation

$$(2) \ldots \partial s = \partial s'' + (\partial s' - \partial s'') \sin^4 \beta.$$

En prenant pour base la mesure des trois degrés (§. 191.), on a $\beta = 66°20'$, $\partial s - \partial s'' = 669$ toises, $\beta' = 49°23'$, $\partial s' - \partial s'' = 316$ toises: en nommant donc n l'exposant inconnu de la puissance des sinus des latitudes, suivant laquelle les degrés croissent, on aura $669 : 316 :: (\sin 66°20')^n : (\sin 49°23')^n$, d'où l'on tirera

$$n = \frac{\log 669 - \log 316}{l.\sin 66°20' - l.\sin 49°23'} = \frac{0,325739}{0,0815576} = 3,994;$$

ou à très-peu près, $n = 4$, ce qui est d'accord avec l'hypothèse de Bouguer. En substituant dans l'équation (1), $\beta = 66°20'$, $\partial s - \partial s'' = 669$, la différence entre les degrés sous l'équateur et le pole sera

$$\partial s' - \partial s'' = 950,694 \text{ toises};$$

ce qui donne la longueur d'un degré sous une latitude quelconque β, en vertu de l'équation (2),

$$\partial s = (56753 + 950,7.\sin^4 \beta) \text{ toises } (^1).$$

§. 213. La longueur du degré donne le *rayon de courbure*, quelle que soit la figure du méridien. Soient B, b (*Fig.* 32.), deux lieux très-proches l'une de l'autre dans le même méridien, VB, vb, leurs lignes verticales qui viennent se rencontrer en C: on aura $VCv = \partial\beta$, $Bb = \partial s$, et $BC = r$ le rayon de courbure; donc

$$Bb = BC \cdot VCv, \text{ ou } r = \frac{\partial s}{\partial \beta}.$$

En faisant donc $\partial\beta = 1° = 0,0174533.\ldots = \mu$, on trouvera pour chaque latitude le rayon de courbure, en divisant la longueur du degré ∂s sous cette latitude, par le nombre μ. La figure des méridiens suivant l'hypothèse de Bouguer est donc trouvée par la solution de ce problème: le rayon de courbure étant donné, trouver la nature de la courbe. En nommant le degré sous l'équateur, $\partial s'' = 56753 = a$ (§. 191.), le nombre 950,694, ou suivant Bouguer, $959.22 = \partial s' - \partial s'' = b$; on aura sous une latitude quelcon-

---

(1) *Fig. de la terre par Bouguer, Sect. VI.* §. 18—23.

que β, la longueur d'un degré du méridien, $\sigma = a + b \sin^4 \beta$. C'est l'arc du *cercle osculateur*, qui mesure l'angle d'un degré au centre; mais dans ce cercle les arcs sont proportionnels aux angles au centre, d'où il suit

$$\mu : \partial\beta : : \sigma : \partial s, \text{ ou } \partial s = \frac{\sigma}{\mu} \partial\beta = \frac{a + b \sin^4\beta}{\mu} \partial\beta,$$

et le rayon de courbure $\quad r = \dfrac{\partial s}{\partial\beta} = \dfrac{a + b \sin^4\beta}{\mu}$.

Ce rayon prend sa plus petite valeur $= \dfrac{a}{\mu}$ sous l'équateur, et sa plus grande $= \dfrac{a + b}{\mu}$ sous le pole: les méridiens terrestres sont le plus et le moins courbés sous l'équateur et sous le pole.

§. 214. Il est aisé de voir, que cette recherche se réduit au problème, de déterminer la *développante* par la *développée* qui est donnée par le rayon de courbure. Soit (*Fig.* 38.) AMP un *quadrans* du méridien ou de la *développante*, P le pole, C le centre de la terre, A un point de l'équateur, M un point quelconque de la surface de la terre, VMNF perpendiculaire à la courbe AMP, ou la verticale de M, Z le zénit; $CA = m$ le rayon de l'équateur, $CP = n$ le demi-axe, $AB = \dfrac{a}{\mu}$, $PE = \dfrac{a + b}{\mu}$, et $MN = r$, les rayons de courbure en A, P, M; soit enfin BNnE la courbe dans laquelle sont situés tous les centres des cercles osculateurs du méridien, ou sa *développée*, qui dans chaque point N, est touchée par la ligne verticale, ou ce qui revient au même, par le rayon de courbure MN du point correspondant M du méridien. La longueur de l'arc BN de la développée est $v = r - AB = \dfrac{b \sin^4\beta}{\mu}$, et la longueur totale de la développée BNE $= PE - AB = \dfrac{b}{\mu}$ (§. 213.).

Voyons, quelles conséquences on peut tirer de là. Les degrés du méridien allant en croissant depuis l'équateur jusqu'aux poles, d'après toutes les observations. il en suit d'abord, que les diamètres de l'équateur sont plus grands que l'axe, ou ce qui revient au même, que la terre est aplatie vers les poles. En effet, on a $AC = CB + AB$, $PC = PE - EC$, donc $AC - PC = CE + CB - (PE - AB) = CE + CB - BNE$. valeur toujours positive, parce que la somme des deux tangentes $CE + CB$ est nécessairement plus grande que l'arc BNE: on a donc $AC > PC$. D'ailleurs on a $PE - AB = BNE = 2 BNE - BNE = AC - PC + 2BNE - (CE + CB)$.

Comme la terre diffère très-peu d'une sphère, BNE sera aussi peu différent d'un quart de cercle: or dans le cercle on aurait $2\,\mathrm{BNE} = 3,14\ldots\mathrm{CE}$, et $\mathrm{CE} + \mathrm{CB} = 2\,\mathrm{CE}$; il est donc certain que $2\,\mathrm{BNE}$ est plus grand que $\mathrm{CE} + \mathrm{CB}$, d'où il suit $(\mathrm{PE} - \mathrm{AB}) > (\mathrm{AC} - \mathrm{PC})$, c'est-à-dire la différence entre les rayons de courbure des degrés du méridien est plus grande que celle des diamètres de la terre, ou bien, l'accroissement des degrés depuis l'équateur jusqu'aux poles se fait dans un plus grand rapport, que le décroissement des diamètres de la terre.

En nommant $\sin \beta = u$, $\cos \beta = w$, on aura $r = \dfrac{b\,u^4}{\mu}$, $\partial v = \partial r = \dfrac{4\,b\,u^3\,\partial u}{\mu}$, $u\,\partial u = - w\,\partial w$, et $\mathrm{AHM} = \mathrm{CHF} = \mathrm{GNF} = \mathrm{KNV} = \beta$. Soit BD parallèle à PE, soient KG, kg, deux perpendiculaires à PE, infiniment peu éloignées l'une de l'autre, $\mathrm{N}v$ parallèle à PE, et nommons $\mathrm{BK} = x$, $\mathrm{KN} = y$: cela posé, on aura dans le triangle élémentaire $\mathrm{N}nv$,

$$\mathrm{N}n v = \beta, \quad \mathrm{N}n = \partial v, \quad \mathrm{N}v = \partial x, \quad vn = \partial y, \quad \text{partant}$$

$$\partial x = u\,\partial v = \frac{4\,b\,u^4\,\partial u}{\mu}, \quad \text{et} \quad \partial y = w\,\partial v = - \frac{4\,b\,u^2\,w^2\,\partial w}{\mu} = - \frac{4\,b\,\partial w\,(w^2 - w^4)}{\mu}.$$

Les intégrales de ∂x et ∂y doivent être prises, de manière qu'elles s'évanouissent en B, où $\beta = 0$: cela donne

$$x = \frac{4\,b\,u^5}{5\,\mu}, \quad \text{et} \quad y = \frac{4\,b}{\mu}\left(\frac{1 - w^3}{3} - \frac{1 - w^5}{5}\right) = \frac{4\,b\,(2 - 5\,w^3 + 3\,w^5)}{15\,\mu}.$$

Si l'on fait $\beta = 90°$, x deviendra $\mathrm{BD} = \mathrm{CE}$, et $y = \mathrm{DE} = \mathrm{BC}$: on a donc

$$\mathrm{CE} = \frac{4\,b}{5\,\mu}, \quad \mathrm{BC} = \frac{8\,b}{15\,\mu}, \quad \text{et} \quad \mathrm{NG} = \mathrm{BC} - y = \frac{4\,b\,w^3\,(5 - 3\,w^2)}{15\,\mu}.$$

Maintenant on trouvera dans le triangle GFN, où $\mathrm{GNF} = \beta$,

$$\mathrm{FN} = \frac{\mathrm{NG}}{\cos \beta} = \frac{4\,b\,w^2\,(5 - 3\,w^2)}{15\,\mu}, \quad \mathrm{FG} = \mathrm{NG}\,\tan\beta = \frac{4\,b\,u\,w^2\,(5 - 3\,w^2)}{15\,\mu}, \quad \text{donc}$$

$$\mathrm{FC} = x + \mathrm{FG} = \frac{4\,b\,u\,(2 + u^2)}{15\,\mu}: \quad \text{d'où l'on tire } \mathrm{CH} = \mathrm{FC}\,\cot\beta, \text{ ou}$$

$$\mathrm{CH} = \frac{4\,b\,w\,(2 + u^2)}{15\,\mu},$$

et $\mathrm{FH} = \dfrac{\mathrm{FC}}{\sin \beta} = \dfrac{4\,b\,(2 + u^2)}{15\,\mu}$. On a de plus $\mathrm{NM} = r = \dfrac{a + b\,u^4}{\mu}$, d'où il suit $\mathrm{FM} = \mathrm{FN} + \mathrm{NM} = \dfrac{15\,a + b\,(15\,u^4 + 20\,w^2 - 12\,w^4)}{15\,\mu}$. partant

$$\mathrm{HM} = \mathrm{FM} - \mathrm{FH} = \frac{15\,a - b\,(8 + 4\,u^2 - 15\,u^4 - 20\,w^2 + 12\,w^4)}{15\,\mu}, \quad \text{ou bien}$$

$$\mathrm{HM} = \frac{5\,a + b\,u^4}{5\,\mu}.$$

§. 215. Il est aisé d'en conclure le rapport des axes m, n, du sphéroïde. En effet, on a $m = AB + BC = \dfrac{15\,a + 8\,b}{15\,\mu}$, et $n = PE - CE = \dfrac{5\,a + b}{5\,\mu}$, donc

$$m : n :: 15\,a + 8\,b : 15\,a + 3\,b,$$

et l'*aplatissement*

$$\frac{m - n}{n} = \frac{5\,b}{15\,a + 3\,b} = \xi.$$

En faisant donc (§. 213.) $a = 56753$, $b = 959{,}22$, on trouvera

$$\xi = \frac{1}{178}, \quad \text{et } m : n :: 179 : 178.$$

C'est le rapport adopté par Bouguer, qui est parfaitement d'accord avec les dernières mesures que l'on a faites en France (§. 192.).

On peut encore en tirer, pour chaque latitude β, le rayon de la terre $CM = z$, et l'arc compris entre le zénit vrai et le zénit apparent, ou l'angle $CMH = \omega$. Connaissant dans le triangle CHM, les côtés CH, HM (§. 214.), et l'angle compris $CHM = 180° - \beta$, on a

$$z = V(CH^2 + HM^2 + 2\,CH \cdot HM \cdot \omega) =$$
$$\frac{1}{15\,\mu} \cdot V[15.15.aa + 30\,ab\,(8 - 4u^2 - u^4) + bb\,(64 - 40u^6 - 15u^8)].$$

Comme b n'est que la soixantième partie de a, il viendra

$$z = \frac{15\,a + b\,(8 - 4\,u^2 - u^4)}{15\,\mu} + \frac{8\,b^2\,u^2\,(4 - 5\,u^4 - u^6)}{15.15.a\,\mu},$$

ou en développant les puissances de u en cosinus des multiples de β,

$$z = m - \frac{b}{15\,\mu}\left(\frac{19}{8} - \frac{5}{2}\cos 2\beta + \frac{1}{8}\cos 4\beta\right)$$
$$+ \frac{bb}{15.15.a\,\mu}\left(\frac{101}{16} - \frac{5}{4}\cos 2\beta - \frac{25}{4}\cos 4\beta + \frac{5}{4}\cos 6\beta - \frac{1}{16}\cos 8\beta\right).$$

La substitution des valeurs de a, b, μ (§. 213.) donne $m = 3281019$, donc

$$z = 3272343{,}2 + 9154{,}7 \cos 2\beta - 483{,}8 \cos 4\beta + 5{,}2 \cos 6\beta - 0{,}3 \cos 8\beta.$$

C'est la grandeur du rayon en toises : pour le calcul des parallaxes on a besoin du rapport de la parallaxe horizontale H sous chaque latitude β, à la parallaxe sous l'équateur ϖ; et ce rapport est le même que $\dfrac{z}{m}$; il viendra donc

$$\frac{z}{m} = \frac{H}{\varpi} = 0{,}9973557 + 0{,}0027902 \cos 2\beta - 0{,}0001475 \cos 4\beta + 0{,}0000016 \cos 6\beta.$$

§. 216. Le même triangle CHM fournit pour l'angle $CMH = \omega$ l'équation

$$\tan \omega = \frac{CH \sin \beta}{HM + CH \cos \beta} = \frac{2\,b\,(2 + u^2)\sin 2\beta}{15\,a + b\,(8 - 4\,u^2 - u^4)}.$$

En divisant le numérateur par le dénominateur, et mettant ω à la place de $\tan \omega$, il viendra

$$\omega = \frac{2\,b\,(2+u^2)\sin 2\beta}{15\,a}\left(1 - \frac{b\,(8 - 4\,u^2 - u^4)}{15\,a}\right),$$

et en développant les produits de u en sinus des multiples de β,

$$\omega = \frac{b}{30\,a}(10\sin 2\beta - \sin 4\beta) - \frac{b\,b}{16.45.a\,a}(9\sin 2\beta + 11\sin 4\beta - 3\sin 6\beta + 0,1.\sin 8\beta).$$

La substitution des valeurs de a et b donnera

$$\omega = 0,00559857.\sin 2\beta - 0,00056775.\sin 4\beta + 0,00000119.\sin 6\beta,$$

et en secondes d'un degré,

$$\omega = 1154'',8.\sin 2\beta - 117'',1.\sin 4\beta + 0'',3.\sin 6\beta.$$

L'angle ω s'évanouit sous l'équateur et sous le pole: il faut donc qu'il soit quelque part un *maximum*. Pour le trouver, on fera $\partial\omega = 0$, ce qui donne

$$1154,8.\cos 2\beta = 234,2.\cos 4\beta = 468,4\ \cos 2\beta)^2 - 234,2;\ \text{ou}$$

$$0 = (\cos 2\beta)^2 - \frac{11548}{4684}\cos 2\beta - \frac{1}{2},\ \text{dont la seule racine applicable au problème, est}$$

$$\cos 2\beta = \frac{11548 - \sqrt{(11548^2 + 2.4684^2)}}{9368} = -0,1884.$$

Cela donne $2\beta = 100° 51' 36''$, et $\beta = 50° 25' 48''$, au lieu que dans l'ellipse, ω devient un *maximum* sous la latitude de $45°$ (§. 201.). La valeur de β que nous venons de trouver, donne la plus grande valeur de $\omega = 19' 37''$.

Il ne faut pas oublier, qu'on n'a besoin de ce calcul, que pour la lune; les parallaxes de toutes les autres planètes sont si petites, que les formules qui ont lieu dans la sphère (*Chap. II.*), sont assés exactes.

CHAPITRE V.

Détermination de la parallaxe par observation.

§. 217. Toutes les formules précédentes donnent la parallaxe de hauteur h en fonction de la parallaxe horizontale H: il nous reste donc à montrer, comment cette dernière est trouvée per les observations. La parallaxe n'étant autre chose que la différence entre les lieux vrai et apparent d'un astre, et le dernier étant donné par les observations, le problème est résolu, si l'on peut trouver par un moyen quelconque, le lieu vrai ou géocentrique pour l'instant de l'observation. Un moyen très-simple, serait donc d'observer l'astre dans un lieu où il passe par le zénit, et dans un autre lieu où il est dans le même instant près de l'horizon : la première observation donnerait immédiatement le lieu vrai, parce que la parallaxe est nulle au zénit (§. 195.), tandis que la seconde donne le lieu affecté de la parallaxe presque horizontale. Mais comme les observations dans le zénit même sont extrèmement rares, il faut se contenter de comparer les observations d'un astre au méridien et près de l'horizon. La comparaison d'une planète aux étoiles fixes qui ne sont pas affectées de la parallaxe, peut encore conduire au même but. Il en naît différentes méthodes, dont nous allons exposer les principales.

§. 218. La première méthode, et la plus ancienne de toutes, n'est applicable qu'à celles parmi les planètes, dont l'orbite apparente est un grand cercle, donc à la lune et au soleil seulement; mais pour le soleil elle n'est pas assés exacte, car la parallaxe de cet astre est si petite, qu'elle demande des méthodes particulières qui seront expliquées plus bas. La projection de l'orbite lunaire sur la sphère étant un grand cercle, elle coupera nécessaire-

*

ment tous les grands cercles, comme l'équateur et l'écliptique, en deux points diamétralement opposés, en s'éloignant de ces grands cercles de la même quantité vers le nord et le sud. Supposons donc que la lune ait été observée au méridien en l (Fig. 29.), et au bout d'un demi-mois en m, lorsqu'elle était à sa plus grande déclinaison boréale et australe, et soit A C l'équateur: nommons les hauteurs observées $Bl = \eta$, $Bm = \eta'$, et supposons que les lieux vrais soient L, M: alors les déclinaisons apparentes, ou données par les observations, seront $Al = Bl - BA = \eta - 90^c + \beta$, $Am = 90^\circ - \beta - \eta'$, et les déclinaisons vraies, $AL = \eta - 90^\circ + \beta + H \cos \eta$, $AM = 90^\circ - \beta - \eta' - H' \cos \eta'$, H et H' étant les parallaxes horizontales dans la première et dans la seconde observation. Or on a, par hypothèse, $AM = AL$, d'où l'on tire, en supposant $H' = H$, la parallaxe horizontale

$$H = \frac{180^\circ - 2\beta - \eta - \eta'}{\cos \eta + \cos \eta'} \ \ldots (A).$$

Nous avons supposé, que la parallaxe horizontale, ou la distance de la lune à la terre a été la même dans les deux observations, et que AL, AM, étaient précisément les limites de la déclinaison. Le dernier point n'est pas d'une aussi grande importance que le premier, attendu que la déclinaison vers les limites change si lentement, que la théorie de la lune donne assés exactement les déclinaisons vraies pour les deux instans. C'est le procédé dont se servit Ptolémée à Alexandrie, où la lune passe à une distance de $2^\circ 7' 3o''$ au zénit, lorsque sa plus grande latitude boréale arrive au solstice d'été, et à la distance de $5o^\circ 55'$, lorsqu'au bout de neuf ans, elle arrive au solstice d'hiver. Ptolémée supposa la parallaxe nulle dans la première observation ; en effet, elle n'est que de $2'$ à la hauteur de 88°, ce qui était imperceptible pour ses instrumens. Pour la seconde observation il calcula, avec les élémens de l'orbite lunaire, la distance vraie au zénit, et la trouva de $49^\circ 48'$, ensorte que la parallaxe à la hauteur de $39^\circ 5'$ était de $5o^\circ 55' - 49^\circ 48' = 1^\circ 7'$, ce qui donne la parallaxe horizontale $= \dfrac{1^\circ 7'}{\cos 39^\circ 5'} = 1^\circ 26' 19''$, et la distance de la lune $= 39.83$ rayons de la terre, ou d'après Ptolémée 39.75 ([1]).

§. 219. Cette méthode donnera un résultat plus juste, par le procédé suivant. Après avoir observé la lune au méridien plusieurs jours de suite,

---

(1) *Almag. Lib. V. C.* 12. 13.

on pourra déterminer, par le changement diurne de la hauteur méridienne ou de la déclinaison, et par les tems des passages, l'instant de la plus grande déclinaison, et l'angle horaire de la lune dans cet instant, où je suppose que la lune a été observée hors du méridien en l (*Fig.* 40.). On connaît donc sa hauteur $Bl = \eta$ ou $Vl = 90^\circ - \eta$, $PV = 90^\circ - \beta$, et VPL ou $VPl = \gamma$, d'où l'on conclut l'angle $PlV = \zeta$, et la déclinaison apparente $\delta' = 90^\circ - Pl$ (§. 34. II. 1. 3.). Cela donne la déclinaison vraie,

$$\delta = \delta' + h \cos \zeta = \delta' + H \cos \eta \cos \zeta \quad (\text{§. 209.}).$$

En désignant par ε, ε', H', η', ζ', les mêmes quantités relativement à la plus grande déclinaison australe dans la seconde observation, on aura de la même manière, $\varepsilon = \varepsilon' - H' \cos \eta' \cos \zeta'$: d'où l'on tirera, en supposant $H' = H$, à cause de $\varepsilon = \delta$,

$$H = \frac{\varepsilon' - \delta'}{\cos \eta \cos \zeta + \cos \eta' \cos \zeta'} \ \dots \ (\text{B}).$$

Comme nous n'avons tenu compte que du premier terme de la parallaxe de déclinaison $h \cos \zeta$ (§. 209.), cette formule n'est qu'une approximation qui, par rapport à la lune, est susceptible d'une erreur de $1'$; mais il serait inutile, de lui donner plus de développement, parce qu'il y a des méthodes plus exactes.

La variation de la distance de la lune d'une observation à l'autre, ou la différence entre H et H', demande des corrections qui, supposant une connaissance parfaite de la théorie de la lune, ne peuvent être expliquées ici. Mais il ne sera pas superflu de montrer ici, comment on pourrait trouver ces corrections par la mesure du diamètre de la lune. L'équation $\omega = A H$ (§. 197.) nous apprend, que les diamètres apparens des astres, à différentes distances, sont en raison de leurs parallaxes horizontales. Ayant donc mesuré, à l'époque des deux observations, les diamètres apparens de la lune, D, D', on aura $H' = \dfrac{D'}{D} H$, ce qui transforme les équations (A) et (B) en

$$H = \frac{180^\circ - 2\beta - (\eta + \eta')}{\cos \eta + \dfrac{D'}{D} \cos \eta'} \quad \text{et} \quad H = \frac{\varepsilon' - \delta'}{\cos \eta \cos \zeta + \dfrac{D'}{D} \cos \eta' \cos \zeta'}.$$

C'est la parallaxe horizontale H pour le tems de la première observation.

La première formule qui se rapporte aux observations faites au méridien, peut encore être corrigée de la manière suivante. Pour la simplifier, d'abord, faisons $\dfrac{D'}{D} \cos \eta' = \cos \eta''$, ensorte que

$$H = \frac{90^\circ - \beta - \frac{1}{2}(\eta + \eta')}{\cos\frac{\eta + \eta''}{2} \cdot \cos\frac{\eta - \eta''}{2}} \ldots (C).$$

Comme il n'arrivera guères, que les déclinaisons, observées au méridien, soient précisément les limites, supposons que δ, δ', soient les déclinaisons qu'on a tirées des tables, ou calculées pour l'époque des deux observations. Ce calcul suppose que l'on connaît l'inclinaison ψ de l'orbite lunaire relativement à l'équateur, le point $\oplus$ de leur commune section, et les deux ascensions droites ϱ, ϱ'. Les observations ayant été faites les jours où la lune était à sa limite boréale et australe, δ et δ' seront de nature opposée, mais peu différentes de ψ. On aura donc (*Fig.* 39.) $AL = \delta$, $AM = \delta'$, $ZA = Zl - lL + AL = 90^\circ - \eta - H\cos\eta + \delta$, et $ZA = Zm - mM - AM = 90^\circ - \eta' - H\cos\eta'' - \delta'$. En comparant ces deux valeurs de ZA, on aura

$$0 = \eta - \eta' - \delta - \delta' + H(\cos\eta' - \cos\eta''), \text{ partant}$$

$$H = \frac{\delta + \delta' + \eta' - \eta}{2\sin\frac{\eta'' + \eta}{2}\sin\frac{\eta'' - \eta}{2}} \ldots (D).$$

Les angles η. η', η'', ϱ, ϱ', ont été immédiatement observés, les deux premiers par les hauteurs, les deux derniers par le tems; les angles δ, δ', sont tirés des tables.

§. 220. La seconde méthode est fondée sur ce principe, que la parallaxe d'ascension droite est nulle au méridien (§. 198.): elle consiste donc, à observer l'ascension droite vraie au méridien, et l'apparente hors du méridien; la différence donnera la parallaxe d'ascension droite, d'où l'on tirera aisément la parallaxe horizontale. Le moyen le plus simple est, de comparer plusieurs jours de suite la planète à une étoile fixe au méridien : comme on n'a pas besoin de connaître l'étoile, on en choisira une qui, ayant à peu près la même déclinaison que la planète, traversera la lunette, sans qu'elle ait été déplacée de sa position dirigée vers la planète. Les tems écoulés entre les passages de la planète et de l'étoile au méridien, donnent la différence de leurs ascensions droites d'un jour à l'autre; et du changement diurne de cette différence, on conclura, à l'aide des secondes différences s'il est besoin, la vraie différence pour un tems quelconque intermédiaire. Maintenant on n'a qu'à comparer les deux astres près de l'horizon, en leur faisant traverser le réticule, ce qui donnera la différence apparente des ascensions droites (§. 62. — 65.), laquelle, étant comparée avec la vraie différence qu'on avait calculée pour l'instant de l'observation, donnera la parallaxe d'ascension droite $\partial\varrho$. Il nous reste à en conclure la parallaxe horizontale. Pour cet effet, l'angle horaire γ est donné par le tems écoulé entre l'observation et le passage au méridien. Or, $\partial\varrho$ étant $= \frac{h\sin\zeta}{\cos\delta}$ §. 208.), et $\sin\zeta = \frac{\cos\beta\sin\gamma}{\cos\eta}$ (§. 34. IV. 1.), on aura $h = \frac{\partial\varrho\cos\delta}{\sin\zeta}$, et $H = \frac{h}{\cos\eta} = \frac{\partial\varrho\cos\delta}{\cos\beta\sin\gamma}$. La déclinaison δ est trouvée par les hauteurs au méridien, ou par la comparaison avec une étoile dont la déclinaison est connue. Comme ces formules ne renferment que le premier terme de la parallaxe, elles ne sont pas applicables à la lune.

§. 121. La troisième méthode suppose deux observateurs très-éloignés l'un de l'autre dans le même méridien, lesquels, par conséquent, observeront la culmination de la lune dans le même instant. C'est par cette méthode, que la parallaxe de la lune a été déterminée avec la plus grande précision. Soit (*Fig.* 41.) P A p le méridien commun, dans lequel les lieux des deux observateurs M, N, sont situés des côtés opposés de l'équateur C A; soient P, p, les poles, et L la lune dans le méridien; et supposons que les lignes verticales V M, v N, rencontrent le diamètre de l'équateur en m, n, et la ligne $CL = r$ qui joint les centres de la terre et de la lune, en μ, ν: C M Z, C N z, sont les lignes dirigées vers le zénit. Les latitudes des deux lieux $A m V = \beta$ et $A n v = \beta'$, donnent les rayons de la terre $CM = z$, $CN = z'$, et les angles $VMZ = CM m = \omega$, et $CN n = \omega'$, selon l'hypothèse qu'on choisira relativement à la figure des méridiens. Les observations au méridien donneront immédiatement les distances apparentes au zénit apparent, $VML = 90° - \eta$, et $vNL = 90° - \eta'$, donc aussi $ZML = 90° - \eta - \omega$, $zNL = 90° - \eta' - \omega'$. Maintenant on a

$$VML = V\mu L + CLM, \qquad vNL = v\nu L + CLN,$$
$$V\mu L = C\mu m = AmV - ACL = \beta - ACL, \quad v\nu L = Cn\nu + ACL = Anv + ACL = \beta' + ACL;$$

d'où il suit

$$90° - \eta = \beta - ACL + CLM, \text{ et } 90° - \eta' = \beta' + ACL + CLN;$$

et la somme de ces deux angles

$$(1)\ldots\ 180^\circ - (\eta + \eta') = \beta + \beta' + MLN.$$

Or on a

$$\sin MLC = \frac{CM \sin ZML}{CL} = \frac{z \cos (\eta + \omega)}{r},\ \text{et}\ \sin NLC = \frac{z' \cos (\eta' + \omega')}{r}.$$

Comme les angles MLC, NLC, ne sont pas plus grands que $30'$, ils ne différeront de leur sinus que de $0'',0002$ tout au plus : on peut donc les substituer pour leurs sinus, sans erreur sensible. On aura donc leur somme

$$(2)\ldots\ MLN = \frac{z \cos (\eta + \omega) + z' \cos (\eta' + \omega')}{r} = 180^\circ - (\eta + \eta') - (\beta + \beta'),$$

(par l'équation (1)); d'où l'on tire

$$r = \frac{z \cos (\eta + \omega) + z' \cos (\eta' + \omega')}{180^\circ - (\eta + \eta') - (\beta + \beta')}.$$

Les parallaxes horisontales H, H', pour les latitudes β, β', sont donc données par les équations suivantes (§. 203.):

$$(3)\ldots\ \sin H = \frac{z}{r} = \frac{z\,(180^\circ - \eta - \eta' - \beta - \beta')}{z \cos (\eta + \omega) + z' \cos (\eta' + \omega')},\ \text{et}\ \sin H' = \frac{z'}{z} \sin H,$$

ce qui donne la parallaxe sous l'équateur α, par l'équation $\sin \alpha = \frac{\sin H}{z}$ (§. 203.), donc

$$(4)\ldots\ \sin \alpha = \frac{180^\circ - \eta - \eta' - \beta - \beta'}{z \cos (\eta + \omega) + z' \cos (\eta' + \omega')}.$$

Nous avons supposé β et β' de nature opposée. Si N est du même côté de l'équateur que M, mais entre A et B, ensorte que β' devienne négatif, et $\delta > \beta'$, on aura $\sin \alpha = \frac{180^\circ - \eta - \eta' - \beta + \beta'}{z \cos (\eta + \omega) + z' \cos (\eta' + \omega')}$. Si N tombe entre B et M, $vNL = 90^\circ - \eta'$ devient négatif, ou $\eta' > 90^\circ$, attendu que, N passant par B, la lune L passe de l'autre côté du zénit, et la hauteur η' au dessus du point sud de l'horison devient plus grande que 90°: en désignant donc par η' la hauteur sur le point nord, qui est plus petite que 90°, il faut mettre $180^\circ - \eta'$ à la place de η', et $-\omega'$ au lieu de $+\omega'$; on aura donc $\sin \alpha = \frac{\beta' - \beta + \eta' - \eta}{z \cos (\eta + \omega) - z' \cos (\eta' + \omega')}$. Enfin, si les deux lieux M, N, sont du côté de l'équateur, opposé à celui de la lune, β est négatif et $\eta > 90^\circ$: en désignant donc par η la hauteur qui est moins grande que 90°. on trouvera de la même manière, $\sin \alpha = \frac{\beta - \beta' + \eta - \eta'}{z' \cos (\eta' + \omega') - z \cos (\eta + \omega)}$. Comme cette expression est identique avec la précédente, on voit qu'il est indifférent, si la lune est du même côté de l'équateur que les deux lieux, ou du côté opposé.

La supposition, que les deux observateurs soient précisément dans le même méridien, bornerait cette méthode d'une manière qui la rendrait tout-à-fait inutile. Mais il suffit que les deux méridiens soient peu éloignés l'un de l'autre, par ex. de 20 minutes, et l'on verra aisément, comment il faut s'y prendre, si la lune passe au méridien de N plus tard qu'à celui de M par ex. de 20 minutes. Ayant observé les hauteurs méridiennes de la lune plusieurs jours de suite, on trouvera par le moyen du changement diurne de la hauteur, de combien elle change en 20 minutes, et par conséquent la hauteur que l'on aurait observée au méridien, dans le même instant où l'observation a été faite en M. Cette hauteur sera mise à la place de η', dans la formule (4).

§. 222. La méthode précédente demande des arrangemens qui ne permettent pas de l'employer souvent. En voici une autre qui peut être employée dans tous les cas, et qui sert à déterminer la parallaxe par les observations de peu de jours, avec une grande précision. Elle consiste, ainsi que la seconde (§. 220.), à observer la planète au méridien plusieurs jours de suite, et une fois dans l'intervalle aussi près de l'horison que possible. Les observations méridiennes serviront à trouver, par interpolation, pour chaque tems intermédiaire, l'angle horaire de la planète, et la hauteur qu'elle aurait, si elle se trouvait au méridien dans cet instant; et le plus souvent les premières différences suffisent pour l'interpolation. Soient donc η', η'', les hauteurs observées aux deux passages consécutifs, t', t'', t, les tems de ces deux passages et de l'observation intermédiaire, η la hauteur méridienne qui répond au tems t, et γ l'angle horaire. On aura donc

$$(1)\ldots\gamma = \frac{t-t'}{t''-t'}\,360°,$$

$t''-t' . t-t' :: \eta''-\eta' : \eta-\eta'$. donc $\eta = \frac{t-t'}{t''-t'}(\eta''-\eta')+\eta'$, ou

$$(2)\ldots\eta = \frac{(t-t')\,\eta'' + (t''-t)\,\eta'}{t''-t'}.$$

On trouvera donc par interpolation la déclinaison dans l'instant t,

$$(3)\ldots\delta = \eta - (90° - \beta).$$

qui est affectée de la parallaxe $\Delta\eta = H\cos\eta$. La déclinaison vraie sera donc $\delta + \Delta\eta = \eta - (90° - \beta) + H\cos\eta$. Soit la hauteur observée loin du méridien

$= \theta$, et nommons θ' la vraie hauteur inconnue: la parallaxe de hauteur sera $h = H \cos \theta = \theta' - \theta$; ainsi tout se réduit à trouver θ'. Nommons θ'' la hauteur que l'on trouvera par le calcul, en y employant la déclinaison δ, et $\theta'' + \Delta \theta''$ la hauteur vraie, de sorte que $\theta'' + \Delta \theta'' = \theta'$. L'équation (§. 34. I. 1.) donne

$$(4) \ldots . \sin \theta'' = \sin \beta \sin \delta + \cos \beta \cos \gamma \cos \delta.$$

En mettant au lieu de δ la déclinaison vraie $\delta + \Delta \eta$, on aura la hauteur vraie,

$$(5) \ldots . \sin (\theta'' + \Delta \theta'') = \sin \beta \sin (\delta + \Delta \eta) + \cos \beta \cos \gamma \cos (\delta + \Delta \eta).$$

Cela donne $(5) - (4)$,

$$(6) \ldots . \sin (\theta'' + \Delta \theta'') - \sin \theta'' = \sin \beta [\sin (\delta + \Delta \eta) - \sin \delta] - \cos \beta \cos \gamma [\cos \delta - \cos (\delta + \Delta \eta)].$$

Le premier membre de cette équation est

$$\sin \Delta \theta'' \cos \theta'' - \sin \theta'' (1 - \cos \Delta \theta'') = \sin \Delta \theta'' \cos \theta'' - \frac{(\Delta \theta'')^2}{2} \sin \theta'',$$

en négligeant la quatrième puissance des parallaxes. On trouvera de la même manière le premier terme du second membre $= \sin \beta \left(\sin \Delta \eta \cos \delta - \frac{\Delta \eta^2}{2} \sin \delta \right)$, et le second terme $= - \cos \beta \cos \gamma \left(\sin \Delta \eta \sin \delta + \frac{\Delta \eta^2}{2} \cos \delta \right)$. En rassemblant tous ces termes, l'équation (6) deviendra

$$\sin \Delta \theta'' \cos \theta'' - \frac{(\Delta \theta'')^2}{2} \sin \theta'' = \sin \beta \left(\sin \Delta \eta \cos \delta - \frac{\Delta \eta^2}{2} \sin \delta \right)$$
$$- \cos \beta \cos \gamma \left(\sin \Delta \eta \sin \delta + \frac{\Delta \eta^2}{2} \cos \delta \right),$$

ou en substituant (4), et faisant $\sin \beta \cos \delta - \cos \beta \cos \gamma \sin \delta = \sin A$,

$$\sin \Delta \theta'' \cos \theta'' = \sin \Delta \eta \sin A - \frac{\Delta \eta^2}{2} \sin \theta'' + \frac{(\Delta \theta'')^2}{2} \sin \theta'',$$

et en divisant par $\cos \theta''$, et mettant $\Delta \theta''$, $\Delta \eta$, au lieu de leurs sinus,

$$(7) \quad \Delta \theta'' = \Delta \eta \frac{\sin A}{\cos \theta''} - \frac{\Delta \eta^2}{2} \tan \theta'' + \frac{(\Delta \theta'')^2}{2} \tan \theta''.$$

Cette équation donne à peu près $\Delta \theta'' = \Delta \eta \frac{\sin A}{\cos \theta''}$: en négligeant donc la troisième puissance des parallaxes, on peut substituer dans le dernier terme $\Delta \theta'' = \Delta \eta \frac{\sin A}{\cos \theta''}$, d'où il viendra

$$\Delta \theta'' = \Delta \eta \frac{\sin A}{\cos \theta''} - \frac{\Delta \eta^2}{2} \cdot \frac{\sin \theta'' (\cos^2 \theta'' - \sin^2 A)}{\cos^3 \theta''}.$$

Or nous avons vu que $\Delta \theta'' = \theta' - \theta'' = \theta - \theta'' + H \cos \theta$, et $\Delta \eta = H \cos \eta$: en substituant ces valeurs, la dernière équation deviendra

$$H \cos \theta = \theta'' - \theta + H \frac{\sin A \cos \eta}{\cos \theta''} - \frac{H^2}{2} \cdot \frac{\cos^2 \eta \sin \theta'' (\cos^2 \theta'' - \sin^2 A)}{\cos^3 \theta''},$$

ou en faisant $\cos \theta - \frac{\sin A \cos \eta}{\cos \theta''} = m,$

$$H\,m = \theta'' - \theta - \frac{H^2}{2} \cdot \frac{\cos^2 \eta \sin \theta'' \, (\cos^2 \theta'' - \sin^2 A)}{\cos^3 \theta''}.$$

La première approximation est $H = \dfrac{\theta'' - \theta}{m}$: supposons donc $H = \dfrac{\theta'' - \theta}{m} + F\left(\dfrac{\theta'' - \theta}{m}\right)^2$;

alors il viendra $\quad o = \left(\dfrac{\theta'' - \theta}{m}\right)^2 \left(F + \dfrac{\cos^2 \eta \sin \theta'' \, (\cos^2 \theta'' - \sin^2 A)}{2\,m \cos^3 \theta''}\right)$, d'où il suit

$$F = - \frac{\cos^2 \eta \tang \theta'' \, (\cos^2 \theta'' - \sin^2 A)}{2\,m \cos^2 \theta''}, \quad \text{et}$$

$$(8) \ldots H = \frac{\theta'' - \theta}{m} - \left(\frac{\theta'' - \theta}{m}\right)^2 \cdot \frac{\cos^2 \eta \tang \theta'' \, (\cos^2 \theta'' - \sin^2 A)}{2\,m \cos^2 \theta''}.$$

Or on a $\cos^2 \theta'' - \sin^2 A = (\cos \theta'' + \sin A)(\cos \theta'' - \sin A) = (\cos \theta'' + \cos(90^\circ - A)) \times$
$(\cos \theta'' - \cos(90^\circ - A)) = 4 \sin\dfrac{90^\circ - A + \theta''}{2} \cdot \cos\dfrac{90^\circ - A + \theta''}{2} \cdot \sin\dfrac{90^\circ - A - \theta''}{2} \cdot \cos\dfrac{90^\circ - A - \theta''}{2}$
$= \sin(90^\circ - A + \theta'') \sin(90^\circ - A - \theta'') = \cos(A - \theta'') \cos(A + \theta'')$; et en faisant
$\dfrac{\sin A \cos \eta}{\cos \theta''} = \cos B$, on aura $m = \cos \theta - \cos B = 2 \sin\dfrac{B + \theta}{2} \sin\dfrac{B - \theta}{2}$. En substituant ces valeurs dans l'équation (8), elle deviendra

$$(9) \ldots H = \frac{\theta'' - \theta}{2 \sin\dfrac{B + \theta}{2} \cdot \sin\dfrac{B - \theta}{2}} - \frac{(\theta'' - \theta)^2 \cdot \cos^2 \eta \lg \theta''}{16\left(\sin\dfrac{B + \theta}{2}\right)^3 \left(\sin\dfrac{B - \theta}{2}\right)^3} \cdot \frac{\cos(A - \theta'') \cos(A + \theta'')}{\cos^2 \theta''}.$$

On se rappellera, que les quantités que renferme cette formule, sont trouvées de la manière suivante :

θ est la hauteur observée loin du méridien,

η', η'', sont les deux hauteurs observées au méridien,

t', t'', t, sont les tems des trois observations,

$$\eta = \frac{t - t'}{t'' - t'} (\eta'' - \eta' + \eta', \ \delta = \eta + \beta - 90^\circ, \ \gamma = \frac{t - t'}{t'' - t'} 360^\circ,$$
$$\sin \theta'' = \sin \beta \sin \delta + \cos \beta \cos \gamma \cos \delta,$$
$$\sin A = \sin \beta \cos \delta - \cos \beta \cos \gamma \sin \delta, \quad \cos B = \frac{\sin A \cos \eta}{\cos \theta''}.$$

Pour peu qu'on ait fait attention aux opérations qui ont conduit à l'équation (9), on aura aperçu, que les quantités de l'ordre H^3 ont été négligées, d'où il peut naître, relativement à la lune, une erreur d'une à deux secondes.

Pour les autres planètes, on a exactement $H = \dfrac{\frac{1}{2}(\theta'' - \theta)}{\sin\dfrac{B + \theta}{2} \cdot \sin\dfrac{B - \theta}{2}}$ (^{1}).

§. 223. La troisième méthode (§. 221.) est la plus exacte, au moins pour la lune. Pour la mettre en pratique, les astronomes Lalande et Lacaille choisirent Berlin et le Cap de Bonne-Espérance, à cause de la situation

____

(1) Voy. *Astr. théor. et prat. par M. Delambre,* T. *II.* p. 285. *suiv.*

favorable de ces lieux; en effèt, la différence entre les deux méridiens ne monte pas à 20 minutes, et l'arc du méridien compris par les deux parallèles est de 86 à 87 degrés, ensorte que l'angle MLN (*Fig.* 41.) est à peu près égal à la parallaxe horisontale. Le résultat de ces observations est, que la parallaxe équatoriale de la lune à sa moyenne distance est de 57′ 11″, et qu'elle peut augmenter et diminuer d'environ 4′, selon les différentes distances de la lune à la terre. La parallaxe de Mars a été déterminée par la même méthode. Mais celle du soleil n'étant que de 8″ à 9″, elle ne peut être déterminée par cette méthode, à un dixième de seconde près; et cependant cette exactitude est nécessaire, parce que la parallaxe du soleil sert d'échelle à tout le système solaire. Il fallut donc chercher une méthode plus exacte, et on la trouva dans les passages de Vénus sur le disque solaire: elle sera exposée dans le second tome.

Les observations de la lune, pour déterminer sa parallaxe, demandent plusieurs corrections qui ne pourront être expliquées que plus bas. Ce n'est pas le centre de la lune, qui est observé, mais le bord: il faut donc réduire au centre chaque observation (§. 73 — 75), en ajoutant avec la hauteur ou l'angle horaire, le demi-diamètre de la lune, ou en l'ôtant. Mais le diamètre apparent de la lune change non seulement dans l'intervalle de quelques heures, mais encore à différentes hauteurs dans le même instant; et le diamètre vertical n'est pas égal au diamètre horisontal, ou à la distance des cornes qui a une position oblique à l'horison. On verra dans la suite, qu'il est facile de tenir compte de ces corrections. Outre cela, toutes les observations doivent être corrigées par la réfraction, qui fait paraître les astres plus élevés qu'ils ne le sont: elle est l'objet du V. Livre.

LIVRE V.

D E S R É F R A C T I O N S.

CHAPITRE I.

Découverte de la réfraction.

§. 224. **Q**uand on apprend, que la hauteur apparente des astres est altérée aussi bien par la réfraction que par la parallaxe, quoique dans le sens opposé; que la réfraction élève les astres, tandis que la parallaxe les abaisse: il paraît naturel de penser, que c'est peut-être l'effet d'une seule cause, et qu'on a eu tort de supposer deux causes au lieu d'une; ou qu'au moins il doit être difficile, peut-être impossible, de séparer les deux effets, et de déterminer, combien il faut mettre sur le compte de l'une et de l'autre. L'éclaircissement de cet objet, et l'histoire de la découverte des réfractions, lèvera aisément ce scrupule. La théorie des parallaxes était aisée à prévoir, même à démontrer *à priori*. Que des corps qui ont un mouvement sensible et assés vite autour de la terre, qui ont une grandeur apparente assés considérable, dont le changement périodique prouve évidemment celui de leur distance à la terre — que de tels corps soient en même tems si prodigieusement éloignés, que toutes les lignes, menées à la terre, deviennent parallèles entre elles — cela paraît une contradiction évidente. Sans le témoignage de l'expérience, il fallait supposer que tous les corps célestes avaient une parallaxe, parce que c'est une vérité purement géométrique, que le lieu apparent de chaque objet doit éprouver des changemens, lorsque l'oeil change de place. C'est par de pareils raisonnemens que Hipparque et Ptolémée furent persuadés de la parallaxe de la lune et même du soleil, avant qu'ils entreprirent d'en déterminer la grandeur par des observations (§. 193.); et il fallait avoir appris, par les observations, la distance immense des étoiles, pour croire que cette règle générale pût avoir des exceptions. La parallaxe du soleil, de la lune, et des planètes, était donc hors de doute; mais des phénomènes bien simples (§. 19.) prouvèrent en même tems, que les étoiles fixes n'avaient point de parallaxe. Si l'on apercevait donc, que leur lieu apparent était différent en différens lieux de la terre, ou à diverses hauteurs, cette différence ne pouvait être l'effet de la distance de l'observateur au centre de la terre, d'autant qu'elle était opposée à l'effet de la parallaxe qui abaisse les astres: il fallait donc chercher une autre cause de ce phénomène; ainsi les observations des étoiles fixes donnèrent lieu à la découverte de la réfraction. Aussi tôt que cette découverte était faite, et qu'on eût trouvé, que la réfraction devait exercer le même effet sur tous les astres, quelle que fût leur distance, il était aisé d'appliquer la loi de la réfraction également aux planètes: et la partie du changement total de leur hauteur apparente, qui ne pouvait être expliquée par la réfraction, devait servir à déterminer leur parallaxe. La hauteur observée des planètes, corrigée par la réfraction que les étoiles fixes avaient fait connaître, était la hauteur affectée de la parallaxe seule, d'où l'on pouvait conclure sa grandeur. Ainsi dans toutes les opérations du chapitre précédent il n'y a rien à changer, si non qu'il faut supposer que les hauteurs sont corrigées par la réfraction.

§. 225. Si l'on mesure la distance d'une étoile à une autre, à différentes heures du jour, on la trouvera tantôt plus tantôt moins grande. Ce phénomène ne peut s'expliquer par un mouvement propre des étoiles, parce qu'il a une période diurne, et dépend évidemment de la hauteur, ensorte que chaque jour on trouve les mêmes différences à égale hauteur. Ce phénomène est plus frappant, si l'on compare une étoile qui, ne se couchant jamais, passe une fois au méridien près du zénit, et l'autre fois près de l'horison, avec une étoile circonpolaire, dont la hauteur est presque invariable: alors on trouvera leur distance au premier passage plus grande d'environ un demi-degré, qu'au second. Il est visible que ce phénomène consiste à approcher les étoiles, étant à l'horison, du pole visible, et par conséquent à les élever, au lieu que la parallaxe les abaisse. D'un autre côté, cet effet est le même, à l'égard de toutes les étoiles, et même de la lune et des planètes, sans être aucunement altéré par leurs distances très-différentes, tandis que la parallaxe dépend immédiatement de la distance.

Cette élévation des astres exerce sur le soleil et la lune à l'horison, un effet très-sensible et connu de tout le monde. On aperçoit à la vue simple, que leur image, d'ailleurs circulaire, est elliptique à l'horison, et les micromètres font voir, que le diamètre horisontal est de 4' à 5' plus grand que le vertical. Il est aisé de voir, que cela s'explique parfaitement, en supposant que cet effet, ainsi que la parallaxe, diminue à mesure que l'astre s'élève sur l'horison. En effet il en résulte, que le bord inférieur, étant plus élevé par la réfraction que le bord supérieur, en est rapproché, pendant que les bords oriental et occidental étant élevés de la même quantité, leur distance ne peut changer sensiblement. Le diamètre du soleil étant de 32', cette expérience nous apprend, que la réfraction est de 4' plus petite à la hauteur de 32', que dans l'horison; d'où il suit, qu'elle change beaucoup plus rapidement que la parallaxe. Ces deux phénomènes suivent donc des lois tout-à-fait différentes, et ont par conséquent diverses causes.

§. 226. Les expériences précédentes prouvent, que cet effet dépend de la hauteur; cependant des observations, continuées avec soin, firent voir qu'à la même hauteur l'effet était un peu différent de tems en tems, et que cette différence était liée avec l'état de l'atmosphère. Il était naturel d'en conclure, que les phénomènes eux-mêmes étaient l'effet de l'air qui nous environne. Les anciens astronomes reconnurent déjà l'influence de l'air, ou des vapeurs flottant dans l'air, sur les phénomènes astronomiques; mais il a été réservé au dix-septième siècle, et surtout au dix-huitième, d'approfondir cette matière. Dans le même tems, où le soleil et la lune prennent une forme elliptique (§. 225.), leur lumière est si faible et rougeâtre, qu'on peut regarder le soleil à l'oeil nû; le bord du soleil à l'horison a un mouvement tremblant ou ondoyant, et la forme des étoiles est irrégulière. Ces phénomènes ne sauraient être expliqués que par les vapeurs qui sont plus condensées à l'horison: il est donc très-probable, que l'élévation des étoiles est pareillement l'effèt de l'air. Lorsque les recherches, faites sur la nature de l'air, avaient fait connaître les grands effèts qu'il est capable de produire, on ne put hésiter à le regarder comme la cause de ce phénomène qui change avec l'air. Les crépuscules nous ont fait voir un effèt sensible que l'air exerce sur la lumière en particulier. Enfin cette question est décidée d'une manière qui ne laisse aucun doute, par une foule d'expériences qui prouvent, que les rayons de lumière changent de direction, en entrant dans un milieu transparent plus ou moins dense: expériences bien connues des anciens. Un baton, enfoncé en partie dans l'eau, a l'air d'être rompu: la partie sous l'eau ne forme pas une ligne droite, mais un angle considérable, avec la partie qui est hors de l'eau. Les rayons de lumière, en passant de l'air dans l'eau, le verre, etc. ou réciproquement, changent de direction, ou sont *rompus*. Or l'air devenant moins compact, à mesure qu'il s'éloigne de la terre, il était naturel de conclure, que le rayon de lumière, en entrant continuellement dans un air plus dense pendant qu'il traverse l'atmosphère, devait être rompu; et l'on ne tarda pas à s'apercevoir, que cette supposition expliquait parfaitement tous les phénomènes précédens.

§. 227. C'est ce qu'on appelle *réfraction astronomique*, dont l'existence n'était pas inconnue aux anciens, et nommément a Ptolémée; mais leurs observations étaient trop imparfaites, pour pouvoir décider, combien il fallait mettre sur le compte de la réfraction et sur celui des erreurs d'observations. Il paraît même qu'ils évitaient par cette raison, les observations trop près de l'horison. Tycho, aidé par ses instrumens plus parfaits et ses observations plus exactes, mit la question hors de doute. Kepler indiqua le premier les expériences, qui ont conduit à la connaissance de la théorie optique des réfractions, qu'il ne faut pas confondre avec la théorie physique; et par là il donna lieu aux plus importantes découvertes dans les sciences optiques et astronomiques.

§. 228. Les observations qui avaient fait découvrir l'existence de la réfraction, devaient aussi servir à trouver les lois suivant lesquelles elle agit. Si l'on a déterminé par expérience, la réfraction pour chaque hauteur depuis zéro jusqu'à 90 degrés, on peut construire des *tables de réfraction* qui serviront à en decouvrir la loi. Mais pour abréger ce travail pénible, et pour éliminer les petites erreurs des observations, il serait très-utile, de déduire cette loi de la théorie connue de la réfraction dans d'autres milieux. Cependant comme cette recherche a plus de difficultés, quand il s'agit de l'atmosphère, le procédé qu'on a employé ordinairement, est de mettre pour base quelque hypothèse qui n'est pas rigoureusement démontrée, et de vérifier la théorie qui en résulte, par la comparaison avec les observations. Mais quand-même on aurait découvert la loi, suivant laquelle la réfraction dépend de la hauteur, il faudrait encore se servir des observations, pour déterminer sa grandeur absolue, ou sa valeur à une hauteur donnée; et il est naturel, de choisir la hauteur où la réfraction a sa plus grande valeur, c'est-à-dire la *réfraction horisontale*. Les recherches suivantes se réduisent donc à deux points: 1) la *loi* suivant laquelle la réfraction dépend de la hauteur, 2) sa grandeur absolue, ou la *réfraction horisontale*. La première peut être déterminée et par les observations et par la théorie; la seconde uniquement par des observations. Ainsi, avant d'entreprendre la recherche théorique de cette matière, il faut expliquer les méthodes qui font connaitre la réfraction par les observations seules. Nous ne supposerons que le principe généralement connu, que la réfraction se fait dans un plan, perpendiculaire au milieu réfractif; qu'elle est d'autant plus forte, que la direction est plus oblique, suivant laquelle le rayon de lumière rencontre le milieu réfractif, et qu'elle est nulle, si elle est perpendiculaire au milieu. Comme il est clair par les principes de l'hydrostatique, que l'atmosphère environne le globe terrestre comme une surface sphérique concentrique, à laquelle est perpendiculaire la ligne verticale, il en suit, que la réfraction astronomique, ainsi que la parallaxe, ne fait pas sortir les astres du cercle vertical, qu'elle diminue à mesure que les astres s'élèvent sur l'horison, et qu'elle est nulle au zénit.

32

CHAPITRE II.

Méthodes pour observer les réfractions.

§. 229. Comme il s'agit ici, ainsi que dans la théorie des parallaxes, de trouver la différence entre les hauteurs vraie et apparente, on pourrait croire, qu'on n'a pas besoin d'autres méthodes; mais il y a une différence importante entre ces deux problèmes. On ne peut pas déterminer ici le lieu vrai par la comparaison avec les étoiles fixes, parce qu'elles ne sont pas moins affectées de la réfraction, que les planètes: il faut donc substituer les observations zénitales, où la réfraction est nulle (§. 228.), à la place des astres exempts de réfraction. Il a donc fallu imaginer des méthodes particulières, dont le but principal est, de corriger de plus en plus les réfractions imparfaitement connues. Il faut commencer par les déterminer à peu près, et pour se former une idée grossière de la grandeur des réfractions, on peut se servir d'une méthode très-simple, quoique rarement employée.

§. 230. Il est aisé de voir, que la figure aplatie du soleil à l'horison (§. 225.) peut servir à déterminer la réfraction, dont elle est l'effet. Supposons qu'on ait observé la hauteur du bord inférieur S du soleil (*Fig.* 42.) très-près de l'horison HR, $TS = \eta'$, et qu'on ait mesuré avec un micromètre le diamètre vertical du soleil $Ss = D'$, ou ce qui revient au même, qu'on ait observé les hauteurs des deux bords; et nommons x la réfraction à la hauteur η', y celle à la hauteur $T's = \eta' + D'$, la hauteur vraie du bord inférieur $T\lambda = \eta$, du bord supérieur $= \eta + D$, D étant le vrai diamètre qui est donné par les tables, ou par la mesure faite à une hauteur considérable, ou par le tems que le soleil a mis à passer par le méridien. Alors on aura $x = S\lambda = \eta' - \eta$, $y = (\eta' + D') - (\eta + D)$, et

$$x - y = D - D'.$$

On a donc trouvé la différence entre deux réfractions qui conviennent aux hauteurs apparentes η' et $\eta' + D'$. En répétant ces observations à différentes hauteurs η', on aura plusieurs équations de cette forme, dans lesquelles D est constant, et D' variable: elles peuvent servir à construire des tables grossières de réfractions, et même à trouver la loi des réfractions, si l'on connaît la réfraction horisontale. Quand on a observé le bord inférieur dans l'horison même, η' est nul, x la réfraction horisontale, et $y = x + D' - D$ la réfraction à la hauteur D'. En faisant une seconde observation, dans l'instant où le bord inférieur est à la hauteur, où le bord supérieur était dans la première observation, et nommant D'' le diamètre vertical qu'on a mesuré, η', η'', les hauteurs apparentes des bords inférieur et supérieur, et z la réfraction à la hauteur η''; on aura $\eta' = D'$, $\eta'' = D' + D''$, et les hauteurs vraies du bord inférieur $= \eta$, du bord supérieur $= \eta + D$: d'où l'on tire $y = D' - \eta$, $z = D' + D'' - (\eta + D)$, donc

$$y - z = D - D'', \quad \text{ou} \quad z = y + D'' - D = x + D'' + D' - 2\,D.$$

Ainsi on trouvera les réfractions pour toutes les hauteurs d'environ $32'$ à $32'$, la réfraction horisontale étant connue.

Supposons qu'on ait mesuré en même tems le diamètre horisontal $Oo = d$, dont la hauteur apparente est $= \eta' + \frac{1}{2}D''$, et que la réfraction l'ait élevé de Ll en Oo: alors le vrai diamètre est $Ll = D$, et Ll est une corde, parallèle à l'horison, et comprise par les mêmes cercles verticaux VO, Vo, parce que les points O, o, ne sortent pas de leurs cercles verticaux. Or on a $Ll : Oo$, ou $D : d :: \sin VL : \sin VO$, d'où l'on tire $\sin VL = \frac{D}{d} \cos (\eta' + \frac{1}{2} D'')$, et $VL - VO = VL + \eta' + \frac{1}{2} D'' - 90°$ est la quantité absolue de la réfraction à la hauteur apparente $\eta' + \frac{1}{2} D''$. La combinaison de plusieurs observations semblables donnerait une première approximation de la loi et de la quantité des réfractions.

§. 231. La réfraction est connue, si l'on calcule la hauteur *vraie* d'une étoile, pour l'instant où sa hauteur *apparente* a été observée. Dans ce calcul on peut regarder plusieurs angles comme donnés, d'où il résulte autant de différentes méthodes pour déterminer la réfraction. La latitude du lieu où l'on observe, peut être supposée connue préférablement à tous les autres élé-

mens. parce qu'il y a des moyens de la trouver indépendamment des erreurs
de la réfraction et du quart-de-cercle (§. 53. suiv.). Le second élément qu'on
peut supposer connu, est la déclinaison de l'étoile, si l'on en choisit une,
dont la déclinaison a été déterminée dans un lieu, où elle passe très-près du
zénit, afin que la réfraction soit éliminée. Outre ces deux élémens, il faut
déterminer par observation un troisième, qui ne peut être que l'azimut ou
l'angle horaire; l'un et l'autre étant égal à l'angle vrai, le premier, parce que
la réfraction ne fait pas sortir l'étoile de son cercle vertical (§. 228.), le second, parce qu'il est déterminé par le tems écoulé entre l'observation et le
passage au méridien (§. 198.). Avant l'usage des horloges, on employait l'azimut; mais comme il est difficile de l'observer exactement, la méthode des angles horaires est usitée aujourd'hui.

Si l'on n'est pas sûr de la déclinaison, on peut diminuer l'erreur de
la hauteur qui en résulte, de la manière suivante. La différentiation de l'équation I. 1. (§. 34.) donne

$$\frac{\partial \eta}{\partial \delta} = \frac{\sin\beta\cos\delta - \cos\beta\sin\delta\cos\gamma}{\cos\eta} = \frac{\cos\beta\sin\gamma}{\cos\eta\,'\sharp\,\zeta}\ (I.\ 3.) = \cos\zeta\ (IV.\ 1.).$$

Pour diminuer l'erreur $\partial\eta$, il faut donc choisir les hauteurs ou les étoiles,
ensorte que ζ soit un *maximum*, c'est-à-dire suivant les règles du §. 38.

§. 232. Comme ces observations sont un peu compliquées, on a cherché d'autres méthodes, où rien n'est supposé connu, ou tout au plus la hauteur du pole. Si elle est plus grande que 45 degrés, une étoile qui passe entre le zénit et le pole, ne se couchera pas. Supposons donc qu'on ait observé
les deux hauteurs méridiennes d'une pareille étoile (Fig. 43.), $FR = \eta$ et
$dR = \delta$, et que F soit assés près du zénit, pour pouvoir supposer la réfraction nulle. Cela posé, on connait $Fd = \eta - \delta$, et $FP = \eta - \beta$, $PR = \beta$ étant
la vraie latitude. Nommant donc x la réfraction Dd à la hauteur apparente
δ, D sera le lieu vrai, et $PD = \beta - \delta + x$. Or on a $FP = PD$, d'où il suit

$$x = \eta + \delta - 2\beta;$$

la réfraction à la hauteur δ est égale à *la somme des deux hauteurs moins deux
fois la hauteur du pole.*

§. 233. La méthode précédente suppose, que la réfraction de l'étoile
en F est nulle, et que la hauteur du pole est exactement connue. Ces deux

suppositions ne sont pas nécessaires, si l'on veut se permettre d'employer la
loi des réfractions, suivant laquelle les tables sont construites, et qui est donnée par la théorie et les observations. On verra (§. 255.), que les réfractions
sont en raison des tangentes de la distance apparente au zénit moins trois
fois la réfraction, et simplement comme les tangentes de la distance zénitale,
si elle est de moins de 6o degrés. Ayant donc observé les deux distances
zénitales de l'étoile au méridien, $Vf = a$, $Vd = a'$, et nommant $x = fF$, $x' = dD$,
les réfractions qui conviennent à a et a', et $\beta = PR$ la véritable hauteur du
pôle; on aura $PV = 90° - \beta$. Or il est

$$PV = PF + Ff + Vf = Vd + Dd - PD, \text{ et } PF = PD, \text{ d'où l'on tire}$$

$$(1)\ldots\ldots 2PF = a' + x' - a - x, \qquad (2)\ldots\ldots 2PV = a' + x' + a + x.$$

Si l'on a observé de la même manière une autre étoile, et que l'on nomme
b et b' ses distances apparentes au zénit, y et y', les réfractions qui conviennent à b et b', on aura de même $2PV = b' + y' + b + y$, ce qui étant égalé à
l'équation (2), donne

$$(3)\ldots\ldots b + b' - a - a' = x + x' - y - y'.$$

Mais on a, suivant la loi précédente des réfractions,

$$x : x' :: \tang (a - 3x) : \tang (a' - 3x'):$$

en faisant donc $a - 3x = m$, $a' - 3x' = m'$, $b - 3y = n$, $b' - 3y' = n'$, on
aura $x' = \dfrac{x \tg m'}{\tg m}$, $y = \dfrac{x \tg n}{\tg m}$, $y' = \dfrac{x \tg n'}{\tg m}$; ensorte que l'équation (3) deviendra

$$(4)\ldots\ldots x = \frac{(b + b' - a - a')\, \tang m}{\tg m + \tg m' - \tg n - \tg n'};$$

ce qui donne en même tems les trois autres réfractions,

$$(5)\ldots\ldots x' = x \frac{\tg m'}{\tg m}, \quad y = x \frac{\tg n}{\tg m}, \quad y' = x \frac{\tg n'}{\tg m}.$$

Il est vrai que les angles m, m', n, n', renferment les réfractions inconnues
x, x', y, y'; mais comme elles sont extremement petites par rapport à a, a',
b, b', on peut les tirer, sans erreur sensible, des tables. Mais pour ne rien
supposer, on les négligera d'abord, en faisant $m = a$, $m' = a'$, $n = b$, $n' = b'$;
et après avoir trouvé les valeurs de x, x', y, y', au moyen des formules (4)
(5), on substituera ces valeurs dans m, m', n, n', pour trouver une valeur
plus exacte de x par le moyen de l'équation (4).

§ 234. On trouvera par la même méthode la vraie hauteur du pole et les vraies déclinaisons des deux étoiles. En effet on a $x' = \dfrac{x \tang m'}{\tang m}$, donc (par l'équation (4)),

$$x + x' = \frac{(b + b' - a - a')(\tang m + \tang m')}{\tg m + \tg m' - \tg n - \tg n'},$$

d'où il suit, par l'équation (2),

$$(6) \ldots 2PV = \frac{(b + b')(\tg m + \tg m') - (a + a')(\tg n + \tg n')}{\tang m + \tang m' - \tang n - \tang n'} = 180° - 2\beta,$$

et par l'équation (1),

$$2PF = a' + x' - a - x = 180° - 2\delta = \frac{(2a' - b - b')\tg m + (b + b' - 2a)\tg m' + (a - a')(\tg n + \tg n')}{\tang m + \tang m' - \tang n - \tang n'}.$$

Après avoir déterminé de cette manière, avec une grande précision, la hauteur du pole, et les réfractions à des hauteurs considérables, on trouvera d'une manière semblable, les grandes réfractions près de l'horison. Pour cet effet les lieux sont très-favorablement situés, dont la latitude est d'environ 45°, comme Paris, ensorte qu'une étoile passera au méridien très-près de l'horison et du zénit, en D et en F. En nommant donc x' la réfraction en D, les équations (6) et (2) donneront

$$x' = 180° - 2\beta - a - a' - x,$$

β et x étant donnés par les observations précédentes. Si $a = Vf$ n'est que de peu de degrés, x ne se montera qu'à $2''$, et la parallaxe horisontale x' est trouvée avec une grande précision.

§. 235. Après avoir observé de cette manière les réfractions à différentes hauteurs, on s'aperçut que, les hauteurs étant de plus de 30 ou 40 degrés, les réfractions étaient à peu près comme les tangentes des distances au zénit (§. 233.), et qu'elles changeaient comme les hauteurs, que par ex. la réfraction depuis 39° jusqu'à 40° diminuait de la même quantité, que de 40° à 41°. Ce n'est pas exact, et les tables, construites suivant cette loi, pour de petites hauteurs, seraient très-défectueuses; mais on pouvait se servir de cette relation, sans erreur sensible, pour conclure par interpolation, d'une réfraction observée à une grande hauteur, une autre qui convient à une hauteur plus ou moins grande d'un ou de deux degrés. Ainsi il fallait observer avec le plus grand soin les petites réfractions à des hauteurs entre 30 et 45 degrés, pour en conclure celles qui conviennent aux hauteurs plus grandes que 45°, par le moyen du rapport des tangentes. On imagina donc

plusieurs moyens, pour observer la valeur double ou triple d'une petite réfraction, parce que les erreurs inévitables devaient être moindres dans le
même rapport. On se servit de ces méthodes principalement, pour rectifier
les réfractions qu'on avait déja observées, et par là les tables de réfractions.
Pour s'en former une idée claire, il faut connaître l'influence de la réfraction sur la hauteur du pole, que l'on suppose être déterminée par des étoiles
circonpolaires.

§. 236. Soit (*Fig.* 42.) P le vrai pole, S, Q, les lieux vrais d'une
étoile au méridien, s, q, les lieux altérés par la réfraction, $Qq = f$ et $Ss = f'$
étant les réfractions aux hauteurs apparentes Rq, Rs; soit p le milieu de
l'arc qs. En se servant donc de la méthode ordinaire (§. 49.). sans la correction des réfractions, on prendra p pour le lieu du pole; et il est $ps = pq$,
c'est-à-dire, $PS - Pp + Ss = PQ + Pp - Qq$, et $PS = PQ$, donc
$2Pp = Qq + Ss$, ou

$$Pp = \frac{f + f'}{2}.$$

C'est l'effet des réfractions relativement à la hauteur du pole: elle est la
moyenne proportionnelle arithmétique entre les réfractions, qui conviennent
aux deux hauteurs méridiennes de l'étoile qui a servi à déterminer la hauteur du pole; et cette valeur est exacte. Mais elle est aussi à peu près
égale à la réfraction f'', qui convient à la hauteur du pole, si celle-ci est
de plus de 40°, et que la distance de l'étoile au pole PS, PQ, n'est que
de peu de degrés: car alors (§. 235.) les réfractions des points P, Q, S,
changent comme les hauteurs: on a donc $f - f'' : f' - f'' :: PQ : PS :: 1 : 1$;
d'où il suit $f'' = \frac{f + f'}{2} = Pp$. Ayant donc déterminé la hauteur du pole
par des étoiles circonpolaires, suivant la méthode ordinaire (§. 49.), sans
tenir compte des réfractions, il faut la corriger par la réfraction qui convient à la hauteur du pole qu'on a trouvée: le résultat est donc le même,
que si l'on avait observé immédiatement le pole, ou une étoile au pole.

§. 237. Cela posé, on comprendra aisément les méthodes suivantes,
qui servent à déterminer les petites réfractions avec la plus grande précision.
La première méthode est la même que celle qui a été employée pour les parallaxes (§. 221.), avec cette différence, qu'il suffit ici, que les deux obser-

vateurs soient, l'un au nord, l'autre au sud de l'équateur, et très-éloignés l'un de l'autre, sans qu'il soit besoin qu'ils se trouvent à peu près dans le même méridien, parce que les étoiles n'ont pas de mouvement propre. Ayant donc trouvé, par les observations et corrections précédentes, les latitudes b, β, des deux lieux, A, B, il faut observer une étoile dont la hauteur méridienne est presque la même pour les deux lieux, ensorte que sa distance à chacun des deux parallèles soit à peu près $= \frac{b+\beta}{2}$; c'est-à-dire, si la latitude b est boréale, β australe, il faut que la déclinaison boréale de l'étoile δ soit à peu près $= b - \frac{b+\beta}{2} = \frac{b-\beta}{2}$; équation qui servira à choisir les étoiles qui sont les plus propres à ces observations. Ainsi les réfractions au méridien seront à peu près égales dans l'un et l'autre lieu. Supposons que l'étoile soit plus près du zénit A que du zénit B, et que les réfractions en A et B soient f', f'': on aura $f'' = f' + x$. La distance de l'étoile au parallèle ou au zénit des deux lieux ne sera pas exactement $\frac{b+\beta}{2}$: supposant donc que la distance vraie au zénit A soit $s = \frac{b+\beta-y}{2}$, celle au zénit B sera $\sigma = \frac{b+\beta+y}{2}$; tandis que les distances apparentes sont, au zénit A, $s' = \frac{b+\beta-y-2f'}{2}$, au zénit B, $\sigma' = \frac{b+\beta+y-2f'-2x}{2}$, s et σ' étant donnés immédiatement par les observations. On connaît donc la distance apparente des deux parallèles $s' + \sigma' = b + \beta - 2f' - x$, et la distance vraie $s + \sigma = b + \beta$: d'où l'on tire $(s + \sigma) - (s' + \sigma')$, ou

$$(1) \ldots b + \beta - (s' + \sigma') = 2f' + x.$$

C'est la somme de deux réfractions qui conviennent aux distances zénitales apparentes s' et σ'. Comme $b + \beta$ ne sera guères au delà de 90°, s et σ ne seront pas plus grandes que 45°; on peut donc employer les deux relations précédentes (§. 235.), attendu que la différence entre s et σ est supposée très-petite: conséquemment on peut partager la somme $b + \beta - (s' + \sigma')$ en deux portions à raison de tang s' à tang σ', ou supposer la différence des réfractions proportionnelle à celle des hauteurs, c'est-à-dire

$$x = m (\sigma - s).$$

Imaginons maintenant une autre étoile qui passe au méridien précisément à la même distance au zénit A et B, c'est-à-dire à la distance $S = \frac{b+\beta}{2} = \frac{s+\sigma}{2}$, et supposons la réfraction à cette hauteur $= f = f' + z$: on aura pareillement $z = m (S - s) = \dfrac{m(- s)}{2} = \dfrac{x}{2}$, d'où l'on tire

$$(2) \quad f = f' + \tfrac{1}{2} x = \frac{b + \beta - (s' + \sigma')}{2} \quad \text{(par l'équation (1)).}$$

Il en résulte cette règle:

La demi-somme des distances apparentes au zénit est ôtée de la demi-somme des hauteurs du pole: le reste sera la réfraction à la distance au zénit, qui est égale à la demi-somme des hauteurs du pole.

Comme ces observations donnent la réfraction *double* $2f = b + \beta - (s' + \sigma')$, l'erreur sera deux fois moindre.

§. 238. Une autre méthode, qui suppose une situation particulière du lieu de l'observation, donne la réfraction *triple*, ce qui réduit les erreurs à un tiers. Soit (*Fig.* 44.) PMAQ le méridien d'un lieu M, ses intersections avec l'équateur et les tropiques, A, B, C, les poles P, Q, l'obliquité de l'écliptique $AB = AC = \varepsilon$, la hauteur du pole $AM = \beta$, et supposons que les points P, B, C, soient rapprochés du zénit M par les réfractions, de $Pp = f$, $Bb = f'$, et $Cc = f''$, ensorte que f, f', f'', soient les réfractions qui conviennent a la hauteur du pole $\beta = 90° - MP$, et aux hauteurs apparentes $90° - Mb$ et $90° - Mc$. Supposons la situation du lieu M telle, qu'il soit à peu près $MC = MP$, donc $\beta + \varepsilon = 90° - \beta$ ou $\beta = \dfrac{90 - \varepsilon}{2} = 33° 16'$: alors f et f'' appartiennent à des hauteurs presque égales, $90° - MP = \beta = 33° 16'$; conséquemment, quoiqu'il ne soit pas permis de tirer des tables les réfractions elles-mêmes, on peut sans aucune erreur y prendre leur différence. D'ailleurs, MB étant de 9 à 10 degrés, la réfraction f' ne sera pas au delà de $10''$; on peut donc tirer f' des tables de réfractions, sans erreur sensible: cela posé, on connaît $f' = a$ et $f'' - f = a$.

Ayant observé la latitude apparente $\beta' = 90° - Mp$, et par le moyen des hauteurs méridiennes du soleil aux solstices d'été et d'hiver, les distances apparentes au zénit, $Mb = b$, $Mc = c$, on connaît

$\beta' = \beta + f$ (§. 226.), $Mp = 90° - \beta'$, $Mc = c$, $MB = b + c$, donc $Bp = b + a + 90° - \beta'$, et $Mp + Mc + Bp = 180° - 2\beta' + c + b + a = S$. Mais on a aussi $Mp = MP - f$, $Mc = MC - f''$, et en faisant $Qq = Pp = f$, $Bp = Cq = CQ - f$; d'où, à cause de $MP + MC + CQ = 180°$, on tirera

$$\mathrm{M}p + \mathrm{M}c + \mathrm{B}p = 180^\circ - 2f - f'' = \mathrm{S}.$$

En égalant ces deux valeurs de S, on trouvera $2\beta' - c - b - a = 2f + f'' = 3f + \alpha$, donc la réfraction à la hauteur apparente β',

$$f = \frac{2\beta' - (b + c + a + \alpha)}{3}.$$

Le Cap de Bonne-Espérance, dont la latitude est $= 33^\circ 55'$, ayant la situation que cette méthode suppose, Lacaille profita de son séjour au Cap, pour employer cette méthode avec un grand succès.

§. 239. Si la hauteur du pole, et par conséquent aussi celle de l'équateur, est renfermée entre 30° et 60°, les observations des équinoxes donnent un moyen de trouver avec une grande précision, les réfractions qui conviennent aux hauteurs du pole et de l'équateur. Le soleil ayant été observé au méridien les jours des équinoxes du printems et de l'automne en S et s (*Fig.* 23.), à des hauteurs presque égales, on trouvera, par la méthode exposée plus haut (§. 93. *suiv.*), la différence $T t$ entre les ascensions droites vraies, qui n'est pas altérée par la réfraction: on a donc $A T = 90^\circ - \frac{T t}{2}$, et les changemens diurnes de l'ascension droite et de la hauteur au méridien donneront le tems où $A T$ était nul ou $T t = 180^\circ$, ainsi que la hauteur méridienne qui répond à cet instant, c'est-à-dire la hauteur apparente de l'équateur b', ou ce qui revient au même, la hauteur vraie b avec sa réfraction g, savoir $b' = b + g$. La hauteur du pole, observée par le moyen des étoiles circonpolaires, est la hauteur apparente $\beta' = \beta + f$. On connaît donc par les observations $b' + \beta' = \mathrm{B}$, et l'on a $\mathrm{B} = b + \beta + f + g$. Or $b + \beta$ étant égal à 90 degrés, il viendra

$$f + g = \mathrm{B} - 90^\circ.$$

Comme b' et β' sont plus grandes que 30°, on a (§. 235.) $f : g :: \cot \beta' : \cot b' :: \lg b' : \lg \beta'$, et $\dfrac{f}{f + g} = \dfrac{\tang b'}{\lg b' + \lg \beta'}$. En substituant donc $f + g = \mathrm{B} - 90^\circ$, on aura

$$f = \frac{(\mathrm{B} - 90^\circ)\,\lg b'}{\lg b' + \lg \beta'} = \frac{(\mathrm{B} - 90^\circ) \sin b' \cos \beta'}{\sin (b' + \beta')} = \frac{(\mathrm{B} - 90^\circ) \sin b' \cos \beta'}{\cos (\mathrm{B} - 90^\circ)}, \quad \text{et}$$

$$g = \frac{f \lg \beta'}{\tang b'}, \text{ ou } g = \mathrm{B} - 90^\circ - f.$$

Puisque $\mathrm{B} - 90^\circ$ n'est que de quelques minutes, on peut faire $\cos (\mathrm{B} - 90^\circ) = 1$, ce qui donne $f = (\mathrm{B} - 90^\circ) \sin b' \cos \beta'$.

§. 240. On peut enfin *quadrupler* l'effèt des réfractions, par un procédé semblable à celui du §. 237, et par là rendre quatre fois moindres les erreurs inévitables. Supposons deux observateurs en M et en N (*Fig.* 45.), soient $AM = \beta$, $AN = b$, les latitudes vraies, $Pp = f$, $Qq = f'$, les réfractions qui ont lieu aux hauteurs du pole observées, β', b'; on aura $\beta = \beta' - f$, $b = b' - f'$, donc l'arc compris entre les parallèles vrais

$$MN = \beta + b = \beta' + b' - (f + f').$$

Ayant donc observé en M et en N la hauteur méridienne d'une étoile S, qui a à peu près même distance aux parallèles M et N, ensorte que sa déclinaison AS soit à peu près, $\delta = \dfrac{b - \beta}{2}$, supposons que ses lieux apparens, par rapport aux lieux M, N, soient s, σ, et les réfractions $Ss = g$, $S\sigma = g'$, qui ont lieu aux hauteurs apparentes $90° - Ms$ et $90° - N\sigma$. Cela posé on a

$$MN = Ms + N\sigma + g + g',$$

$Ms = s$ et $N\sigma = \sigma$ étant donnés par les observations au méridien. En comparant les deux valeurs de MN, on trouvera

$$f + f' + g + g' = \beta' + b' - (s + \sigma) = S,$$

la somme de quatre réfractions qui, à la vérité n'ont pas lieu à la même hauteur. Mais les quatre hauteurs étant supposées assés considérables, on partagera la somme S en quatre portions, à raison des hauteurs β', b', $90° - s$, $90° - \sigma$ (§. 235.): ce qui donnera les réfractions à quatre différentes hauteurs. On verra bientôt, comment ce partage peut être effectué avec une précision encore plus grande.

§. 241. Par le moyen des méthodes précédentes, on a déterminé les réfractions à différentes hauteurs: et ces observations, combinées avec la théorie ou l'hypothèse dont il sera parlé dans le chapitre suivant, ont servi à construire des *tables de réfractions* pour toutes les hauteurs depuis o jusqu'à 90°. Mais puisque l'air qui nous environne est la cause de la réfraction, la variation de l'état ou plutôt de la densité de l'atmosphère, qui est indiquée par le baromètre et le thermomètre, doit nécessairement altérer la réfraction: les tables ne peuvent donc être justes que pour un certain état de l'atmosphère, et l'on s'est servi des observations les plus délicates, appuyées par la théorie, pour calculer la variation des réfractions, qui dépend de l'état variable de l'atmosphère, pour les différentes hauteurs du baromètre et du thermomètre. Parmi les *tables astronomiques*, *publiées par le bureau des longitudes de France*, on trouve à la fin de la *I. Partie*, les *tables de réfractions*, dont la *Tab. IX.* renferme les réfractions pour l'état moyen de l'atmosphère, la *Tab. IV.* présente les logarithmes de cette réfraction *moyenne*, auxquels il faut ajouter les logarithmes, tirés des *Tab. VI.* et *VII*, selon la hauteur du baromètre et du thermomètre: la somme de ces trois logarithmes donne (*Tab. VIII.*) celui de la réfraction *vraie*. Quelques observations font même croire, que non seulement les réfractions sont différentes en différens lieux, mais que dans le même lieu, et à égales hauteurs, elles sont plus grandes dans la partie méridionale du ciel, que dans la partie septentrionale (¹).

§. 242. Aussi tôt que la loi des réfractions à différentes hauteurs a été découverte, il parait qu'il suffira, d'observer une réfraction quelconque à une certaine hauteur, pour déterminer la quantité de la réfraction horisontale, ainsi que de toutes les autres. Mais comme la véritable base des tables est la réfraction horisontale, laquelle, étant la plus grande, est la plus propre à déterminer les autres; et que d'ailleurs la loi qui a lieu à des hauteurs considérables, ne peut pas être appliquée immédiatement aux réfractions près de l'horison: il sera bon d'exposer ici les méthodes, par lesquelles on peut observer immédiatement la réfraction horisontale. Nous commencerons par une méthode qui, à la vérité, n'est pas favorable pour la pratique, attendu qu'elle suppose une observation, très-difficile à faire exactement. Elle consiste à observer le point de l'horison où se lève ou se couche une étoile dont la déclinaison est connue, dans un lieu dont la latitude est aussi connue, c'est-à-dire son amplitude ortive ou occidue. Il est aisé de voir, que cet arc de l'horison est pareillement altéré par la réfraction: ayant donc calculé l'amplitude vraie, sa comparaison avec l'observation donnera l'effet de la réfraction dans l'horison.

Soit (*Fig. 46.*) V le zénit, P le pole, R le point nord de l'horison HR, RC = 90°, donc C le vrai point est ou ouest, et AB le vrai parallèle

____

(1) Voy. *Méthode directe pour déterminer les réfr. par M. Cassini. Mém. de Paris, année* 1773.

d'une étoile, partant $CB = a$ son amplitude vraie. Concevons un cercle $h\,r$ parallèle à l'horison, et abaissé sous lui de la réfraction horisontale x: alors, A étant la commune section de cet almicantarat et du parallèle A B, l'étoile sera élevée par la réfraction de l'arc $AD = x$: elle se lèvera en D, et son amplitude apparente sera $CD = a'$, qui doit être observée exactement. Maintenant il s'agit de calculer l'amplitude vraie $CB = a$, et de trouver la réfraction horisontale $AD = x$, par le moyen de l'arc $BD = a' - a$. Pour cet effèt, soit la hauteur du pole $PR = \beta$, la déclinaison $\delta = 90^\circ - PB = 90^\circ - PA$: Cela posé on aura (§. 181.) $\sin a = \dfrac{\sin \delta}{\cos \beta}$, $PVB = 90^\circ - a$, $PVA = 90^\circ - a'$, et les triangles P V B, P V A, fourniront les relations suivantes,

$$\cos P B = \cos P V \cos V B + \sin P V \sin V B \cos P V B,$$
$$\cos P A = \cos P V \cos V A + \sin P V \sin V A \cos P V A.$$

En substituant $PB = PA$, $VB = 90^\circ$, $VA = 90^\circ + x$, on aura cette équation,

$$(1) \ldots \cos \beta \sin a = - \sin \beta \sin x + \cos \beta \sin a' \cos x.$$

Pour en conclure immédiatement l'inconnue x, il faudrait résoudre une équation du second degré; mais on n'en a pas besoin, pour trouver la valeur de x, aussi exactement que les observations le permettent. En faisant $\dfrac{\sin a'}{\mathrm{tg}\, \beta} = \mathrm{tg}\, c$, on connaît c, et l'équation (1) prend cette forme,

$$\cot \beta \sin a = \mathrm{tg}\, c \cos x - \sin x = \frac{\sin (c - x)}{\cos c}, \text{ donc}$$

$$(2) \ldots \sin (c - x) = \frac{\sin a \cos c}{\mathrm{tang}\, \beta} = \frac{\sin a \sin c}{\sin a'} = \frac{\sin \delta \sin c}{\cos \beta \sin a'},$$

$$\text{et } x = c - (c - x).$$

Ainsi le petit angle x est donné par la différence entre deux grands angles, ce qui ne peut pas donner une grande précision. Il vaudra donc mieux chercher x par une approximation. En faisant $\sin a' \cos x = \sin A$, on trouvera une valeur très-approchée de l'angle A, en mettant à la place de x, $32'$ ou $33'$: alors l'équation (1) deviendra

$$(3) \ldots \sin x' = \cot \beta (\sin A - \sin a) = 2 \cot \beta \sin \frac{A - a}{2} \cos \frac{A + a}{2}.$$

La seconde approximation donnera $\sin A' = \sin a' \cos x'$, et

$$\sin x = 2 \cot \beta \sin \frac{A' - a}{2} \cos \frac{A' + a}{2}.$$

Une approximation plus simple, et non moins exacte, sera donnée par le procédé suivant. Comme x n'est pas plus grand que $33'$, on peut d'abord mettre

x au lieu de $\sin x$, et 1 au lieu de $\cos x$, dans l'équation (1), d'où l'on tirera

$$(4)\ldots. x = \cot \beta\,(\sin a' - \sin a) = 2 \cot \beta \sin \frac{a' - a}{2} \cos \frac{a' + a}{2} = x'.$$

On pourrait se contenter de cette valeur; mais on trouvera x plus exactement par la seconde approximation qui donne

$$\sin x = \cot \beta\,(\cos x' \sin a' - \sin a),$$

ou après avoir calculé $\sin B = \dfrac{\sin a}{\cos x'}$,

$$\sin x = \cot \beta \cos x'\,(\sin a' - \sin B) = 2 \cot \beta \cos x' \sin \frac{a' - B}{2} \cos \frac{a' + B}{2}.$$

Il est vrai que l'azimut au moment où l'étoile est dans l'horison, est difficile à observer exactement. Voyons donc, comment la valeur de x est affectée d'une erreur commise dans l'observation de l'azimut a'. Pour cet effèt, différentions l'équation (1), ce qui donnera

$$\partial x = \frac{\partial a' \cos a'}{tg\,\beta + \sin a'\,tg\,x}, \text{ ou à très-peu près, } \partial x = \frac{\partial a' \cos a'}{\tan g\,\beta},$$

d'où il suit $\partial a' : \partial x :: \tan g\,\beta : \cos a'$. Si donc la latitude β est plus grande que $45°$, ∂x est toujours moindre que $\partial a'$, et l'erreur diminuera, à mesure que l'amplitude est plus grande. Si l'on choisit une étoile, donc le parallèle est presque entièrement au-dessus ou au-dessous de l'horison, on a à peu près $\cos a' = 0$, et l'erreur est tout-à-fait insensible. Quand le parallèle touche l'horison en R, on a $\sin a' = 1$, ce qui étant substitué dans l'équation (1), donne

$$\cos (\beta + x) = \cos \beta \sin a = \sin \delta,$$

d'où l'on tire immédiatement $\beta + x = 90° - \delta$, ou $x = 90° - \delta - \beta$.

§. 243. La méthode suivante peut servir à déterminer immédiatement par observation, toutes les réfractions depuis le zénit jusquà l'horison. Elle consiste à observer une étoile deux fois dans le même cercle vertical, ou dans ses deux passages au centre de la lunette, le quart-de-cercle ayant la même position. Si l'on a encore observé l'étoile au méridien, l'intervalle du tems donnera les deux angles horaires vrais; et si l'on connaît la hauteur du pole, ou si l'on a observé les azimuts vrais, qui ne diffèrent pas des apparens, on peut calculer les hauteurs vraies qui, comparées aux hauteurs observées, donneront les réfractions. Soit (*Fig. 47.*) H R l'horison, V le zénit, P le pole, MABN le parallèle d'une étoile qui a été observée au méridien en M, et deux fois dans le cercle vertical VABC en A et B, l'azimut vrai HVC $= \alpha$, qui est le même pour les deux observations, les angles horaires vrais $VPA = \gamma$, $VPB = \gamma'$, la hauteur du pole $90° - VP = \beta$, la déclinaison $90° - PB = \delta$. les distances apparentes au zénit, qu'on a observées, a, a', les distances vraies qui sont inconnues, $VA = x$, $VB = x'$. Les triangles VPA, VPB, fournissent ces relations,

$$(1) \ldots \cot PA = \cot PB = \tang \delta = \frac{\sin \beta \, \tg \alpha \cos \gamma + \sin \gamma}{\cos \beta \, \tang \alpha} = \frac{\sin \beta \, \tg \alpha \cos \gamma' + \sin \gamma'}{\cos \beta \, \tang \alpha},$$

d'où l'on tire

$$(2) \ldots \sin \beta = \frac{\sin \gamma' - \sin \gamma}{(\cos \gamma - \cos \gamma') \, \tg \alpha} = \frac{\cot \frac{1}{2} (\gamma + \gamma')}{\tang \alpha}.$$

Cette équation donne la latitude vraie, indépendamment des réfractions, si l'azimut a été observé. Alors on trouvera aussi la déclinaison vraie au moyen de l'équation (1): en y substituant la valeur (2) $\tang \alpha = \dfrac{\cot \frac{\gamma' + \gamma}{2}}{\sin \beta}$, on aura

$$\tang \delta = \frac{\cos \gamma \cot \frac{\gamma' + \gamma}{2} + \sin \gamma}{\cot \beta \cot \frac{\gamma' + \gamma}{2}} = \frac{\cos \gamma \cos \frac{\gamma' + \gamma}{2} + \sin \gamma \sin \frac{\gamma' + \gamma}{2}}{\cot \beta \cos \frac{\gamma' + \gamma}{2}}, \quad \text{donc}$$

$$(3) \ldots \tang \delta = \tang \beta \, \frac{\cos \frac{\gamma' - \gamma}{2}}{\cos \frac{\gamma' + \gamma}{2}}.$$

Ensuite on aura dans les mêmes triangles,

$$(4) \ldots \cot x = \frac{\sin \alpha + \sin \beta \cos \alpha \, \tg \gamma}{\cos \beta \, \tg \gamma}, \quad \cot x' = \frac{\sin \alpha + \sin \beta \cos \alpha \, \tg \gamma'}{\cos \beta \, \tang \gamma'}.$$

Ayant donc calculé les angles ψ, ψ', par les équations $\tg \psi = \sin \beta \, \tang \gamma$, $\tang \psi' = \sin \beta \, \tang \gamma'$, on aura $\cot x = \dfrac{\sin \alpha \cos \psi + \cos \alpha \sin \psi}{\cos \beta \, \tang \gamma \cos \psi} = \dfrac{\sin(\alpha + \psi)}{\cot \beta \sin \psi}$, donc

$$(5) \ldots \tang x = \frac{\cot \beta \sin \psi}{\sin (\alpha + \psi)} \quad \text{et} \quad \tang x' = \frac{\cot \beta \sin \psi'}{\sin (\alpha + \psi')};$$

ce qui donnera les réfractions $x - a$ et $x' - a'$, qui répondent aux hauteurs apparentes $90° - a$ et $90° - a'$. Mais comme l'azimut est difficile à observer exactement, on peut supposer la vraie latitude β connue par une des méthodes précédentes. Alors on aura par l'équation (2) $\tang \alpha = \dfrac{\cot \frac{1}{2} \, \gamma + \gamma'}{\sin \beta}$, par l'équation (3) δ, et par les équations (5) x et x'. On peut aussi trouver x, x', sans connaître l'angle α. En effèt, les mêmes triangles donnent

$$(6) \ldots \cos x = \sin \beta \sin \delta + \cos \beta \cos \delta \cos \gamma, \quad \cos x' = \sin \beta \sin \delta + \cos \beta \cos \delta \cos \gamma',$$

d'où il suit, en faisant $\tang \phi = \dfrac{\cos \gamma}{\tg \beta}$ et $\tang \phi' = \dfrac{\cos \gamma'}{\tg \beta}$,

$$\cos x = \sin \beta (\sin \delta + \cos \delta \, \tg \phi), \quad \text{donc}$$

$$(7) \ldots \cos x = \frac{\sin \beta}{\cos \varphi} \sin (\delta + \varphi), \text{ et } \cos x' = \frac{\sin \beta}{\cos \varphi'} \sin (\delta + \varphi').$$

Les seules étoiles propres à ces observations, sont celles qui culminent entre le zénit et le pole, parce qu'autrement le cercle vertical V C ne pourrait couper leur parallèle en deux points: il faut donc que δ soit plus grand que β. Du reste il n'est pas nécessaire que l'étoile ne se couche jamais, ainsi que dans la *figure* 47, parce qu'elle n'est pas observée en N. Supposons donc que le parallèle devienne plus grand, ensorte que M avance jusqu'au zénit, et que N tombe sous l'horison: alors l'étoile aura dans sa route diurne, toutes les hauteurs depuis o jusqu'à 90°. On peut donc changer l'azimut HVC de manière que a et a' reçoivent toutes les valeurs entre o et 90°, ce qui donnera successivement toutes les réfractions depuis la réfraction horisontale jusqu'à celle au zénit. Pour que M tombe au zénit, et N sous l'horison, il faut que P V soit plus grand que P H, ou que la hauteur du pole soit plus petite que 45 degrés.

§. 244. Quand on a déterminé, par les méthodes précédentes, les réfractions aux hauteurs de 40° à 90°, on peut trouver très-exactement la réfraction prés de l'horison, par le procédé suivant. Si la hauteur du pole est d'environ 45 degrés, on connaît la réfraction à cette hauteur (§. 236., et par conséquent la vraie hauteur du pole. Ayant donc observé une étoile (*Fig.* 47.) en M au méridien près du zénit, et en B près de l'horison ou dans l'horison même, on connaît aussi la réfraction à la distance apparente au zénit, qu'on a observée, d'où l'on tirera la distance vraie V M $= a$. Cela donne P M $=$ P V $-$ V M, c'est-à-dire 90° $- \delta =$ 90° $- \beta - a$, ou la déclinaison vraie $\delta = \beta + a$. Connaissant donc dans le triangle V P B, l'angle horaire V P B $= \gamma$ par le tems, et P V $=$ 90° $- \beta$, P B $=$ 90° $- \delta$; on trouvera la hauteur vraie B C $= \eta$, au moyen de l'équation I. 1. §. 4. : cette hauteur comparée à la hauteur observée η', donnera la réfraction $\eta' - \eta$ pour la hauteur apparente η' qui est très-petite, par hypothèse. Si l'étoile a été observée au méridien même en N, γ est $=$ 180°, $\cos \gamma = - 1$, et l'équation I. 1. donne $\sin \eta = - \cos (\beta + \delta)$, donc $\eta = \beta + \delta - $ 90°, c'est-à-dire H N $=$ H P $-$ P N.

CHAPITRE III.

Théorie physique des réfractions.

§. 245. Comme cette matière appartient proprement à la physique, nous nous bornerons à exposer ce qui est nécessaire, pour se faire une idée de la loi des réfractions astronomiques. Les principes qui seront empruntés de l'optique, sont connus de tout le monde, et fondés sur des expériences si simples, qu'on peut s'en convaincre d'une manière sensible, en faisant passer le rayon de lumière par une petite ouverture dans une chambre obscure.

Un rayon de lumière AB (*Fig.* 48.), en rencontrant obliquement en B la surface plane MN d'une masse transparente, plus ou moins dense que la masse MAPB, laquelle il vient de traverser; au lieu de continuer sa route suivant BD, prolongation de AB, s'infléchira, en prenant une autre direction BC, qui fait avec sa direction originaire ABD un angle CBD, ensorte que le rayon entier ABC est brisé ou réfracté en B. Ayant mené par B la ligne PBQ perpendiculaire à la surface MN, AB est appelé le rayon *incident*, BC le rayon *réfracté*, ABP l'angle *d'incidence* ou *d'inclinaison*, QBC l'angle *rompu*; la différence entre ces deux angles, ou l'angle CBD, compris entre le rayon incident et le rayon rompu, est la *réfraction*. La masse MQCN qui produit la réfraction, est appelé le *milieu réfringent*, la *surface réfringente* est MN où se fait la réfraction.

§. 246. Les principales expériences, sur lesquelles il faut fonder cette théorie, sont les suivantes.

1. Le rayon rompu BC est constamment dans le plan ABP, conduit suivant le rayon incident, et perpendiculaire à la surface réfringente: c'est pourquoi on a appelé *plan de la réfraction*, le plan APBQCD, dans lequel

se fait toute la réfraction, qui par conséquent, ne fait pas sortir la lumière de ce plan.

2. Si la lumière passe d'un milieu moins dense MPN dans un milieu plus dense MQN, le rayon rompu BC se rapproche de la perpendiculaire PQ, de sorte que l'angle rompu est plus petit que l'angle d'incidence; le contraire a lieu, lorsque la lumière passe dans un milieu moins dense. Il est visible, que ces phénomènes seraient absolument les mêmes, si la lumière était *attirée* par les deux milieux, séparés par la surface réfringente, suivant cette loi, que les milieux attirent plus fortement, à mesure qu'ils sont plus denses. En effet, puisque les deux attractions sont perpendiculaires à MN, la résultante sera leur différence dirigée vers le milieu le plus dense, suivant BQ ou BP, ensorte que la lumière, ayant deux vitesses suivant BD et BQ ou BP, prendra une direction moyenne BC ou BE. D'ailleurs il est évident que, BC étant une ligne droite, la lumière n'est réfractée qu'une seule fois, au moment de son entrée dans un autre milieu.

3. Les sinus de l'angle d'incidence et de l'angle rompu sont dans un rapport constant, quel que soit le premier angle, tant que les deux milieux sont les mêmes; c'est-à-dire

$$\sin QBD : \sin QBC :: m : n.$$

Le rapport $\frac{m}{n}$ est fonction de la densité des deux milieux, mais il est indépendant de l'angle d'incidence: par ex. la lumière passant de l'air dans le verre, m est à n comme 3 à 2; si elle passe de l'air dans l'eau, on a trouvé $m : n :: 4 : 3$. Cette loi fondamentale des réfractions, découverte au commencement du dix-septième siècle, a été constatée par une foule d'expériences.

4. Lorsque la lumière passe d'un milieu A moins dense dans un milieu B plus dense, l'angle rompu est plus petit que l'angle d'incidence; il est plus grand dans le cas contraire (n. 2.). Dans les deux cas, le rapport des sinus de ces deux angles est le même, mais l'un est l'inverse de l'autre: si dans le premier cas, $\sin ABP$ est à $\sin QBC$ comme m à n, on aura dans le second cas, le rayon incident CB étant réfracté en BA, $\sin QBC : \sin ABP :: n : m$, ce qui est le même rapport; d'où il suit que, si le rayon, étant arrivé en C, rebroussait chemin, il prendrait la même route qu'en arrivant.

5. S'il y a au dessus du plan MN un milieu α (*Fig.* 49.), entre les plans parallèles MN, *mn*, un milieu β plus ou moins dense, et au dessous de *mn* le premier milieu α; la lumière, en passant par ces trois milieux, sera brisée en B et C ensorte, qu'elle finira par traverser le dernier milieu α suivant la direction CD, qui est parallèle à sa direction originaire AB; de sorte que la réfraction est annullée. C'est une suite immédiate du *n.* 4. Si sin ABP est à sin CBQ comme $m:n$, on aura sin BCp : sin qCD :: $n:m$, et BCp = CBQ, donc sin ABP : sin qCD :: $mn:nm$ :: 1 : 1; ABP = qCD, et CD parallèle à AB.

6. L'expérience donne le même résultat, lorsque la lumière passe par plusieurs milieux de différentes densités, séparés l'un de l'autre par des plans parallèles; pourvu que le premier et le dernier milieu soient les mêmes. Il est aisé de l'éxpliquer par la proposition précédente. Soit (*Fig.* 50.) ABCDEF la route de la lumière par les milieux $\alpha, \beta, \gamma, \beta, \alpha$, et soient PQ, pq, Rs, rs, perpendiculaires aux plans qui séparent les milieux, et par conséquent parallèles entre elles: alors les angles d'incidence seront ABP $=\alpha$, BC$p=\beta$, CDR$=\gamma$, DE$r=\delta$, les angles rompus CBQ$=a$, DC$q=b$, EDS$=c$, FE$s=d$. En supposant donc les rapports de réfraction entre les milieux $\alpha, \beta, =\frac{m}{n}$, entre les milieux β et $\gamma=\frac{\mu}{\nu}$, on aura sin α : sin a :: $m:n$, sin β : sin b :: $\mu:\nu$, et par le *n.* 4. sin γ : sin c :: $\nu:\mu$, sin δ : sin d :: $n:m$, d'où l'on tirera, en composant les proportions,

sin α sin β sin γ sin δ : sin a sin b sin c sin d :: $m\mu\nu n : n\nu\mu m$ :: 1 : 1.

Or, β étant $=a$, $\gamma=b$, $\delta=c$, on a $\alpha=d$, et AB, EF, sont parallèles.

7. Si la lumière passe par un nombre quelconque de milieux, tous séparés l'un de l'autre par des plans parallèles, le premier milieu étant appelé α, le dernier ω, la réfraction totale sera la même, c'est-à-dire la lumière traversera le dernier milieu ω suivant la même direction, ou le rapport entre les sinus du premier angle d'incidence et le dernier angle rompu sera le même, que si la lumière avait passé immédiatement de σ en ω. Cette expérience, qui est d'une grande importance dans cette théorie, se déduit aisément de la proposition précédente (n. 6.). Considérons trois milieux, α, β, γ, (*Fig.* 50.), et supposons qu'au dessous du troisième milieu γ, qui

*

est ici le dernier, il se trouve encore le premier α, et que le rapport des réfractions, lorsque la lumière passe de α en β, soit $= m : n$, de β en $\gamma = \mu : \nu$, de γ en $\alpha = x : y$. En désignant les angles de la même manière que n. 6., on aura ces proportions, ABCDE étant la route de la lumière par les milieux α, β, γ, α:

$$\sin \alpha : \sin a :: m : n, \text{ pour le passage } \text{ de } \alpha \text{ en } \beta,$$
$$\sin a : \sin b :: \mu : \nu, \quad — \quad — \quad — \quad \text{de } \beta \text{ en } \gamma,$$
$$\sin b : \sin c :: x : y, \quad — \quad — \quad — \quad \text{de } \gamma \text{ en } \alpha.$$

La composition des deux premières proportions donne

(1)....$\sin \alpha : \sin b = m \mu : n \nu$, pour le passage de α en γ par β.
D'ailleurs, on a (par le n. 4 et la troisième proportion).

(2)....$\sin c : \sin b :: y : x$, pour le passage immédiat de α en γ.
Enfin il suit du n. 6. que DE est parallèle à AB, ou $c = \alpha$, parce que le premier et le quatrième milieux sont les mêmes (α). L'équation (2) devient donc, $\sin \alpha : \sin b :: y : x$; ce qui étant comparé avec l'équation (1), donne $y : x :: m \mu : n \nu$; c'est-à-dire, la réfraction est la même, soit que la lumière passe de α en γ immédiatement, soit qu'elle y passe par un troisième milieu β. Maintenant, s'il y a quatre milieux au lieu de trois, ce cas se réduit à celui que nous venons de considérer, parce que la réfraction se fait dans les trois premiers milieux, comme s'il n'y en avait que deux. C'est donc encore vrai, lorsqu'il y a cinq, six, et autant de milieux qu'on veut.

§. 247. En appliquant ces expériences à l'atmosphère, qui environne la terre comme une couche sphérique concentrique, sa densité croissant continuellement vers la terre; on sera convaincu de la vérité des propositions supposées plus haut (§. 228.). Les plans réfringens MN sont ici des surfaces sphériques autour du centre de la terre, ou plutôt des plans qui touchent ces surfaces; la perpendiculaire PQ passera donc par le centre de la terre et le zénit de l'observateur. Le plan de la réfraction est vertical, et la réfraction ne fait pas sortir l'astre de son cercle vertical (§. 246. n. 1.), ou ce qui revient au même, elle ne change pas l'azimut. Le rayon de lumière est rapproché de la ligne verticale (§. 246. n. 2.), donc la réfraction augmente la hauteur. En nommant η la hauteur vraie, η' la hauteur apparente, ou altérée par la réfraction, on a (S. 246. n. 3.) cos $\eta' = \mu$ cos η, et $\mu < 1$: d'où il suit sin $(\eta' - \eta) = $ cos η (sin $\eta' - \mu$ sin η). Le dernier facteur est toujours très-petit, parce que μ diffère peu de l'unité: sin $(\eta' - \eta)$ décroîtra donc à peu près comme cos η, et la réfraction $\eta' - \eta$ diminuera avec la distance au zénit. Si $\eta = 90°$, on a cos $\eta = 0$, et la réfraction est nulle au zénit. Si MN (*Fig. 48.*) est la couche d'air la plus élevée, dans laquelle le rayon de lumière entre suivant AB, il est évident que la réfraction dépend uniquement des couches d'air qui sont au dessous de MN, ainsi que de la direction AB, et qu'il est indifférent, si la ligne AB est plus ou moins longue: d'où il suit, que la réfraction est indépendante de la distance des astres, pourvu qu'ils soient hors de l'atmosphère.

§. 243. En concevant la terre, environnée de son atmosphère sphérique et concentrique, et en se rappelant, que la densité de l'air augmente de haut en bas suivant la loi de continuité; on verra aisément, que la réfraction doit nécessairement dépendre, et de la loi suivant laquelle la densité de l'air augmente, et du rayon de cette surface sphérique, ou de la hauteur de la surface supérieure de l'atmosphère. Le rayon de lumière, en traversant l'air, pour frapper l'oeil à la surface de la terre, entre dans chaque instant dans un milieu plus dense, il est donc continuellement rapproché de la ligne verticale: par conséquent, sa route par les airs sera une ligne *courbe*. Imaginons un nombre infini de cercles concentriques, qui partagent la commune section de l'atmosphère et du plan vertical de l'astre, en anneaux infiniment minces: alors on peut supposer chaque anneau d'une densité uniforme, de sorte que la lumière, en entrant dans chaque nouvelle couche, est réfractée une seule fois, d'un petit angle que l'on peut regarder comme la différentielle de la réfraction totale, qui sera la somme de toutes ces réfractions infiniment petites: la réfraction totale sera donc trouvée par l'intégration. L'espace d'où la lumière passe dans l'atmosphère, peut être regardé comme vide, ou comme rempli d'un fluide uniformément dense: dans le dernier cas, le rapport de la réfraction entre ce fluide et la couche supérieure de l'air nous est absolument inconnu.

§. 249. L'hypothèse imaginée par *Cassini* est sans doute la plus simple.
Quoique il n'y ait pas de doute, que la densité de l'air, dans toute l'étendue
de l'atmosphère, ne varie d'une couche à l'autre, on peut cependant imaginer un fluide d'une densité moyenne et constante, telle que la réfraction
unique que la lumière éprouverait tout d'un coup dans ce fluide, soit égale
à la somme des réfractions qu'elle éprouve actuellemment dans toute sa route
par les airs. Cette route fictive sera droite, ou plutôt composée de deux
lignes droites qui touchent la vraie courbe à ses deux extrémités, le point
le plus élevé de l'atmosphère et l'oeil. Comme cette hypothèse suppose deux
choses, la densité moyenne de l'air ou le rapport de la réfraction unique,
et la hauteur de l'air moyen; deux réfractions, observées à différentes hauteurs, suffiront pour cela.

Cette idée est ingénieuse, et n'admet aucun doute: c'est-à-dire, pour chaque réfraction particulière qui est l'intégrale d'un nombre infini de réfractions élémentaires, on peut supposer une densité moyenne de l'air, qui
produirait d'un coup la même réfraction totale. Mais il est possible que
la loi des réfractions dans l'atmosphère est telle, qu'il faut adopter une autre
densité moyenne pour chaque angle d'incidence, ou pour chaque hauteur
des astres: dans ce cas l'hypothèse ne serait d'aucun usage. Cette question
ne peut être décidée que par les observations.

Soit (*Fig.* 51.) C le centre de la terre FHA, FBb la couche supérieure de l'air moyen, supposé de densité constante, BH son épaisseur, CV
la ligne verticale d'un lieu A, ABT son horison, SB le rayon de lumière
qui, par la réfraction, prend la direction horisontale BA', donc SBT $= f$
la réfraction horisontale. Une autre étoile s étant vue suivant la direction
Abt, $sbt = g$ sera la réfraction à la hauteur apparente BA$b = \eta$: supposons donc, que f et g soient donnés par les observations, et nommons
ABC $= \Phi$, AbC $= \psi$. Alors, sin SBD : sin TBD :: sin sbd : sin tbd :: μ : 1.
sera le rapport constant des réfractions, et $\mu > 1$. On aura donc

$$(1)\ldots\ldots \sin (\Phi + f) = \mu \sin \Phi, \text{ et } \sin (\psi + g) = \mu \sin \psi,$$

d'où l'on tirera $\operatorname{tg} \Phi = \dfrac{\sin f}{\mu - \cos f}$, $\operatorname{tg} \psi = \dfrac{\sin g}{\mu - \cos g}$, partant

$$(2)\ldots\ldots \sin \Phi = \frac{\sin f}{\sqrt{(\mu^2 - 2\mu \cos f + 1)}}, \text{ et } \sin \psi = \frac{\sin g}{\sqrt{(\mu^2 - 2\mu \cos g + 1)}}.$$

En faisant donc $CA = CH = a$, $CB = Cb = x$, les triangles ABC, AbC, donneront $x = \dfrac{a}{\sin \Phi} = \dfrac{a \cos \eta}{\sin \psi}$, d'où il suit

$$(3) \ldots \sin \psi = \cos \eta \sin \Phi.$$

La substitution de cette valeur dans les équations (2) donnera

$$\sin g \, V(\mu^2 - 2\mu \cos f + 1) = \cos \eta \sin f \, V(\mu^2 - 2\mu \cos g + 1),$$

d'où il résultera pour μ une équation du second degré. Comme elle est un peu compliquée, on peut se servir d'approximations successives. Les équations (1) donnent

$$\sin(\Phi + f) - \sin \Phi = 2 \sin \tfrac{1}{2} f \cos(\Phi + \tfrac{1}{2} f) = (\mu - 1) \sin \Phi,$$
$$\sin(\psi + g) - \sin \psi = 2 \sin \tfrac{1}{2} g \cos(\psi + \tfrac{1}{2} g) = (\mu - 1) \sin \psi = (\mu - 1) \cos \eta \sin \Phi \ (3);$$

d'où l'on tirera

$$\frac{\mu - 1}{2} \cos \eta \sin \Phi = \sin \tfrac{1}{2} g \cos(\psi + \tfrac{1}{2} g) = \cos \eta \sin \tfrac{1}{2} f \cos(\Phi + \tfrac{1}{2} f),$$

ou en faisant pour abréger, $\dfrac{\sin \frac{1}{2} g}{\sin \frac{1}{2} f} = n$,

$$(4) \ldots \cos(\Phi + \tfrac{1}{2} f) = n \, \frac{\cos(\psi + \tfrac{1}{2} g)}{\cos \eta}.$$

Puisque $\sin \Phi = \dfrac{a}{x}$ est à peu près égal à l'unité, l'épaisseur de l'atmosphère moyenne, $x - a$, étant très-petite par rapport au rayon de la terre a, on aura à peu près (3) $\sin \psi = \cos \eta$ ou $\psi = 90° - \eta$. On peut donc, pour avoir une première approximation, faire $\psi + \tfrac{1}{2} g = 90° - \eta$: alors, en nommant Φ', Φ'', Φ''', ψ', ψ'', les valeurs de Φ et ψ, trouvées par les approximations successives, on aura par l'équation (4),

$$\cos(\Phi' + \tfrac{1}{2} f) = n \tang \eta, \text{ et } \Phi' = (\Phi' + \tfrac{1}{2} f) - \tfrac{1}{2} f.$$

Cela donne, par l'équation (3)

$$\sin \psi' = \cos \eta \sin \Phi'.$$

En substituant successivement les valeurs qu'on a trouvées, dans les équations (4) et (3), on trouvera

$$\cos(\Phi'' + \tfrac{1}{2} f) = \frac{n \cos(\psi' + \tfrac{1}{2} g)}{\cos \eta},$$
$$\sin \psi'' = \cos \eta \sin \Phi'',$$
$$\cos(\Phi''' + \tfrac{1}{2} f) = \frac{n \cos(\psi'' + \tfrac{1}{2} g)}{\cos \eta}, \text{ etc.}$$

Cela donne enfin

$$\Phi = (\Phi''' + \tfrac{1}{2} f) - \tfrac{1}{2} f, \quad \mu = \frac{\sin(\Phi + f)}{\sin \Phi}, \text{ et } x = \frac{a}{\sin \Phi}.$$

En supposant avec Cassini, $f = 32' 20''$, $\eta = 10°$, $g = 3' 28''$, **on trouvera**
log $n = 9.228.07.37$; $\quad \Phi' + \frac{1}{2} f = 88° 17' 29'',9$; $\quad \Phi' = 88° 1' 19'',9$;

$\Psi' = 79° 48' 29'',7$; $\quad \Psi' + \frac{1}{2} g = 79° 51' 13'',7$; $\Phi'' + \frac{1}{2} f = 88° 16' 0'',9$;

$\Phi'' = 87° 59' 50'',9$; $\quad \Psi'' = 79° 48' 12'',6$; $\Psi'' + \frac{1}{2} g = 79° 50' 56'',6$;

$\Phi''' + \frac{1}{2} f = 88° 15' 58''$; $\quad \Phi''' = 87° 59' 48''$.

Cette valeur très-exacte de Φ donne

$$\Phi + f = 88° 32' 8'', \quad \mu = 1,0002847; \quad x = a \cdot 1,0006116;$$

et la hauteur de l'atmosphère $HB = a \cdot 0,0006116 = 2000,7$ toises. Après avoir trouvé μ et x, on peut calculer la réfraction g à chaque hauteur apparente η. par le moyen des équations précédentes,

$$\sin \psi = \frac{a}{x} \cos \eta, \quad \sin(\psi + g) = \mu \sin \psi, \quad \text{et} \quad g = (\psi + g) - \psi.$$

Mais en comparant les réfractions ainsi calculées avec celles qu'on a trouvées immédiatement par observation, on verra que cette hypothèse s'écarte considérablement de la nature, attendu qu'on trouve de différentes valeurs de μ et x. selon les réfractions qu'on prend pour base. Il faut donc recourir à d'autres hypothèses.

§. 250. Soit (*Fig.* 52.) C le centre de la terre, autour duquel on a décrit deux cercles infiniment proches l'un de l'autre, OF, AM, qui renferment une couche d'air extrèmement mince, et par conséquent d'une densité uniforme. Un rayon de lumière SF, entrant dans cette couche en F, continnerait sa route suivant FHE, prolongation de SF, s'il n'était pas infléchi vers la ligne verticale CF; et cette réfraction est la même que si la lumière était attirée par les couches inférieures perpendiculairement à ces couches, c'est-à-dire vers le centre de la terre (§. 246. n. 2.). Le rayon a donc une certaine vitesse v suivant FH, étant en même tems sollicité suivant FC par une force accélératrice p qui dépend de l'attraction que l'atmosphère exerce sur la lumière: il résultera de ces deux vitesses un mouvement moyen suivant FA, et la route de la lumière par la couche FOAM sera l'élément FA d'une courbe. Le rayon aura en A une autre direction BAG, tangente de la courbe en A; cette direction fera avec la précédente en F l'angle GIE, qui est la déviation du rayon dans cette couche, ou la différentielle de la réfraction. En nommant donc $\varkappa$ la réfraction totale à cette hauteur,

on aura $GIE = \partial x$, dont l'intégrale donnera x. Pour cet effet il faut chercher une équation entre ∂x et la hauteur de l'étoile en A, ou l'angle BAV
(§. 248.); et la solution du problème se réduit à déterminer le dernier rapport entre x et la hauteur η, au moment où le rayon parvient à l'oeil.

§. 251. Appelons $CA = z$, donc $MF = \partial z$, et les perpendiculaires
aux directions de la lumière en F et A, ou aux tangentes de la courbe FA,
$CH = y$, $CG = y'$. Il sera démontré dans l'astronomie physique, qu'une
propriété commune à toutes les forces centrales, telles que p qui est constamment dirigée vers C, c'est que, quelle que soit la loi suivant laquelle
la force agit, les vitesses sont toujours en raison inverse de ces perpendiculaires y, y': en nommant donc v, v', les vitesses en F et A, on aura

$$v : v' \, :: \, y' : y;$$

d'où il suit que, dans toute la route d'un rayon de lumière par les airs, le
produit $vy = v'y'$ est une quantité constante, mais différente pour chaque
rayon, ensorte qu'elle dépend de la hauteur η de l'astre: en nommant donc
cette quantité constante n, on aura

$$(1) \ldots v y = n.$$

L'arc infiniment petit de la trajectoire, $FA = \partial s$, est parcouru par la lumière dans le tems ∂t avec la vitesse v, d'où il suit

$$(2) \ldots \partial s = v \partial t.$$

Ayant mené FN perpendiculaire a la tangente FH, et NQ parallèle à FH,
on peut décomposer la force p dirigée vers FC, en deux forces suivant FN
et NQ: la première ne peut aucunement influer sur la vitesse suivant FH,
pendant que l'autre tend à l'augmenter. En nommant donc p' la force NQ suivant la tangente, on aura $p:p' = FQ:NQ$, donc $p' = p \sin NFQ = p \cos CFH$.
On peut regarder le triangle élémentaire FMA comme rectiligne, ayant en
M un angle droit, d'où il suit $\cos CFH = \cos MFA = \dfrac{FM}{FA} = \dfrac{\partial z}{v \partial t}$, partant

$$p' = \frac{p \, \partial z}{v \, \partial t}.$$

En exprimant la force accélératrice p' par son rapport à la pesanteur sur la
terre. et nommant g l'éspace parcouru par les corps graves dans la première
seconde, il est connu par les élémens de la dynamique, et il sera démontré

dans l'astronomie physique, que $\partial v = 2 g p' \partial t$: on a donc $\partial v = \dfrac{2 g p \partial z}{v}$, ou $v \partial v = 2 g p \partial z$, dont l'intégrale est

$$(3) \ldots \ldots v^2 = 4 g \int p \, dz.$$

§. 252. L'attraction de l'atmosphère p ne peut dépendre que de la densité de l'air, et du nombre des couches inférieures, ou de la distance à la terre. En supposant donc que l'état de l'atmosphère ne change pas, la force p dépendra seulement de la distance z, ou p sera fonction de z: en faisant donc $p = Z$, on aura

$$v^2 = 4 g \int Z \partial z ;$$

d'où il suit que la vitesse v est une fonction de la seule variable z, et qu'elle ne dépend point de la direction de la lumière, ou de la hauteur η: ce qui est d'ailleurs évident, parce que le même rayon de lumière peut être rapporté à différens lieux de la terre, ce qui donnera à η autant de valeurs différentes, sans changer v, attendu que le rayon ne peut avoir plusieurs vitesses à la fois; en d'autres mots, η dépend du lieu de l'observateur, et il est visible que la vitesse v en est indépendante. Or puisque chaque rayon de lumière doit traverser toute l'atmosphère, il s'en suit que, pour chaque rayon, au moment où il entre dans l'oeil, ou plus généralement, quand il est parvenu à la même distance z, l'intégrale $\int p \partial z = \int Z \partial z$ aura la même valeur, ensorte que tous les rayons, quelle que soit leur direction ou la hauteur η', auront à égale distance au centre de la terre la même vitesse. La constante qui entre par l'intégration, n'y peut rien changer, vû qu'elle est déterminée par la vitesse originaire, avec laquelle le rayon entre dans l'atmosphère, laquelle ne peut dépendre de la hauteur η, ou ce qui revient au même, du lieu de l'observateur, et qui est probablement la même pour toutes les étoiles: du moins les observations n'ont fait soupçonner jusqu'à présent aucune différence. Si donc F est le point le plus élevé de l'atmosphère, et A le point de la terre où la lumière entre dans l'oeil, supposons le rayon de la terre $CA = a$, la hauteur de l'atmosphère $MF = \alpha$, $CF = a + \alpha = a'$, la vitesse primitive de la lumière en $F = c'$, la vitesse finale avec laquelle la lumière frappe l'oeil en $A = c$, et la distance apparente au zénit $BAV = 90° - \eta$. On aura donc pour les deux points, F, A, (par l'équation (1) (§. 251.),

$$n = vy = c' \cdot CH = a' \, c' \sin CFH,$$

$$\text{et } n = c \cdot CG = ac \cdot \sin BAV = ac \cos \eta,$$

d'où il suit
$$\sin CFH = \frac{ac}{a' c'} \cos \eta.$$

Dans cette équation a et c' sont constantes par elles-mêmes; a', c, le sont, tant que l'état de l'atmosphère ne change pas. Or comme nous faisons ici abstraction des variations de l'air, $\frac{ac}{a' c'} = m$ est une quantité constante, d'où il résulte $\sin CFH = m \cos \eta$. Or on a

$$CEH \text{ ou } AEI = HIG - BAV = 180° - EIA - 90° + \eta,$$

$$\text{et } CEH \text{ ou } CEF = 180° - CFH - FCV.$$

La comparaison de ces deux valeurs de CEH donne

$$CFH = 90° - \eta + EIA - FCV:$$

en faisant donc l'angle $FCV = \varphi$, et la réfraction totale $EIA = \varkappa$, on aura

$$(4) \ldots m \cos \eta = \sin (90° - \eta - (\varphi - \varkappa)),$$

où il faut encore déterminer l'angle φ.

§. 253. La force p, avec laquelle l'atmosphère attire la lumière vers C, dépend de z (§. 252.); mais elle ne peut changer qu'insensiblement, à cause de l'épaisseur inconsidérable de l'atmosphère. Comme on est donc nécessité d'adopter une hypothèse, il est naturel de choisir celle qui est la plus simple, et en même tems la plus vraisemblable; c'est de supposer constante la force p. En effet, le rayon de lumière, en entrant dans l'atmosphère en F, est attiré par toute sa masse: à mesure qu'il approche des couches inférieures qui sont plus denses, il en est attiré plus fortement, pendant que le nombre des couches supérieures qui le retirent en haut, augmente, ensorte que la force p, dépendant de la différence entre les attractions des couches inférieures et supérieures, croît et décroît en même tems. Il est donc probable qu'elle ne change qu'insensiblement, dans toute l'étendue de l'atmosphère: la comparaison des observations avec les réfractions, calculées d'après cette hypothèse, décidera, si elle est juste ou non. En supposant donc la force p constante, l'intégration de l'équation (3) (§. 251.) donnera $v^2 = 4gpz + C$. La constante C doit être déterminée ensorte que v soit $= c$, lorsque $z = a$. Cela donne $C = c^2 - 4gpa$, d'où il suit

$$(5) \ldots v^2 = 4gp \, (z - a) + c^2.$$

Soient maintenant F, A, deux points de l'atmosphère infiniment proches l'un de l'autre : alors CA sera égal à z, et le petit angle ACF est l'élément de l'angle ϕ (§. 252.), ACF $= \partial\phi$. Si les tangentes des deux extrémités du petit arc FA se rencontrent en I, et que AL soit parallèle à CF, on aura ALI $=$ CFI $=$ CFA, parce que l'arc en F coïncide avec sa tangente FI. La force p agissant suivant FC ou LA, et le rayon de lumière ayant la direction FL; LA sera l'espace que le rayon parcourra en vertu de la force p seule, d'où l'on conclura, par les élémens de la dynamique,

$$LA = g\,p\,\partial t^2.$$

En regardant le petit arc $FA = \partial s$ comme un arc circulaire, décrit du rayon de courbure, les tangentes AI, FI, seront égales entre elles, et à la moitié de l'arc : on a donc $AI = \dfrac{\partial s}{2}$ ou

$$AI = \frac{v\,\partial t}{2}.$$

Maintenant le triangle élémentaire AMF donne $\sin AFC = \sin AFM = \dfrac{AM}{AF}$, et $AM = CA\,.\,ACF = z\partial\phi$, $AF = \partial s = v\partial t$, donc

$$\sin AFC = \frac{z\,\partial\phi}{v\,\partial t}.$$

On connaît donc dans le triangle AIL, ALI $=$ CFI $=$ CFA, AIL $= 180° -$ GIE $= 180° - \partial\varkappa$ (§. 250.), et l'on a la proportion

$$AI : AL :: \sin ALI : \sin AIL,\ \text{ou}\ \frac{v\,\partial t}{2} : gp\,\partial t^2 :: \frac{z\,\partial\phi}{v\,\partial t} : \sin \partial\varkappa,$$

d'où l'on tire

$$\partial\phi = \frac{v^2\,\partial\varkappa}{2\,g\,p\,z}.$$

Les quantités v, z, ne peuvent changer qu'insensiblement, parce que la hauteur de l'atmosphère est inconsidérable par rapport au rayon de la terre : on peut donc supposer le rapport $\dfrac{v^2}{z}$ constant, ainsi que la force p: en faisant donc $\dfrac{v^2}{2\,g\,p\,z} = e$, e sera une quantité constante; et l'on aura $\partial\phi = e\,\partial\varkappa$, et en intégrant,

$$(6)\ .\,.\,.\,.\ \phi = e\varkappa.$$

Il n'y a aucune constante à ajouter, parce que ϕ et $\varkappa$ s'évanouissent en même tems en F.

§. 254. En substituant $\phi = e\varkappa$ dans l'équation (4) (§. 252.), on aura

$$(7)\ .\,.\,.\,.\ m \cos \eta = \sin (90° - \eta - (e - 1)\varkappa),$$

ou en nommant α la distance apparente au zénit,

$$(7)\ldots\ldots m\sin\alpha = \sin(\alpha - (e - 1)\varkappa);$$

ce qui est la règle de *Simpson*. Les coëfficiens m, e, doivent être déterminés par observation, et deux réfractions connues suffisent pour cela. En employant, suivant les tables de M. Delambre, la réfraction horizontale $k = 33'46'',3$ et la réfraction $\varkappa = 1'40'',6$ à la hauteur de $30°$, la première donnera $m = \cos(e - 1)\,33'46'',3$; et la seconde

$$m\sin 60° = \cos(30° + (e - 1)\varkappa),\ \text{donc}$$

$$e - 1 = \frac{1}{k}\ \text{Arc cos}.\,m = \frac{1}{\varkappa}\ \text{Arc cos}.\,m\ \sqrt{\frac{3}{4}} - \frac{30^2}{\varkappa},$$

d'où l'on tire

$$\text{Arc cos}.\,m\ \sqrt{\frac{3}{4}} - \frac{\varkappa}{k}\ \text{Arc cos}.\,m = 30°.$$

Il est aisé de résoudre cette équation indirectement par des essais successifs; et l'on trouvera qu'on y satisfait par la valeur $m = 0,998349$; ce qui donne $e - 1 = \dfrac{\text{Arc cos } m}{k} = \dfrac{33'46'',8}{33'46'',3} = 5,85$. Suivant Simpson $e - 1$ est $= 5,5$; suivant Bradley, $e - 1 = 6$, ce qui est à peu près la valeur que nous venons de trouver. On a donc par l'équation (7)

$$(8)\ldots\ldots \sin(\alpha - 5,85\,\varkappa) = 0,998349\cdot\sin\alpha.$$

Au moyen de cette équation on trouvera, pour chaque distance au zénit apparente α, l'angle $\alpha - 5,85\,\varkappa = \psi$, et la réfraction $\varkappa = \dfrac{\alpha - \psi}{5,85}$. Etant donnée par ex. la hauteur $= 15°45'$, on aura $\alpha = 74°15'$, donc $\psi = 73°55'4'',75$; $\alpha - \psi = 19'55'',25 = 1195'',25$; et $\varkappa = \dfrac{1195'',25}{5,85} = 3'24'',3$; ce qui est parfaitement d'accord avec la table de M. Delambre, qui donne $\varkappa = 3'24''$.

§. 255. L'équation (7) $m\cos\eta = \cos\{\eta + (e - 1)k\}$ (§. 254.) peut être transformée de la manière suivante. En faisant pour abréger, $e - 1 = n$, $\dfrac{n\,k}{2} = r$, $\dfrac{n\,\varkappa}{2} = \varrho$, on aura $m = \cos n k$ (§. 254.). Or on a en général

$$\left(\text{tang}\,\frac{n\,k}{2}\right)^2 = \frac{1 - \cos n k}{1 + \cos n k},\ \text{d'où il suit}$$

$$\left(\text{tg}\,\frac{n\,k}{2}\right)^2 = \frac{1 - m}{1 + m} = \frac{\cos\eta - \cos(\eta + n\varkappa)}{\cos\eta + \cos(\eta + n\varkappa)} = \text{tg}\left(\eta + \frac{n\,\varkappa}{2}\right)\text{tg}\,\frac{n\,\varkappa}{2},\ \text{donc}$$

$$(9)\ldots\ldots \text{tang}\,\varrho = \frac{\text{tang}^2\,r}{\text{tang}(\eta + \varrho)}.$$

En nommant $\varkappa'$ la réfraction qui convient à une autre hauteur η', et $\dfrac{n\varkappa'}{2} = \varrho'$, on aura $\text{tang}\,\varrho : \text{tang}\,\varrho' :: \cot(\eta + \varrho) : \cot(\eta' + \varrho')$, ou à peu près $\varrho : \varrho' :: \text{tang}(\alpha - \varrho) : \text{tang}(\alpha' - \varrho')$, c'est-à-dire,

$$(10)\dots\; \varkappa : \varkappa' :: \mathrm{tang}\left(\alpha - \frac{e-1}{2}\varkappa\right) : \mathrm{tang}\left(\alpha' - \frac{e-1}{2}\varkappa'\right);$$

ce qui est la règle de *Bradley*. En supposant avec cet astronome, la réfraction horisontale $\varkappa' = 33'$, et $e-1 = 6$, on a $\alpha' = 90°$, et $\varkappa = \dfrac{33'.\,\mathrm{tang}\,(\alpha - 3\,\varkappa)}{\cot 99'}$: ce qui veut dire, que les réfractions sont comme les tangentes de la distance zénitale, diminuée de la réfraction triple, rapport dont nous nous sommes servis plus haut (§. 233.). En introduisant la hauteur η au lieu de α, il viendra

$$\varkappa = 33'.\,\frac{\mathrm{tang}\,1°39'}{\mathrm{tang}\,(\eta + 3\,\varkappa)^e}$$

Si l'on veut construire des tables de réfractions par le moyen de cette formule, la réfraction $\varkappa$ étant tout-à-fait inconnue, on la négligera d'abord, en calculant $\varkappa = 33'\dfrac{\mathrm{tg}\,1°39'}{\mathrm{tang}\,\eta}$: en substituant cette valeur dans le dénominateur $\mathrm{tg}(\eta + 3\varkappa)$, la formule précédente donnera $\varkappa$ plus exactement.

On peut substituer à cette méthode indirecte une solution directe de l'équation (9). On en tire immédiatement $\mathrm{tang}\,\varrho = \mathrm{tang}^2 r.\dfrac{1 - \mathrm{tg}\,\eta\,\mathrm{tg}\,\varrho}{\mathrm{tg}\,\eta + \mathrm{tg}\,\varrho}$, d'où il suit

$$0 = \mathrm{tang}^2\varrho + \mathrm{tg}\,\varrho.\,\mathrm{tg}\,\eta\,\sec^2 r - \mathrm{tg}^2 r,$$

dont la racine positive est $\mathrm{tg}\,\varrho = \dfrac{-\mathrm{tg}\,\eta\,\sec^2 r + \sqrt{(\mathrm{tg}^2\eta\,\sec^4 r + 4\,\mathrm{tg}^2 r)}}{2}$, ou

$$\mathrm{tang}\,\varrho = \frac{-\mathrm{tg}\,\eta + \sqrt{(\mathrm{tg}^2\eta + 4\sin^2 r\,\cos^2 r)}}{2\cos^2 r} = \frac{-\mathrm{tg}\,\eta + \sqrt{(\mathrm{tg}^2\eta + \sin^2 2r)}}{2\cos^2 r}.$$

Supposons $\sin 2r$ ou $\sin nk = \mathrm{tg}\,\eta\,\mathrm{tg}\,x$; alors cette équation se transformera en

$$\mathrm{tang}\,\varrho = \frac{\mathrm{tg}\,\eta\,(\sec x - 1)}{2\cos^2 r} = \frac{\mathrm{tg}\,\eta\,(1 - \cos x)}{2\cos^2 r\,\cos x} = \frac{\mathrm{tg}\,\eta\,\mathrm{tg}\,x\,\mathrm{tg}\,\dfrac{x}{2}}{2\cos^2 r},$$

et en substituant $\sin 2r$ au lieu de $\mathrm{tg}\,\eta\,\mathrm{tg}\,x$,

$$(11)\dots\; \mathrm{tang}\,\varrho = \mathrm{tang}\,r\,\mathrm{tang}\,\frac{x}{2},$$

et en négligeant les troisièmes puissances des réfractions,

$$(12)\dots\; \varrho = r\,\mathrm{tang}\,\frac{x}{2}.$$

Soit $\varkappa'$ la réfraction à la hauteur η', $\dfrac{n\varkappa'}{2} = \varrho'$, et $\dfrac{\sin 2r}{\mathrm{tang}\,\eta'} = \mathrm{tang}\,x'$: on aura pareillement $\varrho' = r\,\mathrm{tang}\,\dfrac{x'}{2}$, donc $\dfrac{\varrho'}{\varrho} = \dfrac{\mathrm{tg}\,\frac{1}{2}x'}{\mathrm{tg}\,\frac{1}{2}x}$. Mais les équations $\mathrm{tg}\,x = \dfrac{\sin 2r}{\mathrm{tg}\,\eta}$ et $\mathrm{tg}\,x' = \dfrac{\sin 2r}{\mathrm{tg}\,\eta'}$, donnent $\mathrm{tang}\,\dfrac{x}{2} = \dfrac{1}{2}\mathrm{tg}\,x\left(1 - \mathrm{tg}^2\dfrac{x}{2}\right) = \dfrac{\sin 2r}{2\,\mathrm{tg}\,\eta}\left(1 - \mathrm{tg}^2\dfrac{x}{2}\right)$, et $\mathrm{tang}\,\dfrac{x'}{2} = \dfrac{\sin 2r}{2\,\mathrm{tg}\,\eta'}\left(1 - \mathrm{tg}^2\dfrac{x'}{2}\right)$, ou en substituant $\mathrm{tg}\,\dfrac{x'}{2} = \dfrac{\varrho'}{\varrho}\mathrm{tg}\,\dfrac{x}{2}$ dans le dernier terme,

$$\mathrm{tg}\,\frac{x'}{2} = \frac{\sin 2r}{2\,\mathrm{tg}\,\eta'}\left(1 - \frac{\varrho'^2}{\varrho^2}\mathrm{tg}^2\frac{x}{2}\right),\; \text{ce qui étant substitué dans l'équation } \frac{\varrho'}{\varrho} = \frac{\mathrm{tg}\,\dfrac{x'}{2}}{\mathrm{tg}\,\dfrac{x}{2}},\; \text{donne}$$

$$\frac{\varrho'}{\varrho'} = \frac{\operatorname{tg}\eta}{\operatorname{tg}\eta'} \cdot \frac{1 - \frac{\varrho'^2}{\varrho^2}\operatorname{tg}^2\frac{x}{2}}{1 - \operatorname{tg}^2\frac{x}{2}}, \text{ d'où l'on tire } \left(\operatorname{tg}\frac{x}{2}\right)^2 = \frac{\frac{\varrho}{\varrho'}\operatorname{tg}\eta - \operatorname{tg}\eta'}{\frac{\varrho'}{\varrho}\operatorname{tg}\eta - \operatorname{tg}\eta'}, \text{ ou}$$

$$(13)\ldots\left(\operatorname{tang}\frac{x}{2}\right)^2 = \frac{\frac{\varrho}{\varrho'}\operatorname{tg}\eta\cot\eta' - 1}{\frac{\varrho'}{\varrho}\operatorname{tg}\eta\cot\eta' - 1}$$

Ainsi nous avons trouvé par une méthode directe, quoique approximative, étant données deux réfractions x, x', qui conviennent aux hauteurs apparentes η, η', l'angle x, à l'aide de l'équation $\operatorname{tang}\frac{x}{2} = \sqrt{\dfrac{\frac{x}{x'}\operatorname{tg}\eta\cot\eta' - 1}{\frac{x'}{x}\operatorname{tg}\eta\cot\eta' - 1}}$: d'où

l'on conclura $\operatorname{tang}\frac{x'}{2} = \frac{\varrho'}{\varrho}\operatorname{tg}\frac{x}{2} = \frac{x'}{x}\operatorname{tg}\frac{x}{2}$, $r = \varrho\cot\frac{x}{2}$, ou $k = x\cot\frac{x}{2}$, $\sin 2r$ ou

$\sin nk = \operatorname{tg}\eta\operatorname{tg}x = \operatorname{tg}\eta'\operatorname{tg}x'$, donc $n = \frac{nk}{k}$. Si la réfraction horisontale

est connue, on a $x = k$, $\eta = 90°$, $\operatorname{tang}\frac{x}{2} = \frac{\varrho}{r}$ $(12) = \frac{x}{k} = 1$, $\operatorname{tang}\frac{x'}{2} = \frac{x'}{k}$, et

$\sin nk = \operatorname{tg}\eta'\operatorname{tg}x'$. En supposant $k = 33'46'',3$; et $x' = 1'40'',6$ à la hauteur

$\eta' = 30°$ (§. 254.), on trouvera $\log\sin nk = 8,7594354$; $nk = 3°17'40'',4$;

donc n ou $e - 1 = \frac{3°17'40'',4}{33'46'',3} = 5,8532$, comme ci-dessus (§. 254.).

§. 256. La théorie précédente, et les deux règles que nous en avons conclues, sont fondées sur la supposition, que la force attractive ou réfringente de l'air p est constante (§. 253.); ce qui probablement n'est pas rigoureusement vrai. On approcherait peut-être d'avantage de la vérité, en supposant que les coëfficiens m ou n, au lieu d'être constans, sont fonctions de la hauteur η, lesquelles ne pourront être déterminées que par des essais. M. *Bonne* a trouvé par un grand nombre d'observations, qu'on approche beaucoup de la vérité, en supposant

$$\frac{e-1}{2} = 1,19953 + 0,03428.\sin \eta.$$

En substituant donc la réfraction horisontale k au lieu de x', et $\eta' = 0$, l'équation (10) deviendra

$$x = \frac{k\operatorname{tang}\left(90° - \eta - \frac{e-1}{2}x\right)}{\operatorname{tang}\left(90° - \frac{e-1}{2}k\right)}.$$

En supposant suivant M. *Bonne*, $k = 32'24''$, on aura

$$\varkappa = \frac{1944''.\ \mathrm{tang}\ [32'24''\ (3,9953 + 0,03428.\sin\eta)]}{\mathrm{tang}\ [1 + \varkappa\ (3,9953 + 0,03428.\sin\eta)]}.$$

§. 257. Quoique les suppositions que nous avons faites dans l'analyse précédente, que p et $\dfrac{v^2}{2}$ sont des quantités constantes (§. 253.), ne puissent s'écarter beaucoup de la nature; il ne sera pas superflu de faire voir, qu'on peut trouver la théorie des réfractions sans aucune hypothèse ([1]).

Soit (*Fig.* 53.) C le centre de la terre et de toutes les couches d'air, A a la surface de la terre, N n la couche extérieure de l'atmosphère, M m une autre infiniment peu éloignée de N n, la route de la lumière la courbe NMA, entrant dans l'œil en A, et touchée en N, M, A, par les tangentes N t, MT, AD, auxquelles C t, CT, CD, sont perpendiculaires. La vraie direction avant la réfraction est donc N t, l'apparente après la réfraction AD: si donc DAG et N t se rencontrent en G, la réfraction totale sera DG $t = \varkappa$, qui répond à la distance apparente au zénit VAG $= \alpha$: dans la couche NM la lumière est infléchie de l'angle tNT; la différentielle de la réfraction est donc tNT $= \partial \varkappa$. En faisant le demi-diamètre de la terre CA $= 1$, la distance CM $= z$, et la perpendiculaire CT $= y$, on aura C $\tau =$ CT, donc $t\tau = \partial y$, TN $t = \dfrac{t\tau}{\mathrm{N}t} = \dfrac{t\tau}{\mathrm{MT}}$, c'est-à-dire,

$$(1)\ \ldots\ \partial\varkappa = \frac{\partial y}{\sqrt{(z^2 - y^2)}}.$$

En développant le radical, on trouvera

$$(2)\ \ldots\ \partial\varkappa = \frac{\partial y}{z}\Big(1 + \frac{1}{2}\cdot\frac{y^2}{z^2} + \frac{1.3}{2.4}\cdot\frac{y^4}{z^4} + \frac{1.3.5}{2.4.6}\cdot\frac{y^6}{z^6} + \frac{1.3.5.7}{2.4.6.8}\cdot\frac{y^8}{z^8} + \text{cet.}\Big).$$

Pour intégrer cette équation, il faut exprimer z en fonction de y.

Si l'on imagine l'atmosphère partagée en couches infiniment minces, on peut en regarder chacune comme uniformément dense, et les plans qui touchent les surfaces sphériques de deux couches consécutives N, M, comme parallèles. La proposition (§. 246. n. 7.) est donc applicable à la route entière de la lumière par l'atmosphère NMA: le rapport entre les sinus de l'angle d'incidence TMC $= \varphi$ dans chaque couche M m, et du dernier angle rompu DAC $= \psi$, est le même que si la lumière passait immédiatement de la couche M m dans la dernière couche A a. Pour une couche donnée M m, et pour le même état de l'atmosphère, le rapport $\sin\varphi : \sin\psi :: \mu : 1$ est donc constant;

---

(1) Voy. *Propriétés de la route de la lumière par les airs, par Lambert.*

et en faisant abstraction des variations de l'atmosphère, comme nous faisons toujours ici, μ dépend uniquement de la hauteur de la couche Mm, c'est-à-dire μ est fonction de z seul: en faisant donc $\mu = Z$, on a dans chaque couche

$$\sin \phi = Z \sin \psi.$$

Soient (*Fig.* 54.) Nn, Mm, Bb, Aa, des couches infiniment proches l'une de l'autre, que la lumière traverse en décrivant la ligne brisée NMBA: alors TMC $= \phi$ sera l'angle d'incidence dans la couche Mm, tBC l'angle d'incidence et ABC $= \psi$ l'angle rompu dans la couche Bb. Si donc CT, Ct, CD, sont perpendiculaires aux prolongations de NM, MB, BA, on aura $\sin \phi = \dfrac{CT}{CM}$, $\sin t BC = \dfrac{Ct}{CB}$, $\sin BMC = \dfrac{Ct}{CM}$, et $\sin \psi = \dfrac{CD}{CB}$, d'où l'on tire

$$\sin \phi \sin t BC : \sin BMC \sin \psi :: CT : CD.$$

Or Mm étant parallèle à Bb, on a tBC $= 90° - tBb = 90° - BMm = BMC$, ou plutôt, tBC et BMC ne diffèrent que de l'angle infiniment petit BCM; on a donc

$$\sin \phi : \sin \psi :: CT : CD.$$

Il est facile de voir, qu'on peut faire le même raisonnement, quel que soit le nombre des couches: d'où l'on conclura la proposition générale pour l'atmosphère, que le sinus de l'angle d'incidence dans chaque couche est au sinus du dernier angle rompu à l'oeil, comme la perpendiculaire à la direction du rayon incident à la perpendiculaire au dernier rayon rompu. En nommant donc cette dernière perpendiculaire (*Fig.* 53.) CD $= a$, CT étant $= y$, on aura $\dfrac{\sin \phi}{\sin \psi} = Z = \dfrac{y}{a}$, ou $y = aZ$. Mais CD $=$ CA $\sin$ CAD et CAD $=$ VAG $= \alpha$: donc $a = \sin \alpha$, et

$$y = Z \sin \alpha.$$

§. 258. Pour chaque hauteur d'une étoile, α est une quantité constante, d'où l'on conclura $\partial y = \partial Z \sin \alpha$, ce qui étant substitué dans l'équation (2) (§. 257.), donne en intégrant,

$$(3)\ldots x = \sin \alpha \int \frac{dZ}{z} + \frac{\sin^3 \alpha}{2} \int \frac{Z^2 \partial Z}{z^3} + \frac{3 \sin^5 \alpha}{2.4} \int \frac{Z^4 \partial Z}{z^5} + \frac{3.5 \sin^7 \alpha}{2.4.6} \int \frac{Z^6 \partial Z}{z^7} + \text{cet.}$$

Les intégrales $\int \dfrac{\partial Z}{z}$, $\int \dfrac{Z^2 \partial Z}{z^3}$, etc. sont des fonctions de z ou de la hauteur des couches d'air, dans lesquelles il faut, après l'intégration, égaler z à la hauteur entière de l'atmosphère, parce que nous n'examinons pas ici la nature de la courbe que la lumière décrit dans les airs, mais seulement la différence

36

entre la direction suivant laquelle elle entre dans l'atmosphère, et celle dans laquelle elle frappe l'oeil. Ces intégrales, dépendant donc uniquement de l'état variable de l'atmosphère, dont nous faisons abstraction, devront être regardées comme constantes: ainsi l'équation (3) prendra la forme,

$$(4)\ldots\ldots \varkappa = A \sin \alpha + \frac{1}{2} B \sin^3 \alpha + \frac{1.3}{2.4} C \sin^5 \alpha + \frac{1.3.5}{2.4.6} D \sin^7 \alpha + \text{cet.}$$

On peut rendre cette série plus convergente, en employant les tangentes au lieu des sinus. Or on a $\sin \alpha = \dfrac{\operatorname{tang} \alpha}{\sec \alpha} = \operatorname{tang} \alpha (1 + \operatorname{tg}^2 \alpha)^{-\frac{1}{2}} =$

$\operatorname{tang} \alpha \left(1 - \frac{1}{2} \cdot \operatorname{tg}^2 \alpha + \frac{1.3}{2.4} \operatorname{tg}^4 \alpha - \frac{1.3.5}{2.4.6} \operatorname{tg}^6 \alpha + \text{cet.} \right)$: l'équation (4) deviendra donc

$$(5)\ldots\ldots \varkappa = A \operatorname{tang} \alpha - \frac{1}{2}(A - B)\operatorname{tg}^3 \alpha + \frac{3}{3}(A - 2B + C)\operatorname{tg}^5 \alpha - \frac{5}{16}(A - 3B + 3C - D)\operatorname{tg}^7 \alpha + \text{cet.}$$

Si tous les coëfficiens A, B, C, etc. étaient égaux, tous les termes de cette série s'évanouiraient, à l'exception du premier $A \operatorname{tang} \alpha$. Comme ils sont en effet peu différens l'un de l'autre, ainsi qu'on va le voir, cette série est très-convergente, si $\operatorname{tang} \alpha$ n'est pas très-grand, ou la hauteur très- petite. En faisant donc

$$(6)\ldots\ldots \varkappa = a \operatorname{tang} \alpha - b \operatorname{tg}^3 \alpha + c \operatorname{tg}^5 \alpha - e \operatorname{tg}^7 \alpha + \text{cet.}$$

les coëfficiens a, b, etc. diminuent rapidement: d'où l'on voit, qu'à des hauteurs considérables (au delà de $45°$, où $\operatorname{tg} \alpha < 1$), les réfractions sont à très-peu près comme les tangentes des distances zénitales, et qu'à de très-grandes hauteurs, elles changent à peu près comme les hauteurs (§. 235.). En effet, α étant petit, on peut, sans erreur sensible, supposer deux réfractions consécutives $\varkappa = a \operatorname{tg} \alpha$ et $\varkappa' = a \operatorname{tg} \alpha'$, d'où il suit $\varkappa - \varkappa' = a(\operatorname{tg} \alpha - \operatorname{tg} \alpha')$; mais il est aisé de voir par les tables trigonométriques, ou par la formule différentielle $\partial . \operatorname{tg} \alpha = \dfrac{\partial \alpha}{\cos^2 \alpha}$, que si les angles sont petits, la différence des tangentes est à très-peu près proportionnelle à celle des angles; d'où l'on tire $\varkappa - \varkappa' = a (\alpha - \alpha')$. On pourra donc déterminer les coëfficiens a, b, etc. de la manière suivante.

§. 259. En prenant $\alpha = 45°$, on peut, en négligeant les termes suivans, supposer $\varkappa = a \operatorname{tg} \alpha = a$: la réfraction $\varkappa$ à la hauteur de $45°$ (§. 241.) donnera donc à très-peu près le premier coëfficient a. Si α est plus grand que $45°$, les puissances $\operatorname{tg}^3 \alpha$, $\operatorname{tg}^5 \alpha$, etc. augmentent de plus en plus: il faut donc calculer d'autant plus de termes de la série (6), que la hauteur est plus petite. En ne conservant que les deux premiers termes pour $\alpha = 60°$, on aura $\varkappa = a \operatorname{tang} 60° - b \operatorname{tg}^3 60°$: or a étant déjà connu, la réfraction $\varkappa$ à la hauteur de 30°, donnera le second coëfficient b. Si l'on fait $\alpha = 75°$, et $x = a \operatorname{tg} 75° - b \operatorname{tg}^3 75° + c \operatorname{tg}^5 75°$, la réfraction à la hauteur de 15° donnera le troisième coëfficient c; et ainsi du reste.

On voit que, rigoureusement parlant, il faut déterminer immédiatement par observation, autant de réfractions qu'il y a de coëfficiens dans la série (6), c'est-à-dire un nombre infini, ou ce qui revient au même, que cette théorie ne donne aucune réfraction, mais que toutes sont déterminées empiriquement. Cependant cette théorie est utile, parce qu'elle nous apprend d'abord la loi de la variation des réfractions à des hauteurs plus grandes que 45°, dont on a fait un grand usage pour observer les réfractions (§. 235.), et qu'elle donne ainsi assés exactement toutes les réfractions à des hauteurs plus grandes que 45° ou même que 30°, deux réfractions étant données par les observations. Cette méthode nous apprend encore, que le problème est proprement indéterminé, et qu'il est impossible de le résoudre rigoureusement par la seule théorie, sans adopter aucune hypothèse. Il ne peut être résolu que par des approximations, appuyées sur l'expérience, et la théorie physique est en défaut, si les hauteurs sont petites. Nous allons en voir une preuve plus convaincante.

§. 260. La série (6) et la formule différentielle $\partial . \operatorname{tang} \alpha = \dfrac{\partial \alpha}{\cos^2 \alpha}$, nous apprennent, que les réfractions, près de l'horison, changent très-rapidement, mais près du zénit comme les hauteurs. L'équation de la parallaxe (§. 195.) $h = H \sin \alpha$ donne $\partial h = H \partial \alpha \cos \alpha$, d'où il suit que les parallaxes changent insensiblement près de l'horison, le plus rapidement, et aussi à peu près comme les hauteurs, près du zénit. Tous les effets de la réfraction et de la parallaxe sont donc de nature opposée. La première élève les astres, la dernière les abaisse. La réfraction fait que les astres se lèvent plutôt et qu'ils se couchent plus tard; elle prolonge donc le séjour des astres sur l'horison, tandis que la parallaxe diminue la durée de leur visibilité. L'une et l'autre ont leurs plus grandes valeurs dans l'horison; mais la réfraction varie près de l'horison si rapidement et si irrégulièrement, qu'il est impossible de la calculer exactement, au lieu que près du zénit, elle change très-lentement et régulièrement; la parallaxe, au contraire, change le plus lentement près de l'horison, et le plus vite près du zénit. Par leur effet réuni, les habitans de toute la terre jouissent de la lumière du soleil plus longtems, et de celle de la lune moins de tems, que sans ces effets, vu que la parallaxe de la lune est beaucoup plus grande que la réfraction. La dernière diminue les diamètres vertical et horisontal du soleil et de la lune: la diminution du diamètre vertical est à l'horison de plus de $4'$, celle du diamètre horisontal n'est pas sensible (§. 225.); à des hauteurs un peu considérables, l'une et l'autre sont insensibles. La parallaxe augmente les deux diamètres de la lune; mais cette augmentation est insensible à l'horison, tandis qu'au zénit le diamètre vertical de la lune est augmenté de sa soixantième partie, c'est-à-dire de $30''$ à $37''$. La réfraction horisontale étant plus grande que le diamètre du soleil, il en résulte, que nous voyons tout le disque solaire sur l'horison, quand il est tout entier sous l'horison. En ajoutant le demi-diamètre du soleil avec la réfraction horisontale, on aura un angle de $50'$: sous les poles on verra donc le bord supérieur du soleil paraître à l'horison, lorsque le centre est encore de l'autre côté de l'équateur à une distance ou déclinaison de $50'$, ce qui fait une différence de plus de deux jours.

L'utilité de la théorie physique consiste principalement, à nous apprendre la forme de la série, par laquelle la réfraction est donnée, quand même elle ne ferait pas connaître les coëfficiens. Il y a donc une lacune dans la théorie, qui naît de notre ignorance relativement à la loi, suivant laquelle la densité de l'air dépend de sa hauteur; et le plus grand analyste a été obligé de fonder son calcul sur une hypothèse qui tient le milieu entre deux autres hypothèses, et qu'il n'a pu établir qu'en faisant plusieurs essais pour l'accorder avec les observations ([1]). Au moyen de cette hypothèse, fondée sur la réfraction horisontale observée, M. le Marquis de Laplace est parvenu, par l'analyse la plus ingénieuse, à déterminer les autres réfractions *à priori*. Cependant cette méthode même n'est pas applicable à des hauteurs plus petites que 11 degrés: on va en voir la cause.

([1]) Voy. *Mécanique céleste*, *Tome IV*. *Liv. X. Chap. I.* pag. 244. n. 4. pag. 257. 261 n. 7. pag. 267.

§. 261. Dans les recherches précédentes nous avons regardé l'état de l'atmosphère comme constant, sans cependant le déterminer autrement que par les réfractions observées. Si l'on demande donc une précision parfaite, il est nécessaire, ou de ne comparer que des observations qui ont été faites lorsque l'état de l'atmosphère était absolument le même, ou de pouvoir calculer l'influence de ses variations sur les réfractions. L'état de l'atmosphère relativement aux réfractions dépend de son humidité, et de sa densité, qui sont indiquées par l'hygromètre, le baromètre et le thermomètre. L'influence de l'humidité de l'air sur les réfractions est insensible, parce que les vapeurs aqueuses, à ce qui paraît, diminuent la densité de l'air dans le même rapport, que leur puissance réfractive est plus forte: il n'y a donc que le baromètre et le thermomètre, dont il faut tenir compte. Il est vrai que l'un et l'autre n'indiquent que la densité de l'air qui environne immédiatement l'observateur, et nullement celle des couches supérieures; mais heureusement les réfractions dépendent seulement de cette densité, si les hauteurs ne sont pas plus petites que 11 degrés. Pour des hauteurs plus grandes que 11°, on peut donc corriger les réfractions par la hauteur du mercure dans le baromètre et le thermomètre: et cela se fait de la manière usitée dans l'astronomie. On prend pour état *moyen* de l'atmosphère une certaine hauteur du baromètre et du thermomètre; la réfraction qui y répond, s'appelle réfraction *moyenne:* on détermine ensuite, pour chaque autre hauteur du baromètre et du thermomètre, la correction qui doit être ajoutée avec la réfraction moyenne, pour donner la réfraction *vraie* dans l'instant de l'observation §. 241.. En prenant pour hauteur moyenne du baromètre, a, celle de 0,76 mètres $= 28$ pouces $+ 0,87$ lign. de France $= 29,93$ pouces d'Angleterre, et pour hauteur moyenne du thermomètre le point de congélation, zéro; nommant x le nombre des degrés au dessus de zéro, marqués par un thermomètre à mercure, divisé en 100 degrés depuis zéro jusqu'à la chaleur de l'eau bouillante, $a(1+y)$ la hauteur du baromètre, θ la distance apparente au zénit, et $\alpha = 60'',616$; on aura, suivant M. Laplace, la réfraction vraie $=$

$$\frac{a(1+y)\,\mathrm{tg}\,\theta}{1+0,00375\cdot x} + \frac{\tfrac{1}{2}y^2(1+y)^2(1+2\cos^2\theta)\,\mathrm{tg}\,\theta}{(1+0,00375\cdot x)^2\cos^2\theta} - a(1+y)\cdot 0,0012\ldots\cdot\frac{\mathrm{tg}\,\theta}{\cos^2\theta};$$

formule indépendante de toute hypothèse sur la loi, suivant laquelle la densité de l'air varie à différentes hauteurs, parce qu'elle ne dépend que de l'état actuel de l'atmosphère dans le lieu de l'observateur ([1]). Dans les tables que M. Delambre a construites d'après cette formule ([2]), la hauteur moyenne du thermomètre est 10 degrés au dessus de zéro, ou $+ 8°$ du thermomètre de Réaumur.

Si les hauteurs sont plus petites que 11 ou 12 degrés, les réfractions dépendent non-seulement de la nature de l'air dans le lieu de l'observateur, qui est donnée par le baromètre et le thermomètre, mais encore de la densité inconnue de toutes les couches d'air, que la lumière a traversées, ou de la loi inconnue, suivant laquelle la densité augmente vers le centre de la terre. Les corrections relatives au baromètre et thermomètre ne sont donc pas applicables aux hauteurs plus petites que 12 degrés, et les réfractions sont incertaines plus près de l'horison: par conséquent, les observations faites à une hauteur au dessous de 11 ou 12 degrés, ne peuvent pas donner un résultat entièrement exact.

([1]) *Mécan. cél. T. IV. page 271.*
([2]) *Tabl. astron. publ. par le bureau des longit.* à la fin de la Partie I.

FIN DU TOME PREMIER.

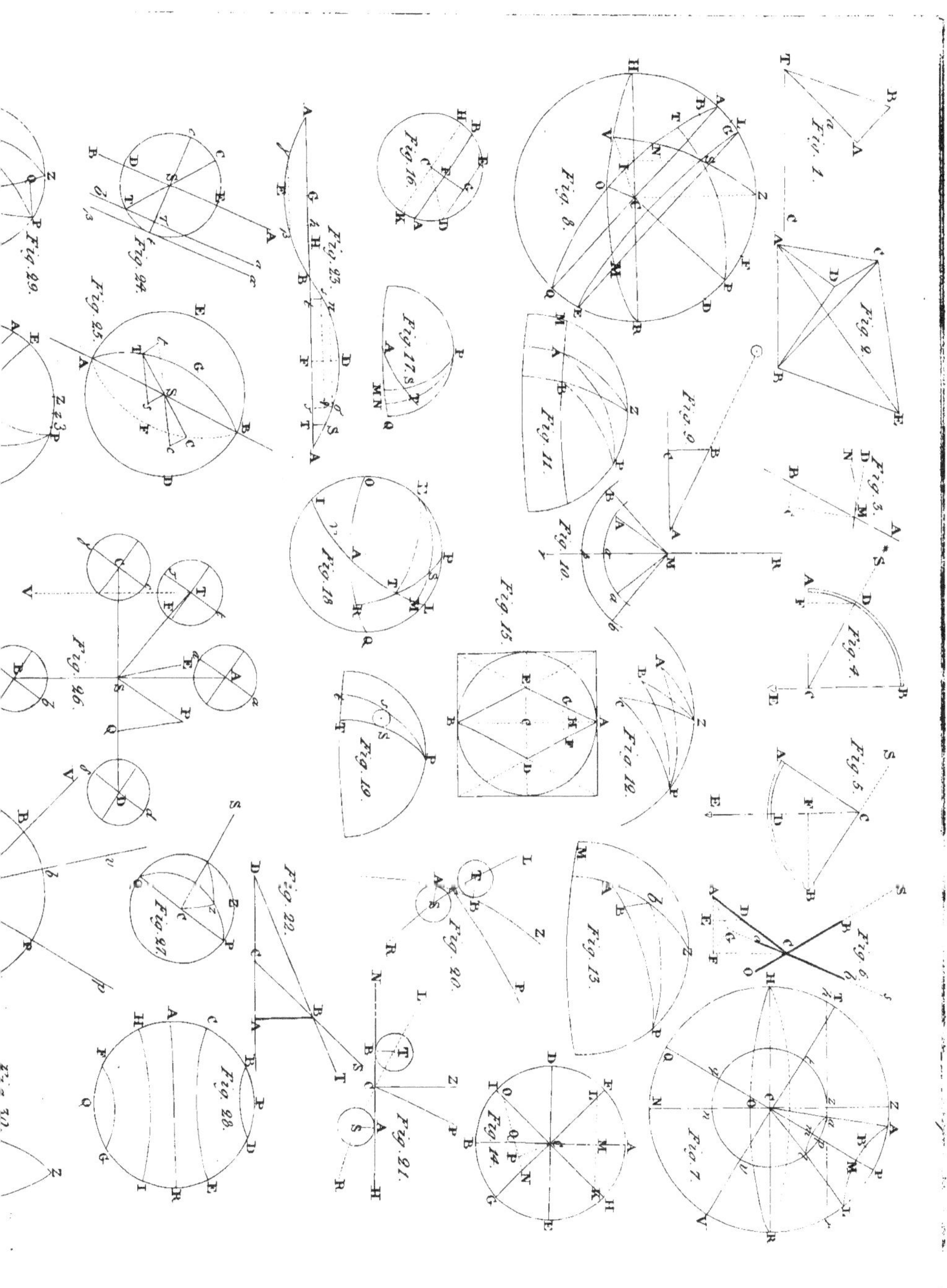

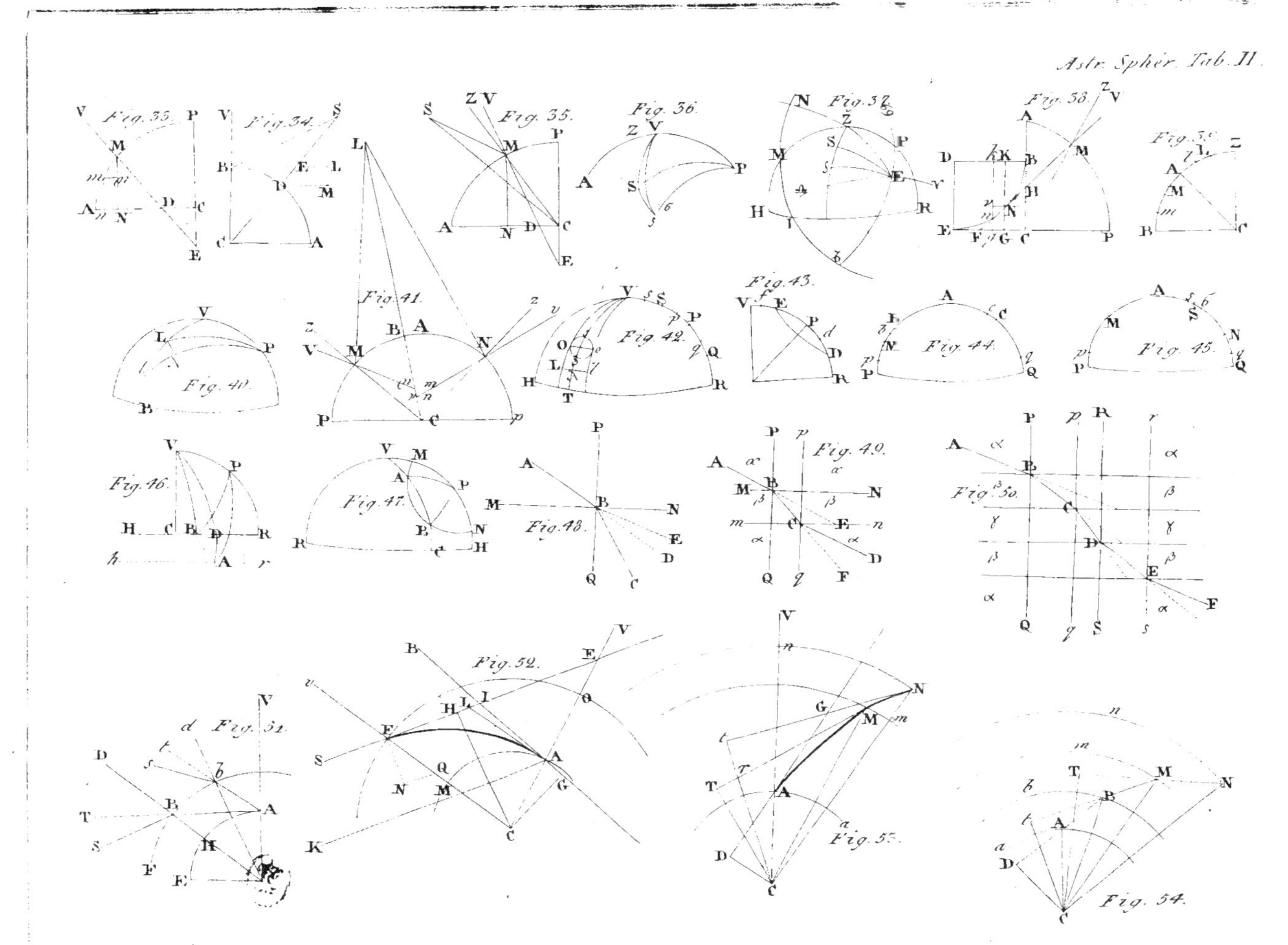

Astr. Sphaer. Tab. II.

www.ingramcontent.com/pod-product-compliance
Lightning Source LLC
LaVergne TN
LVHW021527170726
843501LV00004B/986